Introduction to
Catalyst *Engineering*

촉매공학입문

문상흡 · 신은우 · 김우재 · 조한익 · 김석기 지음

머리말
Preface

촉매란 자신은 변하지 않으면서 화학반응의 속도를 빨리 해주는 마치 “마법의 돌”과 같은 물질이다. 촉매는 소량 사용하더라도 생성물의 수율을 높일 뿐만 아니라 불필요한 부산물을 억제하고, 또한 낮은 온도와 압력에서 반응이 일어나도록 하기 때문에 화학공정의 경제성을 높이는 데 결정적인 역할을 한다. 따라서 기업에서는 촉매 기술을 철저히 보호하고 있으며, 만약 이를 다른 기업에 제공하는 경우에는 촉매만이 아니라 연관 공정자료까지 모두 합친 종합기술로서 판매하고 있다. 지금까지 새로운 촉매의 개발이 새로운 화학공정의 탄생으로 연결되고, 반면에 활성이 낮은 재래식 촉매에 의존하는 공정이 경쟁력을 잃어 도태된 예는 허다하다.

이 책은 이와 같은 촉매 기술에 대하여 지은이가 서울대학교에서 학사과정의 학생들에게 오랫동안 강의한 내용을 정리하고, 여기에 더하여 앞으로 점차 중요해질 몇 가지 촉매를 소개한 것이다. 화학 및 화학공학 관련 기초 지식만을 가진 독자가 우연히 촉매에 관심을 갖게 되어, 이 책을 읽고 촉매에 대하여 좀 더 알고 싶은 생각이 들었다면, 이 책의 일차적인 목표는 달성한 셈이다. “공부란 억지로 해서는 안 된다”는 것이 지은이의 평소 지론이다. 머리 좋은 사람이 열심히 하는 사람을 이길 수 없고, 열심히 하는 사람이 “좋아서 하는 사람”을 이길 수 없다. 이 책을 읽고 촉매가 재미나서 공부를 하다 보니 남들보다 조금 더 알게 되고, 그 사실이 좋아서 더 공부하다 보니 점점 재미가 붙어 결국 훌륭한 전문가로 성장하는 독자가 나오기를 바란다. 그런 취지에서 이 책은 처음에 쉽게 시작하고, 점차로 촉매의 기초 지식을 소개하는 식으로 쓰여졌다. 부득이 깊은 전문지식이 필요한 경우에는 [더 알아보기] 항에서 따로 설명을 하였다.

이 책의 제1장에서는 세상을 바꾼 촉매 기술을 몇 가지 소개하였고, 제2장에서는 화학반응의 원리와 함께 촉매의 역할에 대하여 설명하였다. 제3장에서 제6장에 걸쳐 분해, 수소화, 산화, 개질의 네 가지 반응공정에 사용하는 촉매를 소개하면서, 각 촉매의 대표적 특성(산, 금속, 부분산화, 이원 기능성)을 설명하였는데, 이 특성들은 다른 공정의 촉매를 설계하는 데도 활용할 수 있는 중요한 내용이다. 제7장에서는 우리 사회가 미래에도 지속적으로 발전하기 위하여 필요한 몇 가지 촉매 기술을 소개하고, 제8장에서는 사용 중인 촉매의 활성 저하와 재생을 다루었다. 마지막으로 제9장과 10장에서는 촉매의 성능과 특성을 평가하는 방법을 소개하였다. 각 장의 내용을 보완하기 위하여 예제를 수록하였고, 끝에 간단한 연습 문제들을 실어 배운 지식을 점검하도록 하였다. 이 책의 부록에는 조금 더 알아보기를 원하는 독자들을 위하여 국내외의 참고서적을 서평과 함께 소개하였고, 촉매 관련 국제 및 국내 학술행사와 학술지에 대하여 간단히 설명하였다. 또한 간단한 몇 가지 촉매 실험 장치와 방법, 그리고 이론식의 유도 과정도 수록하였다.

대학원이나 산업 현장에서 새로운 촉매를 연구하는 사람들을 위한 전문 서적과 학술지는 비교적 많지만, 촉매에 대한 호기심을 가진 학사 수준의 독자가 부담 없이 읽을 수 있는 한글로 된 서적은 많지가 않은 실정이다. 이 책은 바로 그런 독자들을 위하여 쓴 것이다. 혹시 읽는 도중에 이해가 잘 안 가는 부분이 있어도 실망하지 말고, 우선 이해가 가는 내용 위주로 읽기 바란다. 책의 내용을 모두 이해하는 것보다 더 중요한 것은 촉매에 대한 관심과 흥미를 계속해서 갖는 것이다. 이런 생각으로 책을 읽다보면 기술에 대한 종합적 시야가 열리면서 결국 "촉매를 좋아하게" 될 것이다.

이 책을 내는 과정에서 부분산화 촉매에 관한 자료를 제공해 준 전남대학교의 서곤 교수, 자동차 배기 정화 촉매 내용을 검토해 준 서울대학교의 김도희 교수, 고분자 촉매 관련 자료를 제공해 준 서울대학교의 이종찬 교수에게 감사를 드린다. 나를 서울대학교의 대학원 지도교수로 만난 인연 때문에 이 책의 공저자로 참여하게 된 신은우, 김우재, 조한익, 김석기 교수에게도 고마움을 전한다. 마지막으로 이 책의 필요성에 공감하여 출판해 준 사이플러스의 박종성 대표와 편집부에게 깊은 감사를 드린다.

2024년 6월 4일

지은이 대표 문상흡 적음

차 례

Contents

촉매공학입문 _Introduction to Catalyst Engineering

제 1 장

세상을 바꾼 촉매 이야기

Catalysis changes the world

질소고정법을 발명한 Haber(노벨화학상, 1918)

원유의 접촉 분해 공정을 개발한 Houdry

무기물에서 유기물(요소)을 최초로 합성한 Wöhler

고분자의 정체를 밝힌 Staudinger (노벨화학상, 1953)

학습 차례

개요

일반화학에 관한 기초지식을 가진 독자는 누구나 쉽게 제1장의 내용을 이해할 수 있을 것이다. 인류의 생존을 위하여 꼭 필요한 몇 개의 화학 반응이 새로운 촉매의 출현 덕분에 널리 쓰이게 된 예를 소개하면서, "촉매"가 현대사회의 형성에 크게 기여한 사실을 설명한다.

핵심 지식

르 샤틀리에(Le Chatelier)의 법칙, 옥탄가(octane number), 원자 이용도(atom utilization), 입체 규칙성(stereo-regularity).

1.1 공기에서 빵을 만든 사람

인류의 역사에서 20세기는 참으로 많은 변화가 일어난 시기였다. 1903년에 미국의 라이트 형제가 처음으로 동력이 달린 비행기를 타고 하늘을 나는 데 성공한 후 인류는 세계의 거의 모든 곳을 하루 이내에 여행할 수 있게 되었고, 1946년에 컴퓨터가 개발된 후 오늘날의 눈부신 정보화 시대가 열리게 되었다. 1957년에 인공위성이 처음으로 지구의 둘레를 돌았고, 그로부터 12년 후인 1969년에는 드디어 인간이 달의 표면에 착륙하였다.

이처럼 눈부신 성과를 이룬 20세기였지만, 사실 19세기까지만 해도 인류는 "성장의 한계"에 대한 심각한 우려에 시달리고 있었다. 그 근거는 다음과 같았다. 영국의 경제학자인 Malthus에 의하면, 인구는 기하급수적으로 증가하는 반면에 식량은 산술급수적으로 증가하므로 세계는 결국 식량부족에 직면하게 되고, 이로 인하여 인류는 대량 기근 사태와 함께 성장의 한계에 부딪치게 된다는 것이었다. 따라서 획기적인 식량증산의 방법이 나오지 않는 한 인류의 미래는 암울하였다.

이러한 전망을 더욱 악화시키는 사항으로 소위 "질소 위기(N-Crisis)"가 있었다. 알려진 바와 같이 작물의 수확량을 높이기 위하여 사용하는 비료의 3대 성분은 질소(N), 인(P), 칼륨(K)이다. 그중에서 인과 칼륨은 비교적 쉽게 토양에 고착이 되어 작물에 서서히 공급되지만, 질소 성분은 물에 잘 녹거나 또는 쉽게 분해가 되기 때문에 작물에 흡수되지 않고 유실되는 양이 많다. 따라서 질소 비료는 자주 뿌려 주어야 하고, 그만큼 사용량도 많다. 오늘날 대부분의 비료 공장들이 주로 질소 비료를 생산하는 까닭도 바로 이 때문이다.

20세기 초까지만 해도 질소 비료는 남미에서 나오는 칠레초석(주성분이 질산나트륨, $NaNO_3$)을 산화시켜 얻었다. 그러나 이 칠레초석은 매장량에 한계가 있어 조만간 고갈이 되는 것이 문제였다. 칠레초석이 소진되면 구아노(guano, 동물의 똥이 축적된 광물질)와 같은 천연유기물을 사용할 수 있으나 그 양이 많지 않았다. 따라서 인류는 Malthus가 주장하는 인구와 식량의 증가 속도 차이 탓만이 아니라, 조만간 질소 비료가 고갈되면서 그나마 얻어 왔던 식량도 오히려 감소하게 되어 더욱 심각한 "성장의 한계"에 직면할 것으로 예상하였다.

이와 같은 "질소 위기"를 해결하는 가장 좋은 방법은 공기 중에 80%나 포함된 질소를 비료의 원료로 이용하는 것이었다. 따라서 과학자들은 이미 19세기 초부터 공기 중의 질소를 이용하려는 연구를 해왔지만 실망스럽게도 별 성과가 없었다. 그도 그럴 것이 공기 중의 질소는 매우 안정되고 반응성이 거의 없기 때문에, 이를 다른 물질과 반응시켜 새로운 화합물을 만드는 것은 쉬운 일이 아니었다. 설사 반응에 성공하더라도 매우 높은 온도(1000°C 이상)와 압력(100기압 이상)에서만 일어났고, 그나마도 적은 양이 얻어져서 공정의 경제적 가치가 없었다. 따라서 19세기 말경에는 대부분의 과학자들이 이 공정을 "실현 불가능"한 것으로 간주하고 연구를 포기한 상태였다.

그런데 놀랍게도 20세기 초에 독일의 과학자들이 공기 중의 질소를 고정하여 암모니아로 만드는 촉매 반응 공정(이하 "질소고정법"이라 부름)을 개발한 것이다. 질소 비료를 공기 중에서 거의 무제한으로 생산하게 되면서 작물 수확량이 획기적으로 늘어났고, 그 결과로 오늘날의 세계 인구가 필요로 하는 식량을 공급할 수 있게 되었다. 참고로 세계의 인구(그림 1.1)는 약 2,000년 전부터 18세기까지 10억 명 이하의 범위에서 서서히 증가하다가, 19세기에 들어 약 1.5배로 늘어나고, 20세기에는 다시 4배로 늘어나 약 60억 명이 되었다. 결국 100여 년 전에 Malthus가 예상했던 "성장의 한계"는 오지 않았고, 인류는 지금도 성장을 계속하고 있다.

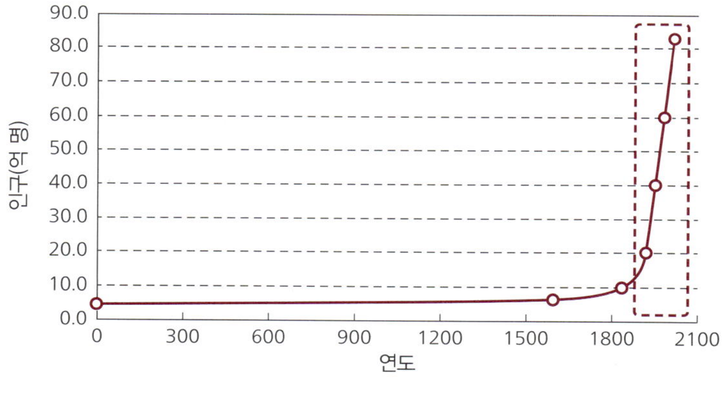

그림 1.1 세계의 인구 변화.

20세기에 두 차례의 세계대전과 많은 국지적 전쟁을 치루면서도 세계 인구가 이처럼 크게 늘어날 수 있었던 까닭에 대해서는 여러 가지 주장이 있다. 혹자는 상하수도의 확대에 따른 깨끗한 물의 사용과 냉장고의 보급으로 인한 "위생 상태의 개선"을 들고, 또 다른 이들은 항생제를 포함한 각종 "의약품과 의술의 발달"을 들기도 하지만, 이보다는 질소고정법의 출현으로 인한 "식량증산"이 가장 큰 요인이라고 봐야 할 것이다.

이처럼 인류의 문명에 획기적인 영향을 미친 질소고정법의 내용은 과연 무엇이고 그것은 어떻게 개발이 되었을까? 이 공정은 독일의 세 과학자(Haber,

Bosch, Mittasch, 그림 1.2)의 협동연구에 의하여 탄생하였다.[1] 이들은 각자 맡은 문제를 해결하기 위하여 아래의 창의적 발상과 핵심기술(공정설계, 고압반응기, 촉매)을 고안하였고, 이를 통하여 새로운 촉매 반응 공정을 완성하였다. 그 발명의 내용에 대하여 좀 더 살펴보자.

Fritz Haber
1868~1934
노벨화학상(1918)

Carl Bosch
1874~1940
노벨화학상(1931)

Alwin Mittasch
1869~1953

그림 1.2 질소고정법을 개발한 세 과학자.

독일 Karlsruhe 대학의 Haber 교수는 질소와 수소의 반응으로 암모니아를 얻는 공정(그림 1.3)을 설계하고, 이를 특허 출원하여 1908년에 발명특허를 획득하였다. 이 공정은 아이디어만을 토대로 하고 실험적 검증은 거치지 않았지만, 특허청은 창의성을 인정하여 특허를 주었다.

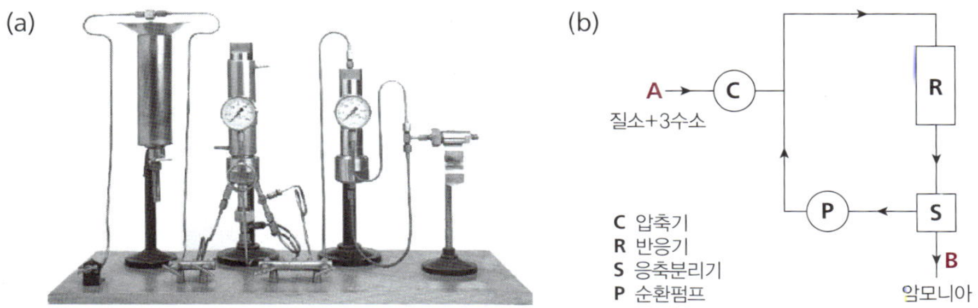

그림 1.3 (a) 최초의 암모니아 합성장치, (b) Haber 특허의 개요.

그림 1.3에서 질소와 수소가 1 : 3의 비율로 섞인 반응 혼합물은 촉매가 들어있는 반응기(R)와 응축 분리기(S)를 거쳐 다시 반응기로 유입되면서 장치 내에서 화살표 방향으로 순환된다. 반응 혼합물이 반응기를 지나면서 일부가 암모니아로 전환이 되는데, 이렇게 생성된 암모니아는 장치 내의 응축기에서 분리 회수된다.

암모니아가 제거된 반응 혼합물에는 추가의 반응물(질소 + 수소)이 첨가되고, 이는 다시 반응기에 유입되어 일부가 암모니아로 전환되면서 반응기–응축기 간의 순환 흐름이 반복된다. 따라서 이 공정 전체의 물질수지를 따져 보면, **A**에서 질소와 수소 혼합물이 들어가고 **B**에서 응축된 암모니아가 나오게 된다.

비교적 단순해 보이는 이 공정의 핵심 아이디어는 반응기에서 생긴 암모니아를 냉각시켜 분리 회수하는 별도의 응축기를 사용한 점이다. 이렇게 함으로써 반응기의 온도를 높게 유지하면서 암모니아를 낮은 온도에서 응축시켜 연속적으로 회수할 수가 있었다. 암모니아 합성반응은 발열공정이므로 낮은 온도가 암모니아의 평형 생성량을 높이는 데 유리하지만, 온도가 너무 낮으면 반응속도가 느려지기 때문에 실제로는 적정한 온도(400~500°C)를 유지해야 한다. 한편, 반응압력은 "Le Chatelier의 법칙[더 알아보기 1.1]"에 따라 높은 것이 유리하기 때문에 장치가 허락하는 한 높게(175기압) 유지한다.

▶ 더 알아보기 1.1

Le Chatelier의 법칙

프랑스의 화학자인 Le Chatelier가 1888년에 발표한 화학평형의 이동법칙으로, 정반응과 역반응이 동시에 진행되는 경우에 평형 상태가 온도와 압력 등에 따라 어떻게 변화하는지를 알려준다. 예를 들어, 반응에 의하여 열이 발생하거나 전체 분자의 수가 늘어날 때는 반응온도를 낮추거나 압력을 줄여주는 것이 반응의 평형 생성량을 높이는 데 유리하다.

Haber 교수는 자신이 얻은 특허를 당시 독일에서 가장 큰 화학회사였던 BASF에 팔았다. BASF는 이를 대규모 생산 공장으로 실용화하는 일을 추진했는데, 그 책임자가 Bosch 박사였다. Bosch 박사는 자타가 인정하는 유능한 과학자였지만, 이 공정을 실용화하는 과정에서 빈번한 폭발 사고를 겪었고 이로 인하여 회사가 망할지도 모른다는 많은 사람들의 우려를 감내해야 했다. 폭발 사고가 빈번히 발생한 까닭은 반응기 내에 있던 고온(400~500°C) 고압(175기압)의 수소가 반응기 벽의 작은 균열을 통해 밖으로 새어 나와 공기 중의 산소와 격렬히 반응하기 때문이었다. Bosch 박사는 수소가 새어 나오더라도 산소와의 폭발 반응이 일어나지 않도록 특수한 반응기를 설계함으로써 드디어 이 문제를 해결하였다.

마지막으로 남은 문제는 반응에 사용할 촉매를 개발하는 것이었는데, 이 일은 BASF의 Mittasch 박사가 맡았다. 연구의 초기에는 오스뮴(Os)을 촉매로 사용하여 어느 정도의 암모니아를 생산할 수 있었지만, 오스뮴은 매장량이 적고 비싸기 때문에 이를 대체할 매장량이 많고 값이 싼 촉매가 필요했다. 당시에 BASF는 이 공정을 빨리 실용화하려는 목표하에서 시간에 쫓기고 있었기 때문에, 촉매를 개발하는 일도 매우 급하게 진행되었다. 기록에 의하면 Mittasch 박사의 연구팀은 좋은 촉매 성분을 찾기 위하여 약 1년의 연구기간 중에 2,500가지가 넘는 다양한 재료를 6,500회 이상 시험하였다고 한다.

연구를 시작한지 1년이 조금 지난 1909년 11월에 우연히 실험실의 선반 위에 있던 Gällivare 지역의 철광석(Swedish magnetite)을 촉매로 사용해 본 결과, 높은 활성을 보임을 확인하였다. 흥미로운 것은 순수한 철은 활성이 나쁘지만, 이 특정한 철광석은 높은 촉매 활성과 내구성을 보이는 점이었다. 따라서 이처럼 우수한 촉매의 특성은 철광석에 포함된 불순물에 기인하는 것이라는 잠정적 결론을 내리고, 다양한 불순물 성분이 촉매의 활성에 미치는 영향을 알아내기 위하여 20,000회 이상의 실험을 수행한 결과, 드디어 1910년 3월에 철–알루미나–산화칼륨(Fe–Al_2O_3–K_2O)으로 구성된 최적의 촉매를 찾아냈다. 이 촉매는 놀랍게도 100여 년이 지난 오늘날에도 당시와 거의 같은 조성으로 세계의 모든 비료 공장에서 쓰이고 있으니, 당시의 BASF 연구팀이 얼마나 우수한 연구 성과를 달성했는지를 잘 알 수 있다. BASF는 위의 세 과학자들의 연구 성과를 종합하여 드디어 1913년 9월에 암모니아를 하루에 30톤 생산하는 공장을 준공하였다.

이 기술 개발의 업적으로 Haber 교수는 1918년에, Bosch 박사는 1931년에 각각 노벨화학상을 받았다. Haber 교수는 새로운 암모니아 합성 공정을 고안함으로써 공기 중의 질소를 고정시킨 공을 인정받았으며, 오늘날에도 “공기에서 빵을 만든 사람”으로 불리고 있다. Bosch 박사는 이 공정에 사용된 고온고압 반응기를 개발한 성과를 인정받았는데, 이 반응기는 현재 독일 Ludwigshafen에 위치한 BASF사의 간부 회관(faculty house) 정원에 기념물로 보존되어 있다. 한편, Mittasch 박사는 노벨상을 받지는 못했지만 84세까지 장수하며 독일 촉매 학계의 원로 역할을 하다가 1953년에 영면하였다. 오늘날 독일촉매학회(GeCatS)와 독일화학협회(DECHEMA)는 매년 촉매 분야에서 탁월한 연구 업적을 낸 세계적 학자를 공동으로 선발하여 “Mittasch 상”을 수여하고 있는데, 이 상의 재정적 후원은 당연히 BASF사가 맡고 있다. 나이가 비슷했던 독일의 세 학자가 같은 시대를 살면서 서로 협력하여 질소고정법을 개발한 성과는 우리 인류에게 큰 축복이었다.

1.2 미래를 내다 본 기업가

제2차 세계대전이 끝난 후, 독일을 중심으로 한 추축국(axis)과 미국, 영국을 중심으로 한 “연합국(allies)”이 각각 사용한 항공유를 비교한 결과, 두 연료의 품질이 크게 차이가 났던 사실이 밝혀졌다. 연료의 품질을 나타내는 지수로서 옥탄가(octane number)[더 알아보기 1.2]가 있는데, 그 값이 추축국의 항공유는 87~90인데 비하여 연합국 제품은 100을 상회하였다. 이처럼 두 연료의 옥탄가가 차이가 남에 따라 연합국의 전투기들은 추축국에 비하여 훨씬 유리한 조건에서 전쟁을 치를 수 있었다. 예를 들어, 비행기의 이륙 및 상승 시 엔진의 파워가 15~30%나 높았고, 비행 시의 연료 소모량도 15~20%가 적었으며, 비행기의 적재량이 25%가 많았다. 또한 최대 비행 속도가 10% 빠르고, 운전 시간도 12%나 길었다. 이와 같은 항공유 성능의 차이가 실제 전투에서 승패에 큰 영향을 미친 것은 너무나도 당연한 일이었다. 더구나 연합국은 우수한 연료의 생산시설을 충분히 갖춘 데 비하여, 추축국은 그나마의 생산시설도 부족하여 곤욕을 치렀다.

▶ 더 알아보기 1.2

옥탄가 *octane number*

연료가 엔진 속에서 압축과 점화될 때 정상보다 일찍 폭발하는 정도를 나타내는 값으로, 이소옥탄(iso-octane)의 옥탄가를 100으로 잡고 연료의 성능을 이와 비교하여 옥탄가를 정한다. 옥탄가가 높을수록 성능이 좋은 연료이다.

이처럼 연합국이 양질의 항공유를 대량으로 생산할 수 있었던 것은 천재 엔지니어 겸 사업가인 Houdry(그림 1.4)의 미래를 내다보는 안목과 집요한 노력이 있었기 때문이다.[2] Houdry는 1892년에 프랑스 파리 교외에서 태어났다. 그는 젊은 시절 지능, 체력 그리고 모험심까지 두루 갖춘 만능 청년이었다.

그림 1.4 Eugene Houdry.

프랑스의 명문대학 Ecole des Arts et Metiers에서 기계공학을 전공하여 수석으로 졸업하였고, 대학 축구팀의 주장을 맡아 전국 우승을 달성했다. 졸업 후 아버지가 경영하는 철강회사에 잠시 근무하다가 1차 세계대전이 일어나면서 입

대하여 탱크부대에서 근무하고, 제대할 때는 그 공로로 프랑스 최고의 무공 명예훈장(Légion d'honneur)을 받았다.

전쟁이 끝난 후 Houdry는 아버지 회사에 근무하며 취미로 자동차 경주를 즐겼다. 당시에 자동차는 새로 나온 문명의 이기로서 많은 젊은이들이 관심을 가졌는데, Houdry는 마침 철강제품을 다루는 회사에 근무하였기 때문에 자동차의 성능을 개선하는 데 필요한 많은 정보를 접할 수 있었다. 그중에서 가장 그의 관심을 끌었던 것은 연료인 휘발유의 성능이 만드는 방법에 따라 크게 달라진다는 사실이었다. 그때까지 휘발유는 원유를 증류하거나 또는 중질유나 석유찌꺼기를 고온에서 열분해하여 얻었는데, 이 방법들 대신 특정한 흙 성분을 촉매로 사용하여 원료를 분해시키면 양질의 휘발유가 얻어진다는 사실을 알게 되었다. Houdry가 특히 이에 주목한 까닭은 이 방법의 원료로 중질유 대신 갈탄(lignite)을 사용했을 때도 역시 휘발유가 얻어지기 때문이었다. 프랑스는 석유자원이 없고 그 대신 갈탄을 많이 보유하고 있었기 때문에 이 방법을 사용하면 프랑스의 에너지 부족 문제를 해결할 수 있다고 믿었다.

마침 Prudhomme이라는 프랑스의 약사 겸 화학자가 촉매를 사용한 화학 반응에 관심이 있다는 사실을 알고 Houdry는 그와 동업을 시작하였다. 드디어 촉매를 사용하여 원유로부터 양질의 휘발유를 얻는 데 성공하였는데, 문제는 촉매가 사용 도중에 금방 못쓰게 되는 점이었다. 그 원인은 반응의 부산물로 생긴 탄소가 촉매의 표면에 쌓이기 때문이었다. 그 후 수백 종의 재료를 시험한 결과 1927년에는 "Fuller's Earth"라고 불리는 특정한 흙을 촉매로 사용했을 때 가장 좋은 결과가 얻어짐을 확인하고, 이를 토대로 공장을 지어 1929년에 드디어 양질의 휘발유를 생산하였다. 그러나 이 공장은 이듬해인 1930년에 가동을 중단해야 했는데, 그 까닭은 반응의 수율이 너무 낮아 휘발유의 생산비가 너무 높았기 때문이었다.

Houdry는 여기서 좌절하지 않고 미국으로 건너가 그곳에서 적당한 후원자를 찾아 나섰다. 당시에 유럽은 석탄을 원료로 한 화학산업이 발달한 데 비하여, 미국은 석유로부터 다양한 에너지와 화학제품을 만드는 소위 "석유산업"이 빠르게 발전하고 있었다. 따라서 Houdry가 유럽보다 미국에서 새로운 사업의 후원자를 찾기로 한 것은 현명한 결정이었다. 미국에서 첫 번째 후원자는 Socony Vacuum사였는데 1931년까지 백만 불을 투자한 후 손을 떼었고, 이어서 나선 Sun Oil사는 2년간 2백만 불을 투자하며 Houdry의 사업을 지원하였다. 드디어 1936년에 하루에 2천 배럴의 휘발유를 생산하는 공장이 준공되고, 이듬해에는 그 규모가 크게 늘어나 1.5만 배럴이 생산되고, 다시 2년 후인 1939년에는 더욱 늘어난 22만 배럴로 확대되었다.

1939년에 독일의 폴란드 침공으로 유럽에서 전쟁이 시작되고, 1941년에 일본의 진주만 공격으로 미국이 참전을 하면서 휘발유와 항공유의 수요가 급속히 늘어났다. 특히 항공유의 품질은 비행기의 전투력에 결정적인 영향을 미치기 때문에 전쟁 수행에 매우 중요했다. 휘발유보다 옥탄가가 훨씬 높은 고성능의 항공유는 고품질 휘발유에 노킹 방지제(예: 4-ethyl lead)와 옥탄가 증진제(예: iso-octane)를 첨가하여 만들었다(그림 1.5). 옥탄가 증진제는 여러 개의 알킬기가 탄소사슬에 가지 모양으로 연결된 구조를 가졌는데, 이는 고급의 원유를 정제할 때 소량만이 얻어졌다. 그러나 Houdry 분해 공정을 사용하면 이런 구조의 탄화수소를 비교적 쉽게 많이 생산할 수 있었기 때문에, 미국은 전쟁에 필요한 고급 항공유의 90% 이상을 공급할 수 있었다. Houdry가 10여 년간 노력하여 세운 공장들이 그 진가를 발휘한 것이다.

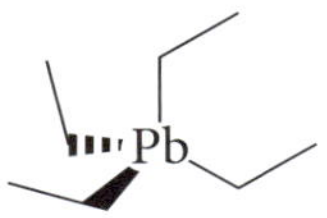

Pb

CH_3 CH_3 H_3C CH_3 CH_3

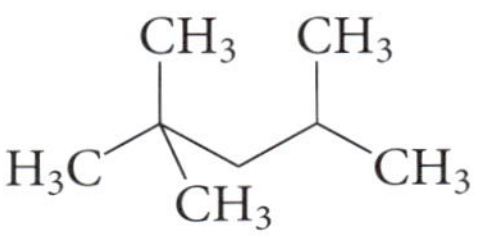

그림 1.5 4-Ethyl lead와 iso-octane의 구조.

휘발유 생산시설의 확대와 더불어 촉매에 대한 연구도 꾸준히 진행되어, 1930년 이전에 Fuller's Earth의 주성분이 Si와 Al임이 밝혀졌고, 1940년에는 이 Si–Al 촉매를 합성하기에 이르렀다. 한편, 촉매가 쉽게 못쓰게 되는 문제를 해결하기 위하여 다양한 반응장치와 공정들이 개발되었는데, 그 대표적인 예가 Standard Oil(오늘날의 ExxonMobil)사가 개발한 유동층 접촉분해(fluidized-bed catalytic cracking, FCC) 공정으로, 오늘날 대부분의 시설이 이 공정을 쓰고 있다. 1942년에 미국 시민권을 획득한 Houdry는 1962년에 70세를 일기로 영면하였다. 북미촉매학회(North American Catalysis Society)는 그의 업적을 기려 매 홀수 해마다 촉매 연구업적이 뛰어난 인물을 찾아 "Houdry 상"을 수여하고 있다.

1.3 유기화학의 발전

18~19세기에 유럽의 대표적 화학자였던 스웨덴의 Berzelius 교수는 이 세상의 모든 물질을 "생물에서 생기는 것"과 "무생물에서 생기는 것"으로 나눌 수 있다고 생각하였다. 그는 1807년에 "생명체의 산물"을 "유기물," 무생물의 산물을

"무기물"이라고 부를 것을 제안하였는데, 이것이 두 학문 분야가 오늘날 유기화학(organic chemistry)과 무기화학(inorganic chemistry)으로 불리는 시초가 되었다. Berzelius는 또한 당시에 많은 학자들이 믿었던 생기론(vitalism)의 강력한 신봉자이면서 동시에 대변인이었다. 예를 들어, 알코올이나 식초는 포도와 같은 생물체가 가진 생명력에 의하여 만들어지고, 반대로 소금이나 황산은 생명력의 도움 없이 무기질의 기초 원료가 결합하여 만들어지는데, 유기물은 가열이나 화학처리 과정을 거쳐 무기물로 바뀔 수 있으나, 반대로 무기물은 생명체의 도움이 없이 유기물로 바뀌는 것이 불가능하다고 생각하였다. 이와 같은 믿음을 근거로 Berzelius는 1814년에 유기화합물은 생물체에서만 창조되는 것이라는 의견을 공식적으로 공포하였다.

그러나 이와 같은 그의 주장은 그로부터 14년이 지난 1828년에 그의 제자인 독일의 Wöhler(그림 1.6)의 연구 결과로 무너지고 말았다. Wöhler는 암모니아수에 시안산 기체를 통했을 때 옥살산암모늄과 함께 흰색의 결정이 얻어지며, 이 결정이 요소(urea)라는 사실을 확인하였다.

그림 1.6 Friedrich Wöhler.

요소는 그때까지 사람이나 동물의 신장(kidney)에서 얻어야만 했는데, 이 방법에 의하면 생명체에 의존하지 않고 실험실에서 합성할 수 있게 된 것이다. 그러나 이 결과에도 불구하고 생기론에 대한 학자들의 믿음은 쉽게 바뀌지 않았다. 요소가 과연 유기물인지 무기물인지에 대한 논란이 있었고, 원료로 사용된 시안산을 생명체에서 얻을 수 있다는 사실 때문에 최종적 단정이 유보되었다. 그러나 이 논란은 그로부터 10여년이 지난 1845년에 Wöhler의 제자인 Kolbe가 직접적으로 탄소, 수소 및 그 밖의 기초 원소로부터 유기물인 아세트산(acetic acid)을 합성하는 데 성공함으로써 완전히 종결되었다(그림 1.7). 그 후 많은 학자들이 유기물의 합성에 뛰어들었고, 예를 들어 프랑스의 Berthelot는 체계적 연

$$\mathrm{C} \xrightarrow{\mathrm{FeS_2}} \mathrm{CS_2} \xrightarrow{\mathrm{Cl_2}} \mathrm{CCl_4} \xrightarrow{\text{고온}}$$

$$\mathrm{Cl_2C{=}CCl_2} \xrightarrow[\mathrm{H_2O/O_2}]{\text{빛}} \mathrm{Cl_3CCO_2H} \xrightarrow{\text{전기분해}} \mathrm{CH_3CO_2H}$$

그림 1.7 Kolbe의 아세트산 합성.

구를 통해 대표적인 유기물인 메탄올, 개미산, 아세틸렌 등을 실험실에서 합성함으로써 생기론이 틀렸음을 입증하였다.

유기화학은 그 후 눈부신 발전을 거듭하여 오늘날의 화려한 정밀화학 시대를 열었다. 1856년에 영국의 Perkin은 아닐린(aniline)을 원료로 사용하여 키니네(quinine)를 합성하는 과정에서 원료에 실수로 들어간 불순물 때문에 원하지 않는 보라색의 생성물을 얻었는데, 그는 이를 버리지 않고 더욱 연구하여 결국 새로운 염료인 마우베인(mauveine)을 합성하였다. 이 보라색 염료는 그때까지 달팽이에서 추출하여 얻어 온 천연 염료인 tyrian purple을 대체하였는데, 당시에 염료의 무게당 가격이 금보다도 더 비싸 엄청난 이익을 낼 수 있었다. 이어서 alizarin(1869), indigo(1878)와 같은 염료가 값싼 콜타르(coal tar)를 원료로 하여 속속 합성되면서 이 분야는 높은 수익을 내는 산업으로 성장하였다.

1950년대 이후에 유기화학은 천연 화합물, 특히 수익성이 높은 의약품의 합성을 중심으로 크게 발전하였다. 20세기의 대표적 의약인 페니실린(penicillin)을 1928년에 푸른곰팡이의 배양액에서 얻었지만 1957년에는 이를 실험실에서 합성하였고, 그 밖에 다양한 영양제, 진통제, 항생제, 치료제 등을 개발하는 과정에서 점차 복잡한 구조의 화합물들이 성공적으로 합성되었다. 그림 1.8에는 지금까지 개발된 대표적 약들의 구조를 보인다.

이와 같은 유기화학의 발전 덕분에 오늘날 인류는 과거보다 훨씬 풍요롭고 건강하게 살게 되었다. 그러나 20세기 후반에 들어 이와 같은 과정에서 생긴 환경오염의 문제가 미래 사회의 지속적 발전을 저해한다는 사실이 알려지면서, 유기화학은 커다란 도전을 받게 되었다. 예를 들어, Kolbe가 처음으로 합성에 성공한 아세트산의 경우를 보자. 그림 1.7에서 보면 원료인 탄소에서 시작하여 아세트산을 얻을 때까지 도중에 다양한 반응물들이 사용되는데, 이들은 대부분이 최종 생성물인 아세트산에 포함되지 않고 부산물의 형태로 버려지므로 결국 우리의 환경을 오염시키게 된다. 이런 문제는 유기물의 합성에서 너무나도 흔하게 관찰된다. 특히, 의약품과 같이 최종 화합물이 복잡한 구조를 가진 경우에는 이를 합성하기 위하여 많은 단위반응을 거쳐야 하고, 이때 사용되는 반응물의 대부분이 부산물로 버려진다.

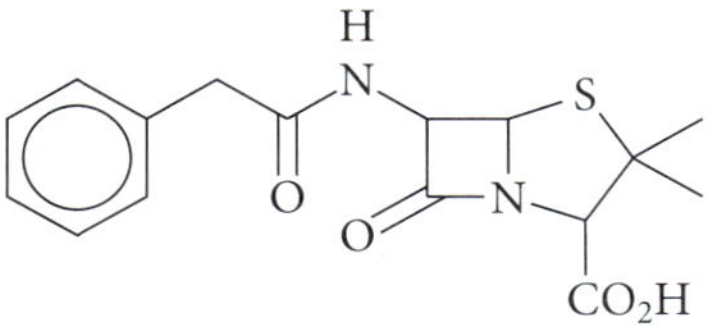

penicillin G

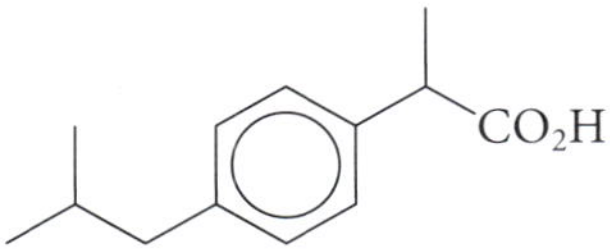

ibuprofen

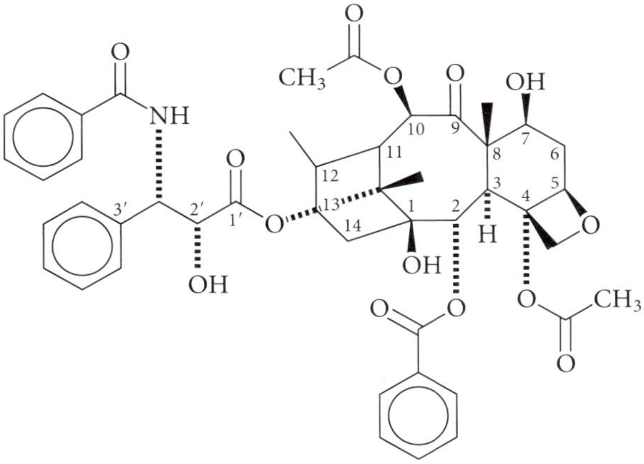

vitamin B_{12}

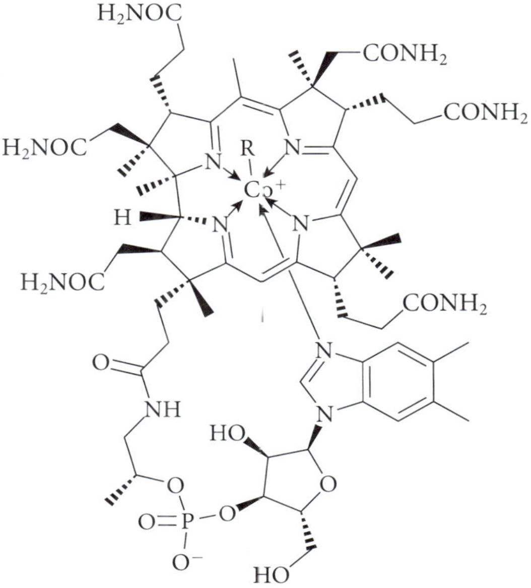

taxol

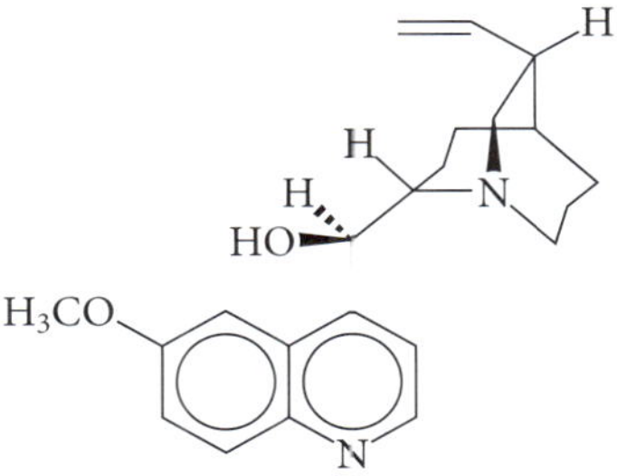

quinine

그림 1.8 대표적 약들의 구조(예: penicillin G, ibuprofen, vitamin B_{12}, taxol, quinine).

극단적인 예로서 항암 치료제인 Taxol은 분자 내에 비대칭(asymmetric) 탄소 원자를 12개 포함하므로 총 2^{12}(= 4,096)개의 구조이성체(stereo-ismer)를 갖는데, 그 중에서 약효가 있는 한 분자만을 제외하고 나머지 4,095개는 모두 부산물이 된다.

이 문제의 해결 방법은 간단하다. 합성을 위한 단위 반응의 수를 줄이고, 반응물도 꼭 필요한 것만 사용함으로써 부산물을 줄이면 된다. 그러나 이것은 결코 쉬운 일이 아니다. 오늘날 아세트산을 Kolbe의 방법으로 만드는 곳은 없고, 대신 메탄올을 카보닐화(carbonylation)하여 제조한다[식 (1.1)].

$$CH_3OH + CO \longrightarrow CH_3COOH \tag{1.1}$$

Monsanto사가 개발한 이 공정에서는 꼭 필요한 일산화탄소(CO)만을 반응물로 사용하므로 부산물이 생기지 않는다. 이것이 가능한 까닭은 반응의 핵심 재료인 로디움(Rh) 촉매가 개발되었기 때문이다. Monsanto사는 이 촉매 기술을 확보함으로써 세계의 아세트산 제조 공정을 독점하게 되었다.

Kolbe가 아세트산을 합성한 것은 무기물에서 유기물을 만들 수 있다는 사실을 입증하기 위한 것이었으므로, 그가 사용한 방법을 오늘날의 기준으로 평가하는 것은 옳지 않다. 따라서 다른 공정의 사례를 소개하겠다. 비이온성 계면활성제나 자동차 부동액의 원료인 산화에틸렌(ethylene oxide)은 에틸렌으로부터 만드는데, 과거에는 클로로히드린(chlorohydrin)법을 사용했으나 현재는 직접 산화(direct oxidation)법을 사용한다(그림 1.9).

재래식 클로로히드린 공정(chlorohydrin route)

$$CH_2{=}CH_2 + Cl_2 + H_2O \longrightarrow ClCH_2CH_2OH + HCl$$

$$ClCH_2CH_2OH + Ca(OH)_2 \xrightarrow{HCl} H_2C\overset{O}{\diagup\diagdown}CH_2 + CaCl_2 + 2H_2O$$

종합: $C_2H_4 + Cl_2 + Ca(OH)_2 \longrightarrow C_2H_4O + CaCl_2 + H_2O$

현대식 직접산화 공정(direct oxidation route)

$$CH_2{=}CH_2 + \tfrac{1}{2}O_2 \xrightarrow{\text{촉매}} H_2C\overset{O}{\diagup\diagdown}CH_2$$

그림 1.9 산화에틸렌의 제법 두 가지.

과거의 공정은 염소와 가성소다를 반응물로 사용하기 때문에 염화칼슘이 부산물로 생기지만, 오늘날에는 에틸렌을 산소로 직접 산화하여 얻기 때문에 부산물이 없다. 이처럼 간단한 직접산화법이 가능한 것은 여기에 사용되는 은(Ag) 촉매가 개발되었기 때문이다.

또 다른 예로서, 고분자의 원료인 메틸메타아크릴레이트(methylmethacrylate, MMA)를 만드는 두 가지 방법을 소개하겠다(그림 1.10). 재래식 방법은 HCN, 황산 등을 반응물로 사용하므로 생성물 중에 아황산암모니움(NH_4HSO_4)이 생기지만, 새 방법(Shell 공정)에서는 팔라듐(Pd) 촉매를 사용하여 부산물이 없이 MMA만을 유일한 생성물로 얻는다.

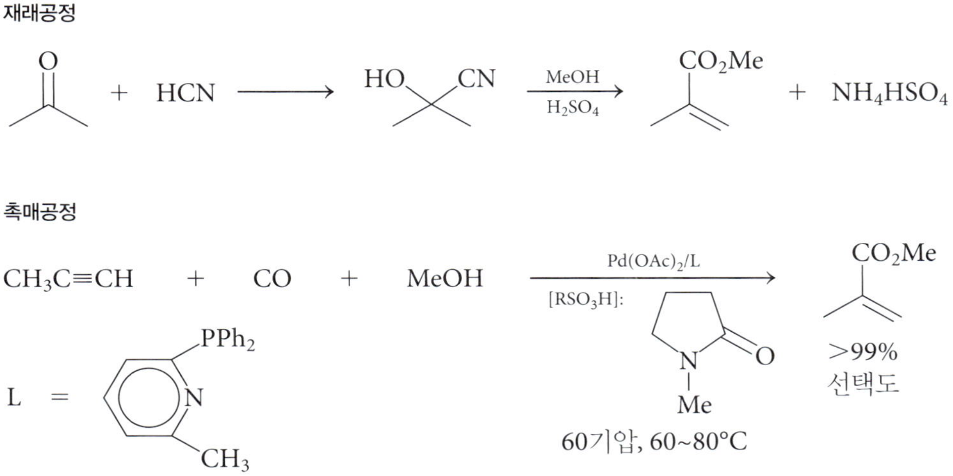

재래공정

O + HCN ⟶ HO CN $\xrightarrow[H_2SO_4]{MeOH}$ CO_2Me + NH_4HSO_4

촉매공정

$CH_3C{\equiv}CH$ + CO + MeOH $\xrightarrow{Pd(OAc)_2/L}$ CO_2Me

$[RSO_3H]$: N O Me

60기압, 60~80°C

>99%
선택도

L = PPh_2 N CH_3

그림 1.10 MMA 제법 두 가지.

위에 예시된 것과 같이 화학공정은 불필요한 부산물이 얼마나 적은지에 따라서 그 효율성이 결정되는데, 이를 나타내는 지수로서 아래의 "원자 이용도(atom utilization, AU)"가 쓰인다.[3]

$$\text{원자 이용도} = \frac{\text{원하는 생성물의 분자량}}{\text{부산물을 포함한 총 생성물의 분자량}} \tag{1.2}$$

따라서 반응물 중에서 부산물의 양이 적고 대신 원하는 최종 생성물이 많으면 위의 지수는 높아진다. 앞에서 소개한 산화에틸렌(ethylene oxide) 제조 공정에 대하여 원자 이용도를 계산하면, 클로로히드린법은 44/173 = 25%, 직접산화법은 44/44 = 100%이다.

위의 사례들은 비교적 단순한 반응의 경우이지만, 합성이 까다로워 여러 단계의 반응을 거쳐야 하는 경우에도 마찬가지 기준이 적용된다. Ibuprofen은 연간 판매량이 15억 불을 넘는 비교적 흔한 진통제이다. Boots사에서 개발한 재래식 방법은 원료인 isobutylbenzene에서 시작하여 6단계를 거쳐 최종 생성물을 얻는 데 비해, 새로 개발된 Hoechst-Celanese법은 같은 원료에서 3단계만을 거쳐 최종물을 얻는다(그림 1.11). 후자는 Pd 촉매를 사용함으로써 부산물이 거의 생기지 않으면서 반응이 진행된다.

위의 예들에서 보는 것과 같이, 부산물이 적거나 아예 없는 청정 공정을 개발함에 있어서 촉매는 가장 핵심적인 역할을 한다. 촉매는 공정에 필요한 반응물의 종류와 양 외에도, 단위공정의 수를 줄이거나 반응온도를 낮추거나 또는

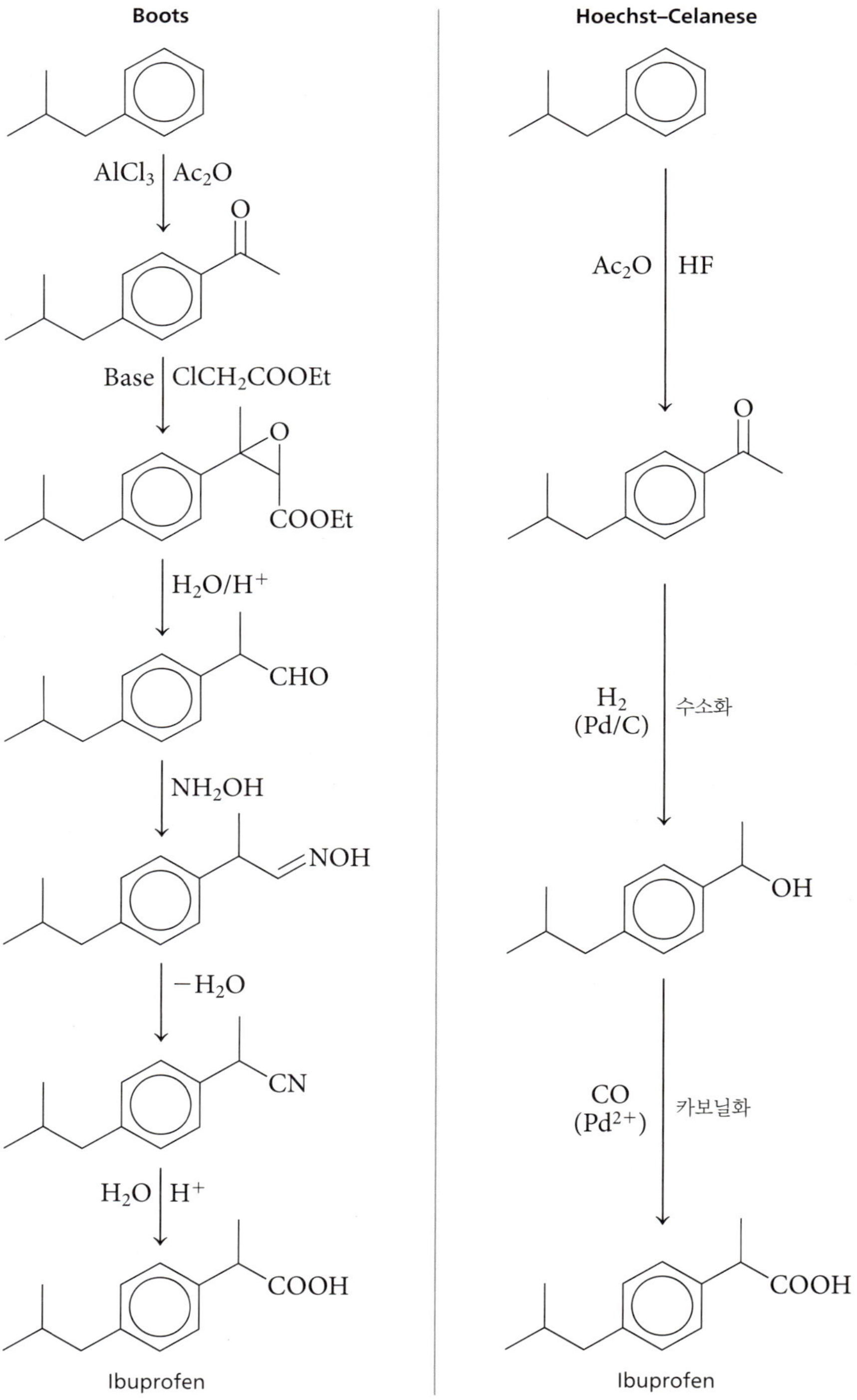

Boots

$AlCl_3$ | Ac_2O

Base | $ClCH_2COOEt$

O

COOEt

H_2O/H^+

CHO

NH_2OH

NOH

$-H_2O$

CN

H_2O | H^+

COOH

Ibuprofen

Hoechst–Celanese

Ac_2O | HF

O

H_2 (Pd/C) 수소화

OH

CO (Pd^{2+}) 카보닐화

COOH

Ibuprofen

그림 1.11 Ibuprofen 제법 두 가지.

사용하는 용제(solvent)의 선택에도 영향을 주기 때문에, 공정의 에너지 소비량과 환경 친화성을 포함한 전체 경제성을 결정한다. 화학산업의 역사에서 새로운 촉매를 사용한 우수한 공정이 출현함으로써 재래식 공정이 경쟁력을 잃고 도태된 사례는 너무나도 많다. 그렇기 때문에 산업에서는 비록 현재의 촉매공정이 경쟁력을 갖고 있더라도 끊임없이 이를 개선함으로써 장차 출현할지 모르는 새로운 기술에 대비를 해야 한다.

예제 1.1

Propylene으로부터 propylene oxide를 제조하는 공정으로 아래의 두 가지 방법이 있다. 각 공정의 원자 이용도(atom utilization, AU)를 구하라.

data

- 원자량: C = 12, H = 1, Cl = 35.5, O = 16, Ca = 40, Mo = 96,
  Ti = 47.9, Ni = 58.7

공정 1

$$CH_3—CH═CH_2 + Cl_2 + H_2O \longrightarrow CH_3—CH(OH)—CH_2(Cl) + HCl$$

$$CH_3—CH(OH)—CH_2(Cl) + HCl + Ca(OH)_2 \longrightarrow CH_3—\underset{\diagdown O \diagup}{CH—CH_2} + CaCl_2 + 2H_2O$$

공정 2

$$CH_3—CH═CH_2 + C_6H_5—C(CH_3)_2—COOH \xrightarrow[80\sim120°C]{Mo} CH_3—\underset{\diagdown O \diagup}{CH—CH_2} + C_6H_5—C(CH_3)_2—OH$$

$$C_6H_5—C(CH_3)_2—OH \xrightarrow[250°C]{TiO_2} C_6H_5—C(CH_3)═CH_2 + H_2O$$

$$C_6H_5—C(CH_3)═CH_2 \xrightarrow[Ni]{+H_2} C_6H_5—CH(CH_3)_2 \xrightarrow{+O_2} C_6H_5—C(CH_3)_2—COOH$$

› 풀이

공정 1: 반응에 사용한 반응물은 모두 원하는 생성물 또는 부산물로 회수되므로, AU 값은 각 생성물의 분자량 값을 토대로 얻을 수 있다. 즉, 58/(58 + 111 + 36) = 0.28.

공정 2: Mo, Ti, Ni 등의 촉매는 소모되지 않는 것으로 간주한다. 반응물이 모두 생성물로 회수되므로, 공정 1의 경우와 마찬가지로 각 생성물의 분자량 값을 토대로 얻는다. 즉, 58/(58 + 18) = 0.76.

› 예제 1.2

본문에서는 직접 산화법에 의하여 ethylene oxide를 제조하는 공정의 원자 이용도(AU)가 1.0(100%)라고 설명하였다. 그러나 실제의 공정에서는 생성물의 수율(yield)이 100%가 아니기 때문에 AU 값은 이보다 낮아진다. 예를 들어, 공정의 수율이 80%이고, 이때 반응하지 않은 ethylene은 별도의 분리 공정에서 회수하지만, 미반응 산소(O_2)는 회수하지 않고 폐기한다고 하자. 이 공정의 AU 값을 구하라.

› 풀이

Ethylene은 회수되므로 손실이 없지만, 미반응 산소는 폐기하므로 그만큼 손실이 생긴다. 최종 산물에는 ethylene 반응물 대비 80%의 ethylene oxide와 10%의 O_2가 남아 있게 된다. 따라서 공정의 AU는 (44 × 0.8)/(44 × 0.8 + 32 × 0.1) = 0.917.

1.4 고분자의 세계

Berzelius 등이 믿었던 생기론(vitalism)이 잘못된 것으로 밝혀지고, 학자들이 유기물을 실험실에서 합성하기 시작한 지 약 100년이 지난 20세기 초에, 유럽의 화학계는 또 다른 문제를 놓고 의견이 갈라졌다. 이미 오래 전부터 천연물에서 얻어 왔고, 근래에는 일부가 합성되기까지 한 섬유, 수지, 고무 등이 과연 단일 분자 물질인지 아니면 여러 물질의 혼합물인지에 관한 논쟁이었다. 지금까지 알려진 대개의 화합물은 온도가 낮을 때는 고체이다가 온도가 높아지면 액체나 기체로 바뀌고 이를 냉각하면 다시 고체로 되돌아오지만, 이 특이한 물질은 낮은 온도에서 유동성이 있다가도 온도를 높이면 고체로 굳어버리고 이를 다시 냉각해도 잃어버린 유동성이 회복되지 않는 경우가 많았다.

1922년에 독일의 Staudinger 교수(그림 1.12)는 이 물질이 지금까지 알려진 것들과는 전혀 다른, 분자량이 매우 큰 고분자 물질이라고 주장했다. 그러나 이 견해는 많은 학자들의 비판을 받았다. 예를 들어, 오늘날 "폴리에틸렌"이라고 불리는 물질의 분자량은 기초 구성 분자인 에틸렌이 1,000개가 사슬처럼 연결되었을 때 분자량이 14,000에 이르는데, 이는 통상적으로 알려진 분자량의 범위를 크게 벗어나는 값이어서, 마치 아프리카의 정글에서 길이가 45 m, 높이가 9 m 이상인 코끼리를 발견했다고 주장하는 것과 흡사하다는 비판을 받았다. 그러나 시간이 지나면서 Staudinger의 "고분자론"은 움직일 수 없는 정설로 받아들여졌고, 이 공헌으로 그는 1953년에 노벨상을 받았다.

그림 1.12 Hermann Staudinger, 노벨화학상(1953).

돌이켜보면 20세기는 고분자의 시대였다. 오늘날 인류는 생존에 필요한 의식주 중에서 식량을 제외한 옷과 집의 문제를 대부분 고분자 재료에 의존하게 되었다. 1907년에 벨기에 태생으로 미국에서 활약한 Bakeland가 석탄산과 포름알데히드를 원료로 사용한 베크라이트(Bakelite) 수지를 개발한 후 다양한 합성수지가 출현하였고, 1935년에 듀퐁(Dupont)사의 Carothers가 나일론(Nylon)을 합성하면서 합성섬유의 시대가 열렸다. 당시에 Nylon은 공기, 물, 석탄을 원료로 하여 얻은 거미줄보다 가볍고 강철보다 질긴 섬유라고 알려지면서, 특히 여자 스타킹용으로 선풍적인 인기를 끌었다. 고무는 콜럼버스가 신대륙을 발견한 후 유럽에 처음 소개되었으나, 제1·2차 세계대전을 겪으며 독일 과학자들이 개발한 합성고무가 이제는 전 세계를 누비는 자동차의 타이어로 사용되고 있다.

고분자가 이처럼 폭넓게 우리 생활에 쓰이게 된 까닭은 고분자 재료가 갖는 독특한 물성 때문이다. 고분자는 분자량이 1만~100만에 이르는 거대한 분자인데, 이를 구성하는 단위 분자(이를 "단량체"라고 함)는 물론이고, 중합으로 얻은 고분자의 최종 분자량에 따라 물성이 크게 변한다. 같은 분자량의 경우라도 단량체가 선형(linear)의 긴 사슬로 연결되었는지 아니면 가지형(branched)으로 연결되었는지에 따라서도 물성이 바뀐다. 예를 들어, 폴리에틸렌(PE)의 경우에 선형 또는 가지형에 따라 각각 고밀도 폴리에틸렌(HDPE)과 저밀도 폴리에틸렌(LDPE)으로 전혀 다른 물성을 갖는다. 폴리프로필렌(PP)의 경우처럼 단량체의 구조가 대칭이 아닌 경우에는 그것이 규칙적인 방향으로 연결되었는지에 따라 물성이 크게 달라지는데, 이를 고분자의 입체 규칙성(stereo-regularity 또는 tacticity)라고 한다. 그 밖에도 고분자 사슬 간의 연결 정도를 나타내는 가교성(cross-linking), 사슬 정렬에 따른 결정성(crystallinity), 한 가지 단량체가 아니고 서로 다른 단량체가 연결된 공중합물(copolymer), 무기물과 혼합한 복합재료(composite) 등의 특성을 이용하여 다양한 재료가 개발되었다.

그동안 이룩한 고분자의 연구 성과 중에서 가장 획기적인 것을 든다면 1952~1953년에 Ziegler와 Natta가 개발한 중합촉매라고 해야 할 것이다(그림 1.13). 그들은 이 업적으로 1963년에 공동으로 노벨상을 받았다. 이 촉매가 나오기 전까지만 해도 폴리에틸렌은 중합속도가 느리기 때문에 분자량이 낮고 주로 가지형(branched)의 제품이 얻어져서 별로 쓸모가 없었다. 그러나 1952년에 독일의 Ziegler 교수가 Ti와 Al을 기초로 한 촉매를 반응에 사용한 결과 중합속도가 획기적으로 빨라졌다. 그 결과로 분자량이 크게 증가했을 뿐만이 아니라, 고분자 사슬이 선형으로 이어져서 결정성이 높은 HDPE를 얻을 수 있었다.

그림 1.13 Karl Ziegler(왼쪽), Giulio Natta(오른쪽), 노벨화학상 공동수상(1963).

한편, 이태리의 Natta 교수는 Ziegler가 개발한 촉매를 프로필렌의 중합에 사용하여 입체 규칙성이 매우 높은 폴리프로필렌을 얻었다. 프로필렌은 에틸렌의 수소 원자 하나가 메틸기로 바뀐 것인데, 이들이 중합을 할 때 메틸기가 아래에 보인 것처럼 항상 규칙적인 위치에 결합하는 경우(이를 “isotactic”이라 부름)와 그렇지 않은 경우(“atactic”이라 부름)가 있다(그림 1.14).

Isotactic: $-CH_2-\underset{}{\overset{Me}{CH}}-CH_2-\overset{Me}{CH}-CH_2-\overset{Me}{CH}-CH_2-\overset{Me}{CH}-$

Atactic: $-CH_2-\overset{Me}{CH}-\overset{Me}{CH}-CH_2-\overset{Me}{CH}-CH_2-CH_2-\overset{Me}{CH}-$

그림 1.14 폴리프로필렌에서 메틸기의 위치.

전자의 경우에는 고분자 사슬에서 메틸기가 같은 간격으로 나타나므로 사슬이 서로 가깝게 나란히 정렬될 수 있고, 그 결과로 제품의 결정성이 크게 증가한다. 그러나 후자의 경우에는 메틸기의 위치가 불규칙적이어서 고분자 사슬이 밀착하여 정렬되기가 힘들고, 결국 제품의 결정성이 떨어진다. Natta 교수는 Ziegler 촉매를 사용하여 사슬 구조가 규칙적인 isotactic 폴리프로필렌을 얻고, 이를 X-Ray 등의 방법으로 입증하였다. 이와 같은 고분자 사슬의 입체 규칙성 문제는 폴리프로필렌만이 아니라 단량체의 구조가 비대칭인 모든 고분자에서 나타나기 때문에, 고분자의 물성을 결정하는 주요 변수가 된다.

대표적인 Ziegler–Natta(Z–N) 촉매는 AlR_3(R=alkyl)와 $TiCl_4$의 혼합물인데, 이를 사용할 때 어떻게 입체 규칙적인 고분자 사슬이 얻어지는지를 아래에 설명하겠다. 여기서 AlR_3는 Al 중심 원자의 주위에 알킬기(R) 세 개가 붙어 있는(이를 "배위"되었다고 함) 물질이고, $TiCl_4$는 마찬가지로 Ti 중심 원자의 주위에 염소(Cl) 원자 네 개가 배위되어 있는 물질이다. AlR_3와 $TiCl_4$를 불활성인 용매 중에서 혼합하여 숙성시키면, Al과 Ti 금속 사이에 R과 Cl의 교환이 일어나면서 불안정한 TiR_xCl_y 착화합물들이 형성된다. 전이금속인 Ti는 3가와 4가를 쉽게 오가므로 $TiCl_3$와 $TiRCl_3$도 생긴다(그림 1.15).

$$AlR_3 + TiCl_4 \rightleftharpoons AlR_2Cl + TiRCl_3$$
$$AlR_3 + TiRCl_3 \rightleftharpoons AlR_2Cl + TiR_2Cl_2$$
$$TiRCl_3 \rightleftharpoons TiCl_3 + R$$
$$TiR_2Cl_2 \rightleftharpoons TiRCl_2 + R$$

그림 1.15 Ziegler–Natta 촉매의 숙성 결과.

그림 1.16은 이처럼 생긴 TiR_xCl_y 화합물과 프로필렌($C_3^{=}$)이 결합하여 입체 규칙성이 있는 폴리프로필렌이 중합되는 과정을 설명한 단일 금속 메커니즘을 나타낸다. 그림에서 프로필렌은 CH_2=CHX로 표시되었고, X는 메틸기이다. 제

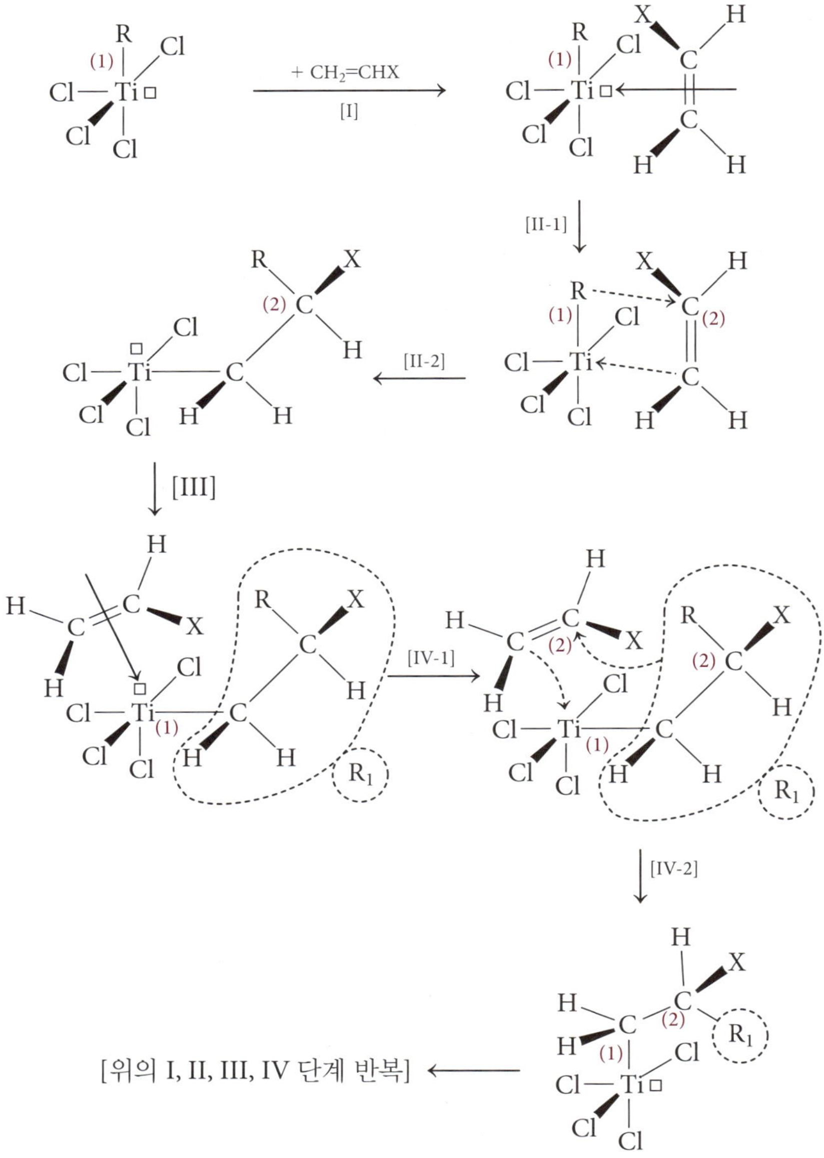
+ CH2=CHX
[I]
[II-1]
[II-2]
[III]
[IV-1]
[IV-2]
[위의 I, II, III, IV 단계 반복]

그림 1.16 Ziegler–Natta 촉매를 사용한 프로필렌의 중합.

1단계(그림에서 [I]로 표시)로, Ti의 비어 있는 배위자리(□로 표시)에 프로필렌($C_3^=$)의 이중결합이 배위되면서 촉매와 $C_3^=$의 결합체가 생성된다. 제2단계([II-1,2])로, 위치(1)에 있던 알킬기(R)가 Ti 원자에서 분리되어 $C_3^=$ 골격의 탄소와 결합함으로써, 결국 $C_3^=$가 Ti와 R 사이에 삽입된다. 이때 R은 $C_3^=$의 이중결합을 이루는 두 개의 골격 탄소 중에서, 메틸기(X)와 연결되어 상대적으로 전자밀도가 큰 탄소(2)와 우선적으로 결합한다. 제2단계의 결과로, 촉매인 Ti는 $C_3^=$와 R이 연결된 긴 알킬기($C_3^=$−R)를 배위자(ligand) 중의 하나로 달고 있게 된다. 제3단계([III])는, 앞의 제2단계에서 R이 분리되면서 생긴 빈 배위자리(□)에 새로운 $C_3^=$ 분자가 배위되는 것이다. 제4단계([IV])에서는, 앞의 제2단계에서 생성된 긴 알킬기($C_3^=$−R: 그림에서 R_1으로 표시)가 Ti 원자에서 분리되고, 이것이 제3단계에서 배위된 $C_3^=$의 탄소와 결합함으로써 결국 Ti에 더욱 긴 알킬기($C_3^=$−$C_3^=$−R)가 매달리게 된다. 위의 설명에서 제3,4단계는 기본적으로 제1,2단계와 같은데, 단지 반복이 거듭되면서 $C_3^=$가 계속 추가되고 그 결과로 Ti에 매달린 알킬기가 점차 길어진다. 이 과정이 계속되면 Ti에 매달린 알킬기가 너무 길어져 점차 이동성(mobility)를 잃게 되고, 급기야 이것이 옆에 배위된 $C_3^=$와 결합하기가 힘들어지면서 중합반응이 종결된다.

위의 설명에서 특히 중요한 점 두 가지를 강조하겠다. 첫째는, 촉매인 Ti가 3가와 4가를 모두 가질 수 있고 또한 배위자리의 수도 4~6을 쉽게 오가기 때문에, 앞의 설명에서 본 것처럼 R 또는 $C_3^=$ 등의 배위자를 쉽게 받았다가 내어 놓을 수 있는 점이다. 촉매란 이처럼 자신은 변하지 않으면서 반응의 중간물질을 쉽게 받거나 내어 줌으로써 전체 반응이 잘 진행되도록 도와주는 물질이다. 둘째는, 앞의 제2,4단계에서 설명한 것처럼 촉매에 배위된 알킬기(R 또는 $C_3^=$−R)가 Ti에서 분리하여 인근의 $C_3^=$와 결합할 때 특정하게 메틸기가 달린 탄소와 결합하는 점인데, 이처럼 특정한 위치의 탄소와 일관되게 반응하는 특성 때문에 결과적으로 입체 규칙성이 있는 isotactic 폴리프로필렌이 얻어지는 것이다. 다시 말해서, 이중결합을 구성하는 두 탄소 원자의 반응성이 치환기 유무에 따라 미세하게 달라지는 현상을 촉매 설계에 이용함으로써, 고분자의 물성을 크게 개선하게 된 것이다. 폴리프로필렌의 중합에 적용된 Ziegler–Natta 촉매의 지식은 그 후 다른 고분자 물질의 합성에도 폭넓게 응용되었고, 그 결과로 다양한 물성의 고분자 제품이 만들어졌다.

연습 문제

1. 질소고정법을 개발한 독일의 주요 과학자들의 연구 분야와 창의적 기술 내용을 아래 표에 정리하라.

과학자	연구 분야	창의적 기술 내용
Fritz Haber		
Carl Bosch		
Alwin Mittasch		

2. 옥탄가는 이소옥탄의 옥탄가를 100으로 잡고 연료의 성능을 이와 비교한 수치로 옥탄가가 높을수록 성능이 좋은 연료이다. 1 L당 2000원인 옥탄가 89의 고급 휘발유를 사는 대신에 1 L당 2100원인 옥탄가 93의 특급 휘발유와 1800원인 옥탄가 87의 보통 휘발유를 섞어 쓰면 경제적인가?

3. 최근 바이오디젤 제조 공정의 부산물인 글리세롤을 활용하여 글리세롤 카보네이트를 제조하는 공정이 연구자들의 관심을 끌고 있다. 이 공정은 글리세롤과 반응하는 화합물에 따라 다양한 화학공정이 가능한데, 대표적인 제조 반응으로 아래의 두 가지 화학공정을 들 수 있다. 각 공정의 전환율을 100%로 가정하고 각 공정의 원자 이용도(AU)를 계산하라.

› data

- 글리세롤 분자량: 92, 이산화탄소 분자량: 44, 글리세롤 카보네이트 분자량: 118, 요소 분자량: 60, 수소 분자량: 2, 암모니아 분자량: 17

Glycerol carbonate 제조 반응 1:

글리세롤 + 이산화탄소 ⟶ 글리세롤 카보네이트

$$C_3H_5(OH)_3 + CO_2 \longrightarrow C_4H_6O_4 + H_2$$

Glycerol carbonate 제조 반응 2:

글리세롤 + 요소 ⟶ 글리세롤 카보네이트

$$C_3H_5(OH)_3 + CO(NH_2)_2 \longrightarrow C_4H_6O_4 + 2NH_3$$

4. Ziegler–Natta 중합촉매의 개발은 고분자 연구의 획기적인 성과 중에 하나이다. 폴리프로필렌 중합공정에 Ziegler–Natta 촉매를 사용할 경우, 폴리프로필렌의 입체 규칙성(tacticity) 등의 물성에 큰 영향을 준다.

   1) 폴리프로필렌의 입체 규칙성을 나타내는 "isotactic"과 "atactic" 폴리프로필렌 구조를 그리고 이 두 구조의 차이를 설명하라.
   2) Ziegler–Natta 촉매는 isotactic 폴리프로필렌을 생성하여 폴리프로필렌의 입체 규칙성을 높여 주는데, Ziegler–Natta 촉매를 사용할 경우 isotactic 폴리프로필렌이 얻어지는 이유를 설명하라.

제2장

촉매 재료 선정

Selection of Catalytic Materials

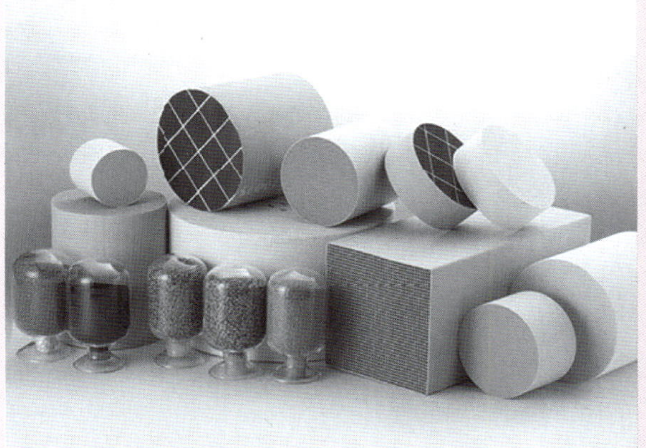

다양한 상용 촉매들[(주)희성촉매 제공]

학습 차례

› 개요

촉매는 화학반응의 속도를 선택적으로 빠르게 해주는 물질이다. 이 장에서는 몇 가지 화학반응의 유형에 따라 적절한 촉매 재료를 선정한 사례를 설명하고, 이를 통하여 촉매 설계의 기본적인 접근 방법을 알려준다. 독자는 이 장의 내용을 배운 후, 원하는 반응에 사용할 촉매의 설계 방향을 정할 수 있을 것이다.

› 핵심 지식

화학 반응: 활성화 에너지(activation energy), 율속단계(rate-determining step), 흡착 등온선(adsorption isotherm)

촉매 재료: 활성 성분(active component), 담체(support), 조촉매(promoter), 산/염기(acid/base), B/L산(Broensted/Lewis acid)

촉매 설계의 고려사항: 활성(activity), 선택도(selectivity), 수명(lifetime)

2.1 화학 반응의 경로

화학 반응에 관하여 아래의 기초적인 질문을 해 보자. 왜 어떤 반응은 쉽게 일어나고, 또 다른 반응은 잘 일어나지 않는 것일까? 반응이 잘 일어나게 하려면 어떤 조건을 충족해야 하나? 촉매는 과연 어떤 방법으로 화학 반응을 촉진시키는가?

위의 질문에 답을 하려면 화학 반응이 일어나는 경로를 살펴봐야 한다. 분자들이 서로 반응을 하려면 우선 부딪쳐야 한다. 이는 마치 사람이 서로 사귀는 사이가 되기 위하여 우선 만나야 하는 것과 같은 이치이다. 그것도 그냥 만나는 것보다 서로 강한 인상을 남기며 만나는 것이 좋다. 그렇게 해야 두 분자가 가진 많은 에너지를 합쳐 "반응"이라는 기적을 만들 수 있다. 어떻게 하면 두 분자가 많은 에너지를 갖게 할 수 있을까? 분자의 온도를 높여 주면 된다. 분자를 가열하면 공급된 열에너지가 분자 내에 축적이 되었다가 이들이 서로 부딪칠 때 반응에 필요한 에너지[이를 "활성화 에너지(E_a)"라고 부른다.]로 사용될 수 있다. 그래서 화학 반응은 낮은 온도보다 높은 온도에서 잘 일어난다.

그러면 왜 어떤 반응은 비교적 낮은 온도에서도 잘 일어나는 데 비하여, 또 다른 반응은 아무리 온도를 높여도 잘 일어나지 않을까? 그 까닭은 각각의 경우에 반응을 일으키는 데 필요한 에너지가 서로 다르기 때문이다. 마치 서로 사귀려는 의지가 강한 두 사람이 만나면 쉽게 친해지는 반면, 그렇지 않은 경우에는 성공할 확률이 낮은 것과 같다. 그렇다면 어떻게 해서 후자의 경우에도 반응이 잘 일어나도록 할 수 있을까? 이를 위한 가장 손쉬운 방법은 반응물의 농도를 높이는 것이다. 서로 만나는 횟수가 많을 때 반응의 성공 사례가 늘어나는 것은 당연한 일이다. 따라서 반응물이 기체인 경우에는 압력을 높이고 용액인 경우에는 사용하는 용매의 양을 줄임으로써 반응물의 농도를 높여 줄 수 있다.

그러나 이 방법을 실제의 공정에 사용하는 일은 생각처럼 단순하지가 않다. 그 까닭은 반응속도가 반응물의 농도에 따라 거의 1차적으로 비례하여 증가하기 때문이다. 예를 들어, 반응속도를 두 배로 하려면 반응물 농도를 두 배로 늘이고, 속도를 10배로 하려면 농도도 10배로 높여야 하는 식이다. 하지만 산업 공정에서는 이렇게 반응물의 농도를 무작정 높일 수 없을 뿐만 아니라 반응물의 압력이나 농도가 증가함에 따라 장치상의 여러 문제들이 생기게 된다. 우리는 제1장에서 Bosch 박사가 암모니아 합성에 사용하는 고압 수소 반응기의 폭발 문제로 애를 먹은 사실을 알게 되었다. 따라서 반응물의 농도를 높이는 방법보다 효과적인 다른 해결책을 찾아야 하는데, 그것이 촉매를 사용하는 방법이다. 촉매는 반응에 필요한 에너지(E_a)를 낮추어 주기 때문에, 반응물의 온도와 농도가 낮은 경우에도 반응이 잘 일어나게 해 준다. 다시 말해서, 촉매는 마치 서로 사귀려는 의지가 약한 두 사람을 잘 설득하여 쉽게 친해지도록 해주는 중개자와 같은 역할을 한다.

그림 2.1은 반응 경로에 따라 분자들이 갖게 되는 에너지를 표시한 것이다. 그림의 가로축인 "반응 경로"란 반응물이 서로 부딪쳐서 새로운 생성물로 변화하는 일련의 과정을 나타낸다. 암모니아 합성의 경우를 예로 들면, 반응물인 수소(H_2)와 질소(N_2)가 서로 부딪쳐서 생성물인 암모니아(NH_3)로 전환되는 과정을 말한다. 한편 그림의 세로축인 "에너지"는 위의 분자들이 반응 경로의 정해진 시점에서 갖는 에너지의 크기를 나타낸다. 예를 들어, 반응물(H_2 + N_2)이 따로 존재할 때(**A** 위치)는 비교적 낮은 에너지를 갖지만, 이들이 서로 부딪쳐서 암모니아로 전환되려면(**B** 위치) 매우 높은 에너지가 필요하다. 이 과정을 지나 드디어 암모니아가 생성되면(**C** 위치), 생성물(NH_3)은 다시 안정된 낮은 에너지 상태를 유지한다. 이는 마치 우리가 등산을 할 때 시발점(**A**)을 떠나, 많은 에너지를 소모하면서 높은 고개(**B**)를 넘어, 목적지(**C**)에 도달하는 과정과 유사하다.

이미 언급하였지만, 초기의 과학자들은 암모니아 합성을 위하여 매우 높은 온도(1,000°C 이상)와 압력(100기압 이상)을 사용할 것을 제안했으나 이는 실용성이 없었다. 따라서 유일한 대안은 촉매를 사용하여 반응에 필요한 에너지를 낮추는 것이었는데, 이를 실현한 것이 앞에서 설명한 질소고정법이다. 이 공정에서는 반응의 "에너지 고개(E_a)"가 57 kcal/mol(B)이었던 것을 철 촉매를 사용함

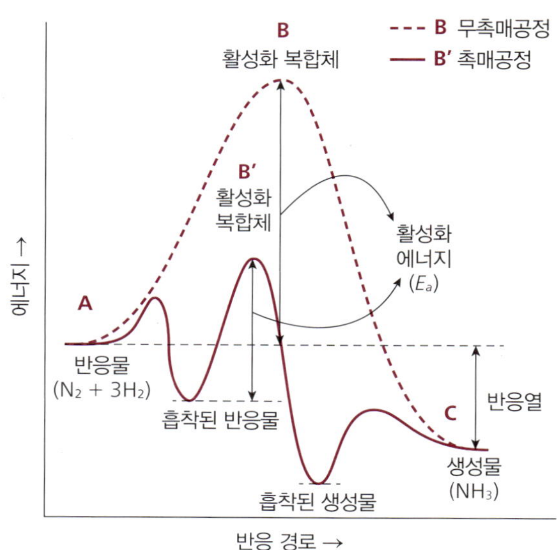

그림 2.1 반응 경로에 따른 반응물 에너지의 변화.

으로써 12 kcal/mol(B′)로 낮추었고, 그 결과로 반응속도를 무려 10^{13}배나 빠르게 하고 반응온도도 1000°C 이상에서 400~500°C로 낮출 수 있었다.

예제 2.1

반응속도를 높이기 위하여 온도를 올리거나, 새로운 촉매를 사용하여 반응의 활성화 에너지(E_a)를 낮추는 방법이 흔히 쓰인다. 현재 온도 = 200°C, E_a = 20 kcal/mol의 조건에서 진행되는 공정의 온도를 300, 400, 500, 600°C로 올리거나, 또는 온도를 200°C로 고정하고 E_a를 15, 10, 5 kcal/mol로 낮추는 경우에, 반응속도 상수가 현재의 값보다 얼마나 증가하는지 계산하라.

data

- R(기체상수) = 1.987 cal/mol · K

풀이

반응속도의 크기를 나타내는 반응속도 상수(k)는 $k = k_0 e^{-E_a/RT}$(이를 Arrhenius 식이라고 함)로 표시할 수 있다. 현재 조건의 반응속도 상수를 k_1이라고 할 때, $k_1 = k_0 e^{-20,000/(1.987)(473)} = k_0(5.73 \times 10^{-10})$이다. 위의 식에 E_a = 20 kcal/mol, T = 573, 673, 773, 873 K를 넣거나, T = 473 K 고정 값에 E_a = 15, 10 kcal/mol을 넣어 계산을 하면, 각 조건에서의 반응속도를 얻을 수 있다. 그 결과는 아래 표와 같다.

표 2.1 각 조건에 따른 반응속도

E_a = kcal/mol	T(°C)	k_i/k_1
20	200	1.0
20	300	4.11×10
20	400	5.58×10^2
20	500	3.87×10^3
20	600	1.72×10^4
20	200	1.0
15	200	2.04×10^2
10	200	4.18×10^4
5	200	6.21×10^6

› 보충 설명

여기서도 보는 바와 같이, 반응을 촉진하기 위하여 온도를 올리는 것보다 활성화 에너지를 낮추는 방법이 비교적 적은 에너지 변화로 반응을 크게 촉진할 수 있어 훨씬 효과적이다. 따라서 촉매는 반응공정 개발에서 가장 핵심적인 역할을 한다.

2.2 율속단계 *Rate-Determining Step*

촉매는 과연 어떻게 해서 이처럼 반응의 에너지 고개를 낮출 수 있을까? 이를 이해하려면 반응 중에 반응물과 촉매 사이에 벌어지는 상호작용을 좀 더 자세히 알아야 한다. 질소고정법의 경우에 대하여 이를 살펴보자. 아래의 식은 수소(H_2)와 질소(N_2)가 촉매 표면에서 반응하여 암모니아(NH_3)를 생성하는 일련의 과정을 나타낸 것이다. 여기서 별표(*)는 촉매 표면의 흡착 자리를 나타내고, 화살 부호($\rightleftharpoons$)는 반응이 양쪽으로 진행될 수 있음을 뜻한다. 반응물인 수소와 질소 분자가 촉매의 표면에 흡착을 하면서 각각 원자 상태로 분해되고[식 (2.1), (2.2)], 이렇게 흡착한 수소와 질소는 표면에서 여러 단계의 수소첨가 반응을 거쳐 암모니아로 전환되며[식 (2.3)~(2.5)], 마지막으로 암모니아는 촉매 표면에서 탈착하여[식 (2.6)] 기체 생성물이 된다. 이 단위반응들을 다시 정리하면, 반응물의 흡착[식 (2.1), (2.2)], 흡착물질의 표면반응[식 (2.3)~(2.5)], 표면생성물의 탈착[식 (2.6)]의 세 단계로 나눌 수 있는데, 이는 대개의 촉매 반응이 거치는 단계이다.

$$H_2 + 2^* \rightleftharpoons 2H^* \tag{2.1}$$

$$N_2 + 2^* \rightleftharpoons 2N^* \tag{2.2}$$

$$N^* + H^* \rightleftharpoons NH^* + {}^* \tag{2.3}$$

$$NH^* + H^* \rightleftharpoons NH_2^* + {}^* \tag{2.4}$$

$$NH_2^* + H^* \rightleftharpoons NH_3^* + {}^* \tag{2.5}$$

$$NH_3^* \rightleftharpoons NH_3 + {}^* \tag{2.6}$$

따라서 앞의 그림 2.1에서 표시한 반응 경로 **B**는 사실은 위에 적은 여섯 개의 단위반응을 모두 포함한 것이다. 우리는 그중에서 특히 반응 (2.2)에 주목할 필요가 있다. 이 반응은 매우 안정적인 질소 분자가 촉매 표면에 흡착하여 질소 원자로 분리되는 과정(dissociative adsorption)이므로 일어나기가 힘들고, 따라서 이 반응이 넘어야 할 에너지 고개가 무척 높다. 참고로, 수소의 분리흡착을 나타내는 반응 (2.1)은 수소의 높은 반응성 때문에 반응 (2.2)에 비하여 잘 일어난다. 결론적으로 말해서, 반응 (2.2)를 제외한 다른 단위반응들은 비교적 쉽게 진행되므로 별 문제가 되지 않고, 오로지 반응 (2.2)의 속도에 따라 전체 반응의 속도가 결정된다. 이는 마치 등산의 총 소요시간이 가장 힘든 코스를 넘는 데 걸리는 시간에 따라 크게 영향을 받는 것과 같다. 또 다른 예로서, 차를 운전하여 이동할 때 도중에 병목현상을 보이는 지점이 있다면 결국 차의 총 이동시간은 주로 이 병목지점의 통과시간에 의하여 결정되는 경우를 들 수 있다.

이처럼 화학 반응에서 전체 반응속도를 결정하는 이 특정한 단위반응을 율속단계(rate-determining step, RDS)라고 하는데, 촉매는 바로 이 율속단계를 빨리해 주는 물질이다. 질소고정법에서 Mittasch가 찾아낸 철 촉매는 율속단계인 반응 (2.2)의 에너지 고개를 크게 낮춤으로써 질소가 원자 상태로 잘 분리되게 해주고, 그 결과로 전체 반응속도를 획기적으로 증가시킬 수 있었다. 여기서 재미난 사실은 이와 같은 촉매효과가 순수한 철을 사용한 경우보다 여기에 알루미나(Al_2O_3)와 산화칼륨(K_2O)을 소량 첨가했을 때 더욱 크게 나타난 점이다. 이처럼 소량 첨가되어 촉매효과를 높여 주는 물질을 “조촉매(co-catalyst) 또는 증진제(promoter)”라고 하는데, Mittasch는 바로 그 물질들의 최적 함량을 찾아낸 것이다. 오늘날 많은 상용 촉매들이 다양한 조촉매를 포함하고 있으며, 이들의 역할과 최적 함량을 찾아내는 것이 신촉매 개발 연구에서 매우 중요하다.

2.3 촉매 작용의 첫 단계: 흡착

촉매는 고체와 액체의 두 가지 성상으로 쓰이지만, 산업에서는 압도적으로 고체 촉매가 많이 쓰이기 때문에 여기서는 주로 고체 촉매에 대하여 설명하겠다. 촉매 작용이 이루어지려면 우선 반응물 분자가 촉매의 표면에 흡착을 해야 한다. 흡착은 물리흡착(physisorption)과 화학흡착(chemisorption)의 두 가지로 나뉘는데, 이를 표 2.2에 비교하였다. 전자는 촉매 표면과 흡착물질 사이에 작용하는 힘이 van der Waals 힘과 같이 비교적 작은 경우(흡착열: 8~20 kJ/mol)이고, 후자는 그 힘이 일반적인 화학결합에 필적할 만큼 비교적 큰 경우(흡착열: 40~200 kJ/mol)이다. 물리흡착은 비교적 빨리 여러 층을 이루면서 가역적으로 일어나는 데 반하여, 화학흡착은 느리게 단분자층을 이루면서 비가역적으로 일어난다. 물리흡착은 기체가 액체로 응축하는 것과 흡사한 물리적 현상이므로 촉매의

표 2.2 물리흡착과 화학흡착의 비교

항목	물리흡착	화학흡착
특성	기체의 응축현상과 비슷함	약한 화학 반응과 비슷함
흡착열(kJ/mol)	8~20	40~200
흡착속도	빠르다	느리다
흡착층	다분자층	단분자층
흡착온도	응축점 근처	응축점보다 훨씬 높은 온도
가역성	가역적	비가역적(예외적으로 가역적인 경우도 있음)
선택성	거의 모든 고체 표면에 비선택적으로 흡착	특정한 고체 표면에 선택적으로 흡착
예	낮은 온도에서 질소, 아르곤 흡착	고온의 전이금속 표면에 수소의 분리흡착

종류에 관계없이 거의 모든 표면에서 일어나지만, 화학흡착은 마치 특정한 화학 반응이 일어나는 것과 같이 촉매의 표면에 따라 매우 선택적으로 일어난다. 예를 들어, 질소(N_2)나 아르곤(Ar)과 같은 기체는 반응성이 거의 없기 때문에 낮은 온도(해당 기체의 응축점 부근)에서 거의 모든 고체의 표면에 분자 상태로 물리흡착을 한다. 반면에 수소는 반응성이 높아서 백금(Pt), 니켈(Ni), 철(Fe)과 같은 전이금속의 표면에 화학흡착하여 쉽게 수소 원자로 분리가 된다. 질소고정법에서 질소가 철 촉매의 표면에 분리 흡착하는 현상도 대표적인 화학흡착의 예이다. 참고로 질소는 −196°C(질소의 응축점) 이하에서는 철 표면에 분자 상태로 물리흡착을 하지만, 200°C 이상에서는 소량의 질소가 분리 흡착하여 원자 상태로 있게 된다.

그림 2.2에는 두 가지 경우에 흡착 기체의 압력에 따라 흡착량이 변화하는 특성[이를 "흡착 등온선(adsorption isotherm)"이라고 함]을 보였다. 화학흡착은 표면과 흡착 분자 간의 약한 화학적 결합 현상이므로 표면이 단분자층으로 덮히면 더 이상 흡착이 일어나지 않는데 비하여, 물리흡착은 비선택적 응축 현상과 유사하므로 압력과 함께 흡착량도 계속 증가한다. 촉매 연구에서는 이와 같은 두 가지 흡착 현상의 특성을 이용하여 촉매의 표면적을 측정하고 있는데, 그 상세한 내용은 제10장과 부록에서 다루겠다.

촉매의 설계에 많이 활용되는 흡착은 화학흡착이다. 반응물이 물리흡착을 한 경우에는 그 흡착 에너지가 작기 때문에 흡착으로 인하여 반응물의 에너지와 구조가 크게 바뀌지 않지만, 화학흡착을 한 경우에는 높은 흡착 에너지로 인하여 반응물의 에너지와 구조가 큰 영향을 받는다. 촉매는 이처럼 반응물의 에너

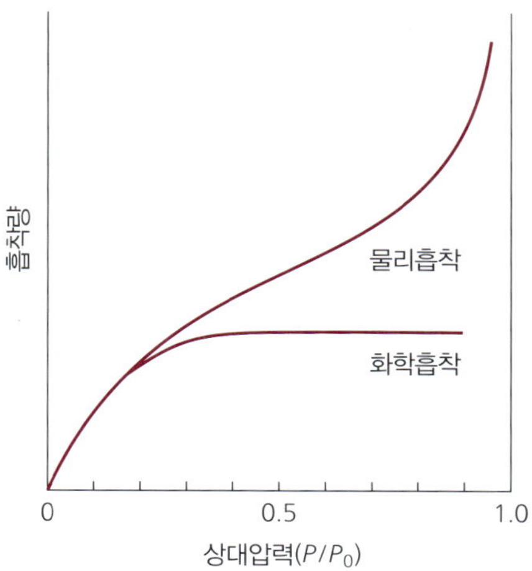

그림 2.2 압력에 따른 흡착량의 변화.

지와 구조가 흡착으로 인하여 바뀌는 현상을 잘 활용함으로써 율속단계(RDS)인 단위반응의 에너지 고개를 낮추고, 그 결과로 반응속도를 빨리 해주는 것이다. 따라서 좋은 촉매를 설계하려면, 우선 반응에서 율속단계의 역할을 하는 단위반응을 알아내고, 그 단위반응의 반응물을 적절히 흡착함으로써 율속단계의 에너지 고개를 낮추어 주는 촉매 재료를 찾아야 한다.

위에서 설명한 촉매의 설계 방법은 단순하고 쉬워 보이지만 실제로는 많은 시행착오와 반복실험을 거쳐야 하는 힘든 일이다. 다행히 지금까지 많은 연구자들이 축적한 지식을 토대로 하여 촉매를 설계하는 몇 가지 큰 원칙을 세울 수 있게 되었다. 아래에서는 이와 같은 촉매 재료의 선정 기준에 대하여 반응의 유형별로 설명하겠다.

2.4 촉매 재료

촉매는 크게 세 종류로 나눌 수 있다. 반응물에 녹지 않는 불균일계(heterogeneous) 고체 촉매, 주로 액체인 반응물에 함께 녹아 있는 균일계(homogeneous) 촉매, 그리고 생체 내에서 작용하는 효소계(enzymatic) 촉매이다. 이 중에서 불균일계 촉매의 사용량이 가장 많아 전체의 약 80%를 차지하고, 균일계가 약 17%, 그리고 효소계는 약 3%로 별로 많지 않다. 불균일계 촉매가 이처럼 많이 사용되는 까닭은, 촉매가 고체이므로 반응 후에 반응물(액체 또는 기체)과 촉매

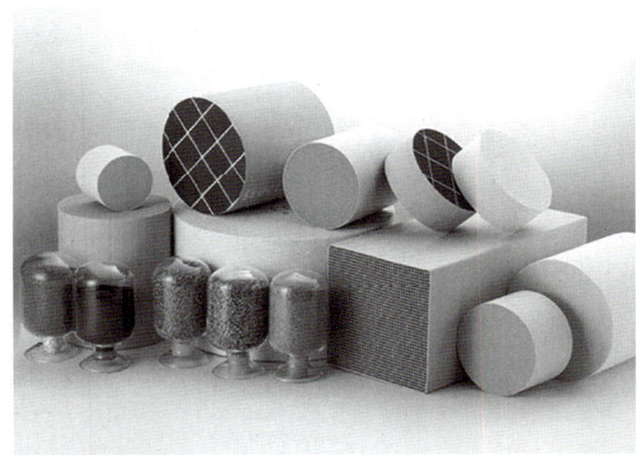

그림 2.3 다양한 상용 촉매들[(주)희성촉매 제공].

를 분리하는 별도의 공정이 필요 없고, 따라서 조업을 중단함이 없이 연속 가동할 수 있기 때문이다. 그리고 가혹한 공정 조건에서도 촉매가 활성을 잘 유지하며, 촉매가 못쓰게 된 후에 이를 쉽게 재생할 수 있는 이점이 있다. 한편, 효소계 촉매는 부산물이 적고 낮은 온도와 압력에서 사용하는 장점이 있지만, 운전 조건에 민감하게 영향을 받고 반응속도가 너무 느린 단점이 있다. 따라서 오늘날 대부분의 촉매 연구는 불균일계 고체 촉매에 집중되어 있다.

그림 2.3은 현재 사용되고 있는 다양한 상용 고체 촉매들을 보여준다. 불포화 지방산을 수소화하여 인조버터(마가린)를 만드는 공정에서 액체 반응물 중에 작은 입자로 분산하여 사용되는 분말형 Ni 촉매에서부터, 자동차 배기가스 정화를 위하여 금속 용기 안에 담긴 벌집 모양의 팔라듐(Pd) 촉매에 이르기까지 그 종류는 매우 다양하다. 이밖에도 탄화수소의 수증기 개질용 Ni 촉매는 짧게 절단된 튜브 모양이고, 아세틸렌 수소화용 Pd 촉매는 작은 세라믹 공의 모양이다. 이처럼 촉매마다 다양한 모양을 갖는 까닭은, 그들을 사용하는 공정에 따라 나름대로 독특한 조건을 충족해야 하는 사정이 있기 때문이다. 이에 대해서는 뒤(제3~7장)에서 설명하겠다.

대개의 고체 촉매는 활성성분(active component), 담체(support), 조촉매(co-catalyst) 또는 증진제(promoter)의 세 가지 재료로 구성되어 있다. 활성성분은 촉매 활성을 제공하는(즉, 율속단계의 에너지 고개를 낮추어 주는) 물질이므로 가장 중요한 재료이다. 담체는 촉매의 활성성분을 작은 입자로 안정시킴으로써 그 표면적을 넓혀 주는 재료인데(그림 2.4), 촉매에 따라서는 담체를 사용

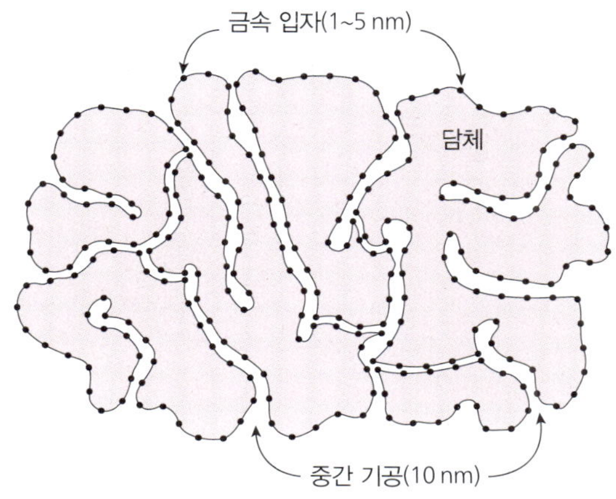

그림 2.4 금속 담지 촉매의 모형도.

하지 않는 경우도 있다. 조촉매 또는 증진제는 촉매의 성능을 추가로 높여 주는 첨가물로서, 이 역시 촉매에 따라 포함되지 않는 경우도 있다. 촉매의 "활성성분"은 당연히 반응의 특성(율속단계)을 고려하여 선정하며, 이것이 촉매 설계의 첫 단계이다.

오늘날 인류가 압도적으로 많이 생산하는 대부분의 화학제품은 석유 정제와 나프타 분해에서 얻은 기초 화합물을 원료로 사용한 것이다. 이 반응들은 매우 복잡하고 다양해 보이지만, 자세히 살피면 결국 아래의 몇 가지 기본 반응으로 이루어졌음을 알 수 있다.

(1) 분해/중합/이성화 반응
(2) 수소화/탈수소화 반응
(3) 산화/환원 반응
(4) 기타 반응(예: 탈황/탈질, 연료전지 반응, 광화학 등)

이 기본 반응들을 좀 더 살펴보면, 반응 (1)은 반응물 중의 C−C 결합을 자르거나(분해), 새로운 C−C 결합을 만들거나(중합), 또는 C−C 결합을 자른 후 이를 다른 위치에 다시 만드는 것(이성화)이고, 반응 (2)는 반응물에 수소를 첨가(수소화)하여 새로운 C−H 결합을 만들거나 또는 반응물 중에 있는 C−H 결합을 잘라서 H를 떼어내는 것(탈수소화)이다. 반응 (3)은 반응물에 산소를 첨가하여 새로운 C−O 결합을 만들거나(산화), 반대로 산소를 포함한 반응물에서 산소를 떼어내는 것(환원)이다. 산화반응에서 반응물의 일부분만이 산화가 되면

표 2.3 화학산업의 대표적 기본 반응

기본 반응	예	촉매 특성
±C	분해: paraffiin(C_n) → olefin(C_m) + paraffin(C_p), $n = m + p$ 중합: ethylene → polyethylene 이성화: *n*-octane → *i*-octane	산 또는 염기성
±H	수소화: acetylene + H_2 → ethylene 탈수소화: cyclohexane → benzene + $3H_2$	수소의 분리 흡착
±O	부분산화: benzene + $4.5O_2$ → maleic anhydride + $2CO_2$ + $2H_2O$ 연소: CH_4 + $2O_2$ → CO_2 + $2H_2O$ 탈산소: (cyclohexanone) + NH_3 ⟶ (imine) + H_2O	산화-환원(redox) 기능

이를 "부분산화(partial oxidation)"라 부르고, 반응물이 CO_2와 H_2O로 완전히 산화가 되면 이를 "연소(combustion)"라 부른다. 위의 세 가지 기본 반응에 속하지 않은 기타 반응들을 묶어 반응 (4)로 분류했는데, 이들은 각각 다양한 특성을 가지므로 뒤에서 개별적으로 다루기로 한다. 위에 설명한 세 개의 기본 반응은 결국 반응물에 각각 탄소(±C), 수소(±H), 또는 산소(±O)를 떼거나 붙이는 것으로 단순화할 수 있으며, 이를 표 2.3에 구체적인 반응 예와 함께 정리하였다. 아래에서는 이들 기본 반응별로 촉매의 활성성분을 선정하는 지침에 대하여 설명하겠다.

2.5 촉매 활성성분의 선정

분해, 중합, 이성화 반응(±C)을 위해서는 반응물 중의 특정한 탄소 원자를 활성화해야 한다. 다시 말해서 목표로 하는 탄소 원자에게 전자를 주거나 또는 빼앗는 방법으로 이를 불안정한 상태로 만들어 놓고, 여기에 다른 반응물이 접근하여 후속 반응이 일어나도록 하는 것이다. 이 경우에 전체 반응의 율속단계는 목표로 하는 탄소 원자에게 전자를 주거나 빼앗는 과정이고, 나머지 후속 반응은 상대적으로 쉽게 일어난다. 그러면 어떻게 해서 목표 탄소 원자에게 전자를 주거나 빼앗을 수 있을까? 이를 위하여 우리는 유기화학의 합성 과정에서 많이 쓰는 전통적인 방법을 이용한다. 즉, 산이나 염기를 이용하여 전자를 주거나 빼앗는 것이다. 산(acid)은 양성자(H^+)를 주거나(proton donor, Brønsted acid, B산) 전자를 빼앗는(electron acceptor, Lewis acid, L산) 물질이고, 염기(base)는 이와 반대의 기능을 가진 물질이다. 따라서 촉매의 활성성분으로 표면에 산이나 염기

자리를 가진 물질을 사용하면 된다. 대표적인 고체 산으로 알루미나, 실리카–알루미나, 제올라이트(zeolite), 헤테로폴리산(heteropoly acid) 등이 있고, 염기로는 MgO를 들 수 있다. 그러나 실제의 산업에서는 염기보다 비교적 안정한 산 촉매가 많이 쓰인다.

산 촉매 표면에 반응물(탄화수소)이 흡착을 하면 촉매는 반응물의 목표 탄소에게 양성자를 주거나 또는 이로부터 전자를 빼앗기 때문에 목표 탄소는 국지적으로 양전하를 띤 카보늄 이온(carbonium ion)을 형성하게 된다(그림 2.5).

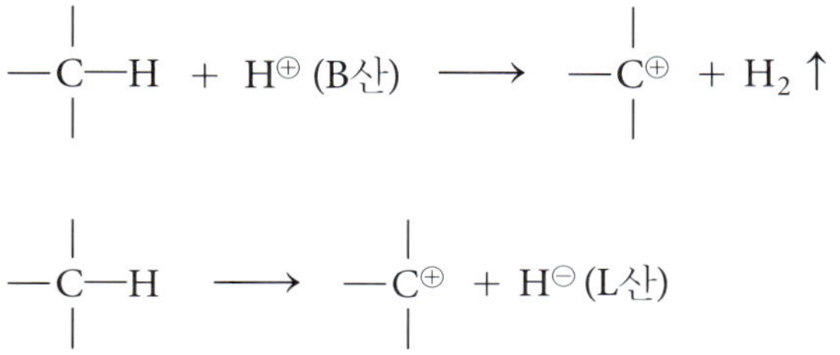

$$-\overset{|}{\underset{|}{C}}-H \ + \ H^{\oplus}\ (\text{B산}) \longrightarrow -\overset{|}{\underset{|}{C}}{}^{\oplus} \ + \ H_2\uparrow$$

$$-\overset{|}{\underset{|}{C}}-H \longrightarrow -\overset{|}{\underset{|}{C}}{}^{\oplus} \ + \ H^{\ominus}\ (\text{L산})$$

그림 2.5 산 촉매 표면의 카보늄 이온 생성.

반대로 염기 촉매를 사용한 경우에는 국지적으로 음전하를 띤 카바니온(carbanion)이 생긴다. 이들 이온은 매우 불안정하고 활성이 높기 때문에 반응물에서 잘려 나가거나(분해), 다른 반응물과 결합하거나(중합), 또는 잘렸다가 다시 다른 반응물과 결합하는(이성화) 과정을 겪는다. 실제의 공정에서는 이 반응들이 동시에 진행되는 상황을 막기 위하여 촉매의 산점이나 염기점의 세기를 조절하는 것과 같은 다양한 조치를 취한다.

수소화 및 탈수소화 반응(±H)을 위한 촉매의 활성성분으로는 주로 Fe, Ni, 코발트(Co), 백금(Pt), Pd과 같은 전이금속(transition metal)을 사용한다. 그 까닭은 이 반응의 율속단계가 수소 분자가 촉매에 흡착하여 원자 상태로 분리되는 과정인데, 위에 열거한 금속의 표면에서 이와 같은 수소의 분리흡착(dissociative adsorption)이 잘 일어나기 때문이다(그림 2.6). 이렇게 생성된 수소 원자는 반응성이 매우 크기 때문에 쉽게 후속 반응(±H)을 일으킨다.

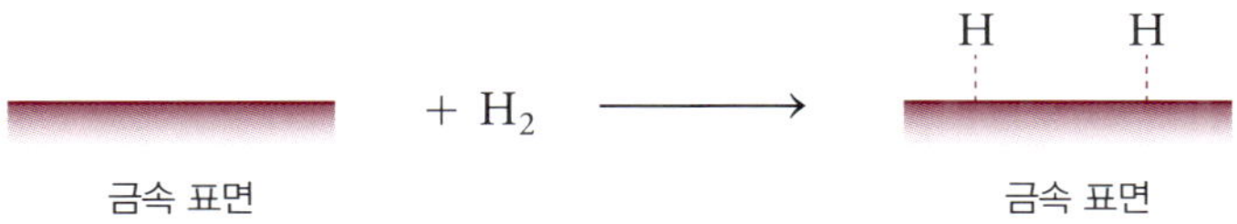

$$\text{금속 표면} + H_2 \longrightarrow \text{금속 표면 (H H 흡착)}$$

금속 표면 + H_2 ⟶ H H / 금속 표면

그림 2.6 금속 표면의 수소 분리흡착.

전이금속들이 수소를 쉽게 분리흡착하는 까닭은 이들이 자유 전자(free electron)[더 알아보기 2.1]를 많이 가진 전도체(electric conductor)이기 때문이다. 수소가 원자 상태로 분리되면 각 원자는 전자 하나만을 지니게 되어 매우 불안정한 상태에 있게 되는데, 다행히 금속 표면에는 쉽게 이동을 하는 자유 전자가 많아서 수소 원자가 이를 공유하면서 안정화된다. 이렇게 안정화된 수소 원자는 흡착된 상태로 금속 표면을 자유롭게 이동하다가 역시 표면에 흡착해 있는 반응물(탄화수소)을 만나 후속 반응을 일으킨다. 위에 열거한 금속 중에서 Fe, Ni, Co와 같이 값싸고 흔한 금속(non-noble metal)을 촉매로 사용하는 것이 경제적이지만, 이들은 가혹한 공정 조건에서 쉽게 산화 또는 탄화되어 못쓰게 되는 경우가 있기 때문에, Pt나 Pd와 같이 값이 비싸지만 내구성이 좋은 귀금속(noble metal)을 사용하기도 한다.

▶ 더 알아보기 2.1

자유 전자 *free electron*

주기율표에서 스칸듐이 속하는 제3족 원소로부터 12족까지의 모든 원소를 '금속 원소' 또는 '전이금속 원소(transition metal element)'라고 부른다. 여기에는 철, 니켈, 구리 등 중요 금속 원소를 비롯하여 란타넘족과 악티늄족의 원소 모두가 포함된다. 금속 원소는 원자가 규칙적으로 배열되어 있어, 각 원자의 표면 가장자리에 있는 전자(이를 '원자가 전자'라고 부름)는 한 원자에 붙어 있지 않고 다른 원자로 자유롭게 이동한다. 금속의 이러한 전자를 '자유 전자'라고 부르며, 금속이 전기와 열을 잘 전도하는 특성은 자유 전자의 성질 때문이다. 자세한 이해를 위하여 "고체물리학, Energy-Band Theory"를 읽기를 권장한다.

산업용 산화/환원 공정(±O) 중에서 반응물을 환원시키는 탈산소 반응(−O)은 많지 않고, 대신 산소첨가(산화) 반응(+O)이 고부가가치의 화학제품을 제조하는 데 널리 쓰인다. 앞에서 설명한 대로 반응물의 완전 산화가 일어나면 "연소"가 되기 때문에, 반응이 "부분산화"에 그치게 하는 것이 중요하다. 이 공정에서는 수소화/탈수소화 공정(±H)의 경우와 마찬가지로 반응물인 산소를 촉매 표면에 분리흡착하여 산소 원자를 생성하고, 이를 후속 산화 반응에 이용할 수 있다. 그러나 이렇게 생긴 산소 원자는 대개 활성이 매우 높아 반응물인 탄화수소를 완전 산화(연소)시키므로 실용적이지 못하다. 즉, 앞에서 설명한 ±C와 ±H 공정의 경우에는 각각의 율속단계인 "탄화수소의 활성화"와 "수소의 분리흡착"을 촉진하는 촉매를 써야 하는 데 비하여, +O 공정의 경우에는 산소의 지나친 활성화를 촉매가 억제해 줌으로써 산화 반응이 전체 공정의 율속단계가 되도록 하고, 그 결과로서 반응이 부분산화에 머무르게 해준다.

이런 기능을 하는 재료의 대표적인 예로서 프로필렌 산화용 Bi−Mo 촉매가 있다. 이 촉매를 구성하는 Mo 산화물은 중심 원자인 Mo의 주위에 여섯 개의 산소 원자(이를 '격자 산소'라고 부름)가 정팔면체(octahedron)의 꼭짓점 위치에 배열된 구조를 갖는데, 각 산소 원자는 인접한 Mo 원자들이 공유하므로 이 화합물의 화학식은 MoO_3이다. MoO_3는 쉽게 환원이 되어 MoO_2가 되고, 이를 산화하면 다시 MoO_3가 된다. Mo 산화물은 이처럼 산화–환원 처리에 의하여 산소 원자를 받거나 내놓으며 쉽게 MoO_3와 MoO_2 구조를 오가는데, 이것이 바로 이 재료를 부분산화 반응의 촉매로 이용하는 까닭이다. 즉. MoO_3는 표면에 흡착한 반응물(탄화수소)에게 자신의 격자 산소를 내주면서 MoO_2로 환원이 되고, 이 때 생긴 MoO_2는 반응물로 공급한 산소와 결합하여 다시 MoO_3로 산화된다. 따라서 Mo 산화물은 산화-환원 과정(또는 MoO_3-MoO_2 구조 변화, 이를 'redox 과정'이라고 부름)을 오가면서 촉매 역할을 하여, 결과적으로 자신의 격자 산소로 반응물(탄화수소)를 산화시키고 자신은 반응물 산소에 의하여 재생된다.

격자 산소의 반응성은 산소의 분리흡착으로 얻은 산소 원자보다 크게 낮기 때문에, 반응물의 산화 반응은 부분산화에 머물게 된다. 격자 산소는 반응이 진행되는 동안에 촉매 내에서 서서히 움직여 표면으로 이동하는 것으로 밝혀졌는데, 그 이동 속도에 따라 반응의 부분산화 정도가 결정되므로 근래에는 그 속도를 조절하여 촉매의 산화 반응 선택도를 개선하려는 연구가 많이 진행되고 있다. 격자 산소의 이동성은 촉매의 결정 구조, MoO_3/MoO_2 비, Bi와 같은 제2금속의 함량 등에 따라 변하므로, 이들을 다양하게 바꾼 촉매들이 제시되었다. 프로필렌 산화용 Bi–Mo 산화물 촉매에 대하여는 제5장에서 상세히 다루겠다.

앞서 열거한 세 가지 기본 반응별 촉매 재료의 선정 기준을 아래와 같이 다시 요약할 수 있다. ±C 공정의 율속단계는 표면에 흡착한 반응물 탄화수소가 국지적으로 양전하 또는 음전하를 갖도록 활성화시키는 것이므로, 이를 허용하는 산 또는 염기성 재료를 사용하고, ±H 공정의 율속단계는 수소의 분리흡착이므로 이를 쉽게 이루는 금속 재료를 촉매로 사용한다. 한편, ±O 공정에서는 비교적 약하게 활성화된 산소를 제공하는 재료를 촉매로 사용함으로써, 부분산화 반응이 전체 공정의 율속단계가 되도록 한다. 따라서 위의 세 가지 공정별로 사용되는 촉매 재료는 ±C 공정의 경우에 국지적으로 양(+) 또는 음(−) 전하를 고립시키는 산화물 부도체, ±H 공정의 경우에 쉽게 전하를 통과시키는 금속 전도체, ±O 공정의 경우에 쉽게 산화-환원이 일어나는(또는 쉽게 전하를 주고받는) 산화물 반도체로 정리가 된다. 이와 같은 촉매의 특성을 앞에서 보인 표 2.3에 간단히 수록하였다. 이 책의 제3~6장에서는 위의 세 가지 기본 반응(±C,

±H, ±O)을 토대로 한 대표적 촉매 공정을 소개함으로써, 앞에서 설명한 촉매의 특성이 구체적으로 활용되는 사례를 보이겠다.

한편, 실제로 산업에 쓰이는 촉매들 중에는 위에서 정리한 "기본 공정과 촉매 재료 간의 관계"를 따르지 않는 경우도 있다. 예를 들어, 석유에 불순물로 포함된 황화합물인 티오펜(thiophene)을 수소화시켜 황화수소의 형태로 제거하는 공정에서는 금속이 아닌 황화 몰리브덴(MoS_2)을 주촉매 재료로 사용하고, 에틸렌을 부분산화하여 에틸렌 옥사이드(ethylene oxide)를 얻는 공정에서는 반도체 산화물 대신 금속인 은(Ag)을 촉매로 사용한다. 이와 같은 예외 사례들이 있음에도 불구하고, 위에서 제시한 "공정과 촉매 재료" 간의 관계식은 상당히 많은 경우에 성립이 된다. 따라서 이 관계식은 촉매를 설계하는 초기 단계에서 가장 먼저 고려할 지침이라고 봐야 할 것이다. 앞에서(2.4절) 제시한 네 가지 기본 반응 중에서 반응 (4)로 분류한 "기타 반응"들은 각자 특성이 다르기 때문에 활성성분을 선정하는 단일 기준을 적용하기가 힘들다. 따라서 이들은 제7장에서 개별적으로 설명하겠다.

2.6 촉매 설계의 고려사항

촉매가 실제의 산업 공정에서 유용하게 사용되려면 아래의 세 가지 요건을 동시에 충족해야 한다. 첫째는 해당 반응에 대한 활성(activity)이 높아야 하고, 둘째는 원하는 생성물의 선택도(selectivity)가 높아야 하며, 셋째는 촉매의 수명(lifetime)이 길어야 한다. 특히 생성물의 선택도는 사용하는 촉매와 공정 조건에 따라 민감하게 변하므로 각별히 유의해야 한다. 아래에는 같은 반응물(합성가스: $CO + H_2$)을 사용하는 경우라도, 촉매에 따라 생성물(즉, 선택도)이 크게 바뀌는 사례를 보인다.

$$CO + H_2(\text{촉매: Fe/kieselguhr}) \rightarrow C_nH_{2n+2}(\text{paraffin}) \quad (2.7)$$

$$CO + H_2(\text{촉매: Co/ThO}_2) \rightarrow \text{alcohol, aldehyde, acid} \quad (2.8)$$

$$CO + H_2(\text{촉매: Cu/ZnO}) \rightarrow \text{methanol} \quad (2.9)$$

산업 현장의 책임자 입장에서 보면, 촉매의 활성보다도 선택도가 더 중요한 경우가 많다. 예를 들어, 촉매 활성이 낮아 생성물의 수율이 원하는 수준에 이르지 못하면 공정의 온도나 압력 등을 바꾸어 이를 높이거나 또는 반응시간을 길게 하는 방법이 있지만, 선택도가 나빠서 원하지 않는 부산물이 자꾸 생기면 이를 해결할 방안이 마땅치가 않다. 따라서 현장에서는 원하는 제품의 수율을 높이는 것보다 원하지 않는 부산물의 생산량을 낮추는 것이 더 큰 문제인 경우가 흔히 있다.

촉매의 수명이 너무 짧으면 이를 재생하기 위하여 조업을 중단해야 하는데, 현장에서는 공정을 중단하는 대신 새 촉매가 채워진 예비 반응기를 준비했다가 사용 반응기의 촉매가 수명을 다했을 때 이를 예비 반응기로 대체하는 방법을 쓰고 있다. 그러나 이 방법도 비싼 촉매를 예비 반응기에 장기간 저장해 두어야 하므로 추가의 경제적 부담이 있다.

위의 세 가지 고려사항은 대개 상호 의존적으로 변하기 때문에, 산업용 촉매의 설계에서는 전체 공정의 경제성을 높이기 위하여 각 조건을 최적화해야 한다. 다음 장에는 구체적인 몇 개의 산업 공정에서 위의 사항들을 어떻게 고려하면서 촉매를 설계했는지를 설명하겠다. 독자들은 이를 읽는 과정에서 촉매의 핵심 지식들을 습득하고 이를 토대로 새로운 촉매를 스스로 설계하는 능력을 얻게 될 것이다. 이제 흥미로운 산업 촉매의 세계로 여행을 떠나 보자.

연습 문제

1. 수소와 질소가 촉매 표면에서 반응하여 암모니아를 생성하는 일련의 과정은 6단계로 진행된다[식 (2.1)~(2.6) 참조]. 율속단계를 정의하고, 6단계 반응 중에서 어느 단계가 율속단계인지를 말하고 그 이유를 설명하라.

2. 촉매 반응에서 율속단계를 파악하는 것은 중요하다. 아래 그림은 $La_2O_2CO_3/ZnO$ 복합 촉매 상에서 일어나는 글리세롤과 이산화탄소의 글리세롤 카보네이트 합성 반응 경로를 단순화하여 도시한 것이다. 1단계에서는 글리세롤이 ZnO와 반응하여 zinc glycerolate를 형성하고 2단계 반응에서는 $La_2O_2CO_3$ 촉매 상에서 zinc glycerolate와 이산화탄소가 반응하여 ZnO와 글리세롤 카보네이트를 생성한다. 반응 실험 중에 글리세롤, zinc glycerolate 및 글리세롤 카보네이트 농도를 각각 측정할 수 있다. 실험에서 아래의 현상이 관찰되었다면 1단계 및 2단계 중에 율속단계가 어느 것인지 판별하고 그 근거를 제시하라.

관찰 1: 다른 반응 조건은 동일하고 글리세롤의 양이 두 배 증가한 경우, zinc glycerolate 생성량은 증가하나, 글리세롤 카보네이트 생성량의 변화는 없다.

관찰 2: 다른 반응 조건은 동일하고 이산화탄소의 양이 두 배 증가한 경우, 글리세롤 카보네이트 생성량이 증가한다.

3. 아래 데이터는 Pd(111) 촉매에서 CO 산화 반응 실험의 일부 결과이다. O 원자가 흡착된 Pd(111) 표면에 CO 기체를 일정속도로 주입하면서 반응시간에 따른 촉매 표면에서의 CO와 O 원자 점유도와 CO_2 생성 속도를 각각 측정하였다. CO 및 O 원자 점유도와 반응속도에 대한 데이터 해석이 아래와 같을 때, 이 반응의 반응 메커니즘을 제안하라.

› **data**

- CO 표면점유도(θ_{CO}): 지속적으로 증가한다.
- O 원자 표면점유도(θ_O): Pd 표면에 O 원자가 초기부터 흡착되어 있다. 이후, O 원자 점유도는 지속적으로 감소한다.
- 반응속도(r): 초기에는 CO 표면점유도(θ_{CO})의 증가와 함께 증가한다. t = 3 s 부근에서 최대가 되고, 이후 O 원자 표면점유도(θ_O) 감소에 따라 같이 감소한다.
- 화학 반응식: $CO + 1/2O_2 \rightarrow CO_2$

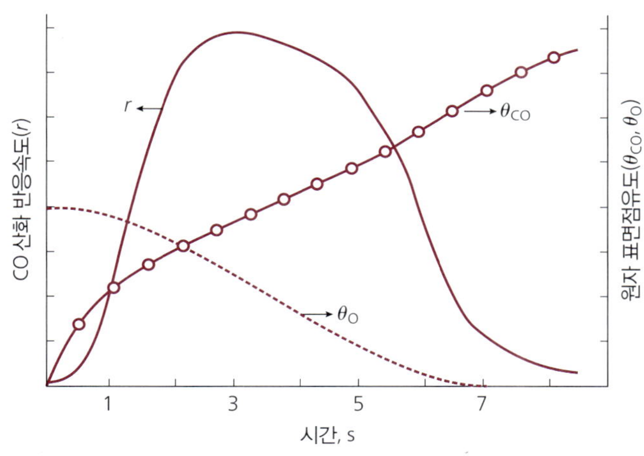

Pd(111) 촉매에서 CO 산화 반응 실험 결과

4. 화학산업의 대표적인 기본 반응은 결과적으로 반응물에 각각 탄소(±C), 수소(±H), 또는 산소(±O)를 떼거나 붙이는 것이다. 이 기본 반응의 율속단계와 그와 연관된 대표적인 촉매 활성성분을 아래 표에 요약 정리하라.

기본원소	관련 기본 반응	율속단계	대표적인 촉매 활성성분
±C	분해, 중합, 이성화		
±H	수소화, 탈수소화		
±O	부분산화, 연소, 탈산소		

5. 대개의 고체 촉매는 활성성분, 담체, 조촉매 또는 증진제의 세 가지 재료로 구성되어 있다. 각 성분의 역할을 기술하라.

제3장

나프타 접촉 분해

Catalytic Cracking of Naphtha

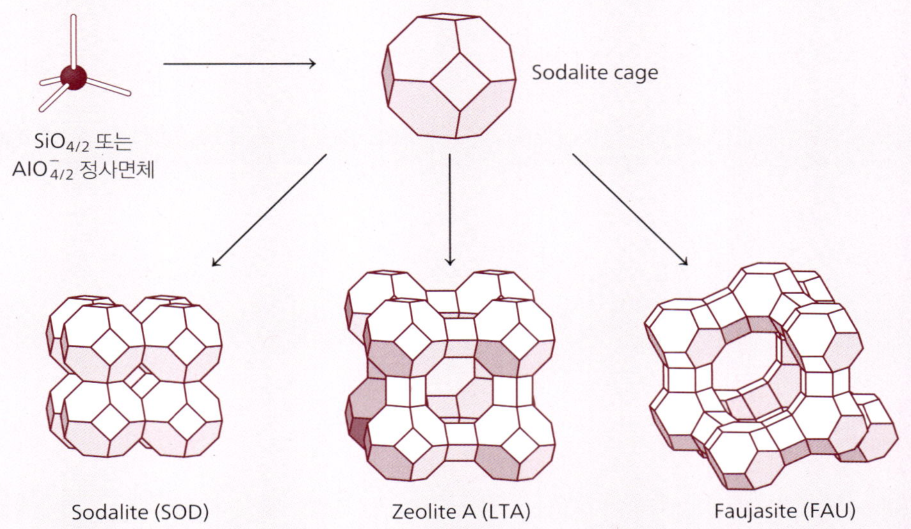

제올라이트의 규칙적인 기공 구조는 독특한 촉매 활성을 제공한다.

학습 차례

› 개요

현대 화학산업의 근간을 이루는 정유 및 석유화학 산업에서 기초 원료를 생산하는 공정인 "나프타(naphtha)의 접촉분해" 반응에 쓰이는 제올라이트(zeolite) 촉매에 대하여 설명한다. 제올라이트는 표면에 산성의 흡착점을 가졌는데, 이 산성점이 탄화수소의 분해, 이성화, 중합 등의 반응에서 촉매 역할을 한다. 이 촉매는 그동안 발전해 오는 과정에서 추가된 여러 기술들 때문에 매우 다양한 공정에 쓰인다.

› 핵심 지식

정유와 석유화학 산업, 열분해와 접촉분해, 제올라이트의 구조, 소다라이트 케이지(sodalite cage), 초강산, 카보늄 이온(carbonium ion), 형상 선택성(shape-selectivity), 연쇄반응(chain reaction), 유동층(fluidized bed)

3.1 석유 자원의 활용과 접촉분해 공정

유기화학이 크게 발전하기 시작한 19세기 말까지만 해도, 화학 산업의 원료는 대부분 석탄에서 얻은 콜타르(coal tar)나 천연물이었다. 그러나 20세기 초에 미국, 중동, 베네수엘라 등에서 대규모의 유전을 발견하면서, 화학 산업의 원료는 석탄에서 석유로 빠르게 바뀌었다. 특히, 20세기 초반에 내연기관과 자동차, 비행기 등이 출현하고 이에 필요한 휘발유, 디젤, 항공유 등의 연료 수요가 크게 늘어남에 따라, 석유는 점차 "동력 및 연료용"으로 많이 쓰이게 되었다. 이어서 제2차 세계대전이 끝난 1940년대 중반부터는 석유 중의 나프타(naphtha)[더 알아보기 3.1]를 분해하여 얻은 기초 원료로부터 각종의 고분자 및 유기화학 제품들을 본격적으로 생산하면서, 오늘날에는 석유가 "동력, 연료 및 화학원료"로 다양하게 이용되고 있다.

▶ 더 알아보기 3.1

나프타 *naphtha*

나프타는 원유의 15~30%를 차지하는 탄화수소로, 플라스틱이나 폴리에스터, 나일론 등의 원료물질인 에틸렌, 프로필렌 등으로 분해되기 이전 단계의 물질을 말한다. 고대 페르시아에서 발견된 휘발성 액체 연료를 '나프트(땅으로부터 스며 나온 것)'로 부른 것에서 유래되었다고 한다. 나프타는 넓은 의미로 가솔린, 용매, 나프타 등을 포함하는 휘발성 석유류를 뜻하고, 좁은 의미로는 원유를 상압증류해서 여러 가지 물질로 분리할 때 30~120°C의 온도 범위에서 얻어지는 경질 유분(C_5~C_{12})을 말한다.

석유 자원을 활용하는 산업은 크게 정유(refinery)와 석유화학(petrochemicals)의 두 분야로 나누어진다. 정유는 원유 중에 포함된 다양한 성분을 분리하여 주로 휘발유, 등유, 경유, 벙커C유와 같은 연료용 제품을 생산하는 산업이다. 한편, 석유화학은 원유에서 얻은 나프타 성분을 분해하여 에틸렌, 프로필렌, 부타디엔과 같은 반응성 물질을 얻고, 이를 다시 원료로 사용하여 각종 화학 중간체와 고분자 제품을 얻는 산업이다. 그림 3.1에는 정유 및 석유화학 산업을 통하여 얻는 다양한 제품을 열거하였는데, 우리가 일상생활에서 접하는 거의 모든 화학제품이 석유에서 비롯됨을 알 수 있다.

그러나 원유를 증류하여 얻는 각종 석유제품의 생산량은 실제로 필요한 수요량과 반드시 일치하는 것이 아니다. 따라서 정유 공장에서는 별도의 화학공정을 통하여 수요에 알맞은 양을 추가로 생산해야 한다. 예를 들어, 미국과 같이 자동차가 많은 나라에서는 휘발유가 많이 필요한데, 원유의 증류에서 얻는 양이

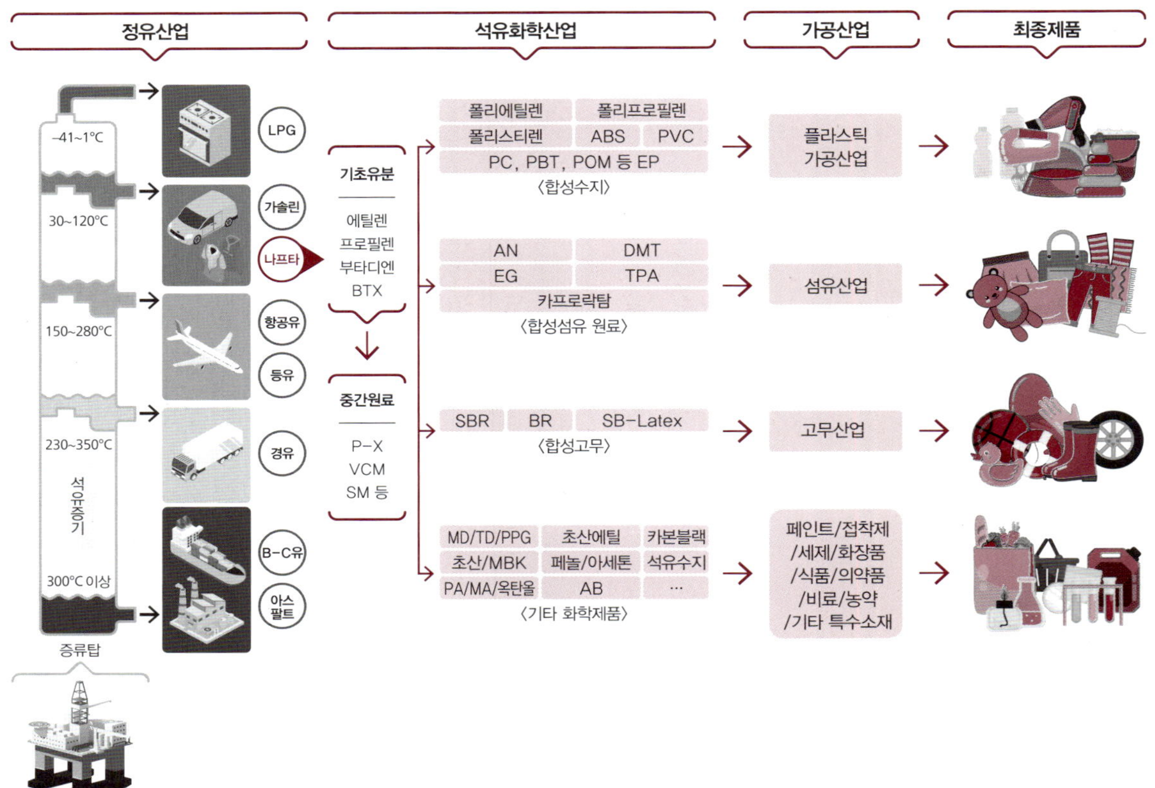

그림 3.1 정유 및 석유화학 산업을 통한 석유 자원의 활용.

적고 더구나 이렇게 얻은 제품의 옥탄가(1.2절 **[더 알아보기 1.2]** 및 6.1절 참조)가 낮아서 그 성능이 크게 떨어진다. 따라서 휘발유보다 분자량이 큰 중질유분을 분해하여 분자량이 작은 경질유분을 얻는 분해(cracking)공정과 화합물의 구조를 바꾸어 옥탄가가 높은 휘발유를 생산하는 개질(reforming)공정이 추가로 필요하다. 이 밖에도 옥탄가가 낮은 직선 사슬 구조(normal)의 *n*-파라핀을 옥탄가가 높은 가지형 사슬(branched, 또는 iso 구조)의 *i*-파라핀으로 바꾸는 이성화법, C_3와 C_4의 올레핀을 중합하여 휘발유 성분을 합성하는 중합법, 파라핀과 올레핀을 결합하여 휘발유분을 합성하는 알킬화법 등이 개발되었다.

우리는 제1장에서 Houdry가 "Fuller's Earth"라고 불리는 천연 백토를 촉매로 사용하여 원유로부터 양질의 휘발유를 얻은 사실을 배웠다. Houdry가 처음 사용한 천연 백토는 산성을 띠는 물질로서, 제2장에서 설명한 것과 같이 탄화수소를 분해하는 데 적합한 촉매 물질이었다. Houdry 공정은 그 후 개선을 거듭하여 오늘날에는 제올라이트(zeolite)를 주 촉매로 사용하는 "접촉분해법(catalytic cracking)"으로 발전하였고, 세계 대부분의 정유 및 석유화학 공장에서 원유 또는 나프타를 처리하는 기본 공정으로 사용되고 있다. 즉, 분자량이 높은 중질유를 분해하여 분자량이 낮은 경질유를 얻거나, 또는 원유의 증류 과정에서 얻은 나프타를 분해하여 다양한 석유화학 원료(예: 프로필렌)를 얻는 데 이 공정이 쓰인다. 아래에서는 이와 같은 나프타의 접촉분해 공정을 중심으로 반응의 특성과 함께 촉매의 제조 방법, 산 촉매의 역할, 촉매의 비활성화 및 재생, 산업 공정의 설계 등에 대하여 설명하겠다.

3.2 반응특성: 열분해와 접촉분해

1. 열분해 *Thermal Cracking*

탄화수소를 고온으로 가열하면 그 골격 사슬이 끊어지면서 분해가 되는데 이를 "열분해(thermal cracking)"라 하고, 촉매를 사용하여 분해시키는 것을 "접촉분해(catalytic cracking)"라고 한다. 아래에서는 우선 열분해의 반응특성을 설명하고 이어서 접촉분해를 열분해와 비교하여 설명하겠다. 탄화수소의 사슬이 열분해에 의하여 끊어지면 반응성이 높은 라디칼(radical)이 생성되고, 이 라디칼들은 다른 탄화수소를 공격하여 전형적인 연쇄반응(chain reaction)을 일으킨다. 따라서 열분해는 연쇄반응의 특성인 개시(initiation), 전파(propagation), 종결(termination)의 세 단계를 거치게 된다.

반응의 개시(initiation) 단계는 탄화수소의 사슬이 끊어져 아래 식 (3.1)과 같이 라디칼을 생성하는 것이다. 여기서 R과 R′은 서로 다른 알킬기를 뜻하고, R•, CH_2• 등은 라디칼을 표시한다.

$$R-CH_2-CH_2-R' \longrightarrow R-CH_2-CH_2\bullet + R'\bullet \qquad (3.1)$$

이렇게 생성된 라디칼은 반응성이 매우 높기 때문에 곧 다른 탄화수소와 반응하여 자신은 안정화되면서 새로운 라디칼을 만들어 내는데[식 (3.2)와 (3.3) 참조], 이것이 라디칼의 전파(propagation) 단계이다. 이 단계 중에 소멸되는 라디칼의 수와 생성되는 라디칼의 수가 같기 때문에 라디칼의 총량은 변하지 않는다.

$$R-CH_2-CH_2\bullet + R'H \longrightarrow R-CH_2-CH_3 + R'\bullet \qquad (3.2)$$

$$R-CH_2-CH_2\bullet + R'-CH=CH_2 \longrightarrow R-CH=CH_2 + R'-\underset{\bullet}{C}H-CH_3 \qquad (3.3)$$

이처럼 라디칼이 반응물 사이에서 이전되며(이것을 radical transfer라고 부름) 연쇄반응을 일으키다가, 두 개의 라디칼이 서로 만나서 결합하거나 또는 불순물과 결합하여 라디칼이 소멸되는 수가 있는데 이것이 종결(termination) 단계이다.

$$R\bullet + R'\bullet \longrightarrow R{-}R' \quad (3.4)$$

$$R\bullet + W\bullet \longrightarrow R{-}W \quad (3.5)$$

반응이 정상상태(steady-state)에서 진행될 때 개시반응과 종결반응은 서로 같은 속도를 갖지만, 반응 후기에 종결반응 속도가 개시반응 속도보다 더 빨라지면서 반응은 점차 느려져 끝나게 된다.

전파단계에서 라디칼들은 위에서 보인 식 (3.2)와 식 (3.3)의 반응 외에도 아래에 설명한 몇 가지 반응특성에 따라 반응물 간에 이전이 된다. 첫째로, 라디칼이 형성된 탄소(α 위치)의 바로 옆 자리에 있는 탄소(β 위치)는 그 옆의 C−C 결합이 약해져서 잘 끊어지며, 이를 β-자름(β-scission)이라고 부른다. β-자름이 계속되면서 올레핀이 생성되고 탄화수소의 분자량은 점점 작아져서 결국은 가장 작은 올레핀으로 에틸렌이 얻어진다.

$$R{-}CH_2{-}CH_2\bullet \longrightarrow R\bullet + CH_2 = CH_2 \quad (3.6)$$

둘째로, 라디칼은 그것이 생긴 탄소가 몇 개의 탄소와 인접하여 결합했는지에 따라 제1(primary), 제2(secondary), 제3(tertiary) 라디칼의 세 종류로 나누어지는데, 그들의 상대적인 안정도는 1 : 3.66 : 11.4로서 제1 < 제2 < 제3의 순서로 증가한다. 따라서 탄화수소 간에 라디칼이 이전될 때는 보다 안정한 라디칼이 생기는 방향으로 진행이 된다. 즉, 제1라디칼보다 제2라디칼이 더 잘 생기고, 제2라디칼보다 제3라디칼이 더 잘 생기는 식이다.

$$R{-}CH_2{-}CH_2\bullet + R'{-}CH_2{-}CH_3 \longrightarrow R{-}CH_2{-}CH_3 + R'{-}\underset{\bullet}{C}H{-}CH_3 \quad (3.7)$$

이렇게 라디칼이 제1에서 제2나 제3으로 이전되면 가지가 달린 화합물들이 많이 얻어진다. 예를 들어, 아래 반응식에서 보면 탄화수소(R′H)가 제1라디칼과 결합을 할 때는 곧은 사슬모양(normal)의 탄화수소가 생성되지만, 제2라디칼과 반응을 하면 가지가 달린(branched) 화합물이 생성된다.

$$R-CH_2-CH_2\bullet + R'H \longrightarrow R-CH_2-CH_2-R' + H\bullet \quad (3.8)$$

$$R-\underset{\bullet}{C}H-CH_3 + R'H \longrightarrow R-\underset{\substack{|\\ R'}}{CH}-CH_3 + H\bullet \quad (3.9)$$

따라서 분해반응 중에는 곧은 사슬모양의 탄화수소가 가지 달린 모양으로 바뀌는 이성화반응(isomerization)이 많이 일어난다.

셋째로, 탄소수가 5개 이상인 라디칼은 아래의 식 (3.10)에서 보는 것처럼 오각형 또는 육각형의 고리구조로 정렬되기가 쉽다. 탄화수소의 분자구조가 특히 오각형이나 육각형으로 잘 정렬되는 이유는 이 구조들의 꼭지각이 탄소의 결합각도(bond angle)인 109.28°와 비슷하기 때문이다. 이렇게 해서 분해반응 중에는 고리화합물들도 많이 생성이 되는데 이것을 고리화반응(cyclization)이라 부른다. 고리화반응은 일종의 이성화반응이라고 볼수 있다.

$$\begin{array}{l} \quad\bullet CH_2-CH_2 \\ R-CH_2 \qquad\quad CH_2 \\ \quad\; CH_2-CH_2 \end{array} \longrightarrow \begin{array}{l} \qquad CH_2-CH_2 \\ R-CH \qquad\qquad CH_2 \\ \qquad CH_2-CH_2 \end{array} + H\bullet \quad (3.10)$$

넷째로, 반응시간이 오래 경과하면 분해반응 중에 생성된 올레핀의 양이 점차 많아지는데, 이들은 서서히 중합반응을 일으켜 분자량이 큰 탄화수소를 이루며 특히 위의 고리화 과정을 거치면서 커다란 고리 집합체로 커 나간다. 이처럼 중합이 계속되고 고리화합물이 생성되면서 결국은 흑연구조와 비슷한 탄소 덩어리가 생기는데 이것이 코크(coke)이다.

위에서 설명한 전파단계의 네 가지 특성 중에서 둘째와 셋째는 탄화수소의 분자량은 그대로 있고 구조만이 변하는 경우인 반면에, 첫째와 넷째는 분자량이 감소 또는 증가하는 반응이다. 분자량이 변화하는 두 반응을 일반적인 반응식으로 나타내면 다음과 같다.

분해 : $C_nH_{2n+2} \longrightarrow C_mH_{2m}$(올레핀) $+ C_pH_{2p+2}$(파라핀), $m + p = n$ (3.11)

중합: $q\ C_rH_{2r} \longrightarrow C_sH_{2s}$ (이중 올레핀 또는 고리화합물) $\xrightarrow{-H_2}$ Coke, $qr = s$ (3.12)

제1단계로 진행되는 분해반응은 비교적 빨리 일어나고, 제2단계인 중합반응은 서서히 진행된다. 또한 분해반응은 흡열반응이고, 중합반응은 발열반응이다.

2. 접촉분해 *Catalytic Cracking*

제2장에서 이미 설명한 것과 같이, 산성 촉매를 사용하면 탄화수소를 분해할 수 있다. 이 반응도 열분해와 마찬가지로 연쇄반응에 의하여 진행이 되는데, 반응의 중간체 역할을 하는 것은 중성인 라디칼이 아니라 양전하를 띤 카보늄(carbonium) 이온이다. 역시 앞에서 설명한 것처럼, 산이란 양자를 내놓거나(proton donor 또는 Brønsted 산) 또는 전자를 받아들일 수 있는 것(electron accepter 또는 Lewis 산)을 일컫는다. 따라서 산 촉매는 아래와 같이 반응물인 탄화수소에게 양성자를 주어 이를 카보늄 이온으로 만들거나[식 (3.13)], 또는 반응물인 탄화수소로부터 수소 음이온(hydride라고 부름)을 빼앗아서 카보늄 이온이 생성되도록 하는데[식 (3.14)], 이것이 곧 연쇄반응의 개시 단계이다.

$$\mathrm{R{-}CH{=}CH_2} \xrightarrow[\text{(B산)}]{+\mathrm{H}^+} \mathrm{R{-}\underset{+}{C}H{-}CH_3} \tag{3.13}$$

$$\mathrm{R{-}CH_2{-}CH_3} \xrightarrow[\text{(L산)}]{-\mathrm{H}^-} \mathrm{R{-}\underset{+}{C}H{-}CH_3} \tag{3.14}$$

이렇게 생성된 카보늄 이온은 반응성이 매우 높기 때문에 라디칼의 경우와 마찬가지로 다른 탄화수소와 반응하여 카보늄 이온을 이전시키면서 여러 가지의 전파반응을 일으킨다.

$$\mathrm{R{-}\underset{+}{C}H{-}CH_3} + \mathrm{R'H} \longrightarrow \mathrm{R{-}CH_2{-}CH_3} + \mathrm{R'^+} \tag{3.15}$$

카보늄 이온은 대개 반응물 중에 불순물로 존재하는 소량의 음이온들과 결합하여 종결이 된다.

$$\mathrm{R^+} + \mathrm{X^-} \longrightarrow \mathrm{RX} \tag{3.16}$$

카보늄 이온이 전파과정에서 일으키는 여러 가지 반응들도 열분해의 경우와 비슷하여 분해, 이성화, 중합반응이 모두 일어난다.

여기서 특기할 사항은, 탄소의 사슬구조에 따른 카보늄 이온의 안정도가 라디칼의 경우보다도 더욱 큰 차이를 보이는 점이다. 즉, 각 이온의 생성에 필요한 활성화 에너지는 각각 제1(primary) $= 21$, 제2(secondary) $= 14$, 제3(tertiary) $= 0$ kcal/mol 정도이므로, 제1 $\ll$ 제2 $\ll$ 제3의 순서로서 이온이 크게 안정화가 된다. 따라서 카보늄 이온이 제1 위치에 생기더라도 이것은 즉시 제2, 제3의 이온으로 이전이 되며, 결과적으로 가지 달린 탄화수소가 생기는 이성화 반응이 열분해의 경우보다도 훨씬 더 잘 진행이 된다. 따라서 접촉분해공정의 생성물로는 에틸렌보다 "가지가 달린 에틸렌"에 해당하는 프로필렌이 주로 얻어진다. 그러므로 나프타의 분해공정은 최종 제품인 에틸렌과 프로필렌의 상대적인 수요가 어느 것이 더 큰지에 따라 열분해 또는 접촉분해법을 선택한다. 접촉분해에서도 열분해와 마찬가지로 분자량이 변하는 반응을 식 (3.11), 식 (3.12)와 같이 표시할 수가 있다. 표 3.1에서는 열분해와 접촉분해에서 얻는 생성물들을 비교하였다.

표 3.1 접촉분해와 열분해 생성물의 비교

접촉분해	열분해
가지달린 탄화수소, 특히 C_3~C_6가 많다. 열분해보다 파라핀계 탄화수소가 많다.	올레핀이 많으며 C_1, C_2 가스가 많다. 특히 에틸렌의 생성량이 많다.
방향족 탄화수소가 많다.	방향족 성분이 적다.
탄소질 물질의 석출이 적다.	코크나 타르의 석출이 많다.
디올레핀은 거의 생성하지 않는다.	디올레핀이 비교적 많다.

3.3 촉매

1. 산성도 *Acidity*

접촉분해 반응은 산이 있을 때 잘 일어나므로 촉매로서 강한 산성을 띠는 물질을 사용하는 것이 유리하다. 과연 어떻게 하면 산성이 강한 물질을 만들 수 있을까? 강한 산성 물질을 "초강산(superacid)"이라고 부르는데, 이것은 앞에서 설명한 Brønsted 산(줄여서 "B산"이라 부름)과 Lewis 산("L산"이라 부름)을 같이 섞어 주면 얻을 수 있다. 즉, 이 경우에는 아래에 표시한 것처럼 B산과 L산이 서로 결합하여 매우 안정된 음이온체를 구성하면서 양성자(H^+)를 쉽게 내놓게 되므로, 두 가지 산 중의 하나만 있을 때보다도 훨씬 강한 산성을 띠게 된다.

$$\mathrm{H:\ddot{\underset{..}{Cl}}:} + \mathrm{\underset{:\ddot{\underset{..}{Cl}}:}{\overset{:\ddot{Cl}:}{Al:\ddot{\underset{..}{Cl}}:}}} \longrightarrow \mathrm{H:\ddot{\underset{..}{Cl}}:\underset{:\ddot{\underset{..}{Cl}}:}{\overset{:\ddot{Cl}:}{Al}}:\ddot{\underset{..}{Cl}}:} \longrightarrow \mathrm{H}^{\oplus} + \left[\mathrm{:\ddot{\underset{..}{Cl}}:\underset{:\ddot{\underset{..}{Cl}}:}{\overset{:\ddot{Cl}:}{Al}}:\ddot{\underset{..}{Cl}}:}\right]^{\ominus} \qquad (3.17)$$

위의 식에서 $[AlCl_4]^-$ 음이온체는 마치 네온(Ne)이나 아르곤(Ar)과 같은 불활성 기체의 경우처럼 원자들이 모두 주위에 8개의 전자를 갖고 있으므로 매우 안정한데, 이것을 화학에서는 8벌 이론(octet theory)이라고 부른다. 이와 같은 초강산의 예는 위에서 보인 염산과 삼염화 알루미늄의 경우만이 아니라 아래에 보인 여러 가지 B산과 L산이 조합한 경우에도 역시 가능하다.

Brønsted 산		Lewis 산
H_2O	+	BF_3
HF	+	BF_3
HF	+	SbF_5
FSO_3H	+	SbF_5
HCl	+	$AlCl_3$

접촉분해의 촉매로 쓰이는 실리카-알루미나($SiO_2-Al_2O_3$)도 이들과 유사한 특성을 가지며, 그 표면은 강한 산성을 띠게 된다. 특히, 이 산점은 그림 3.2에

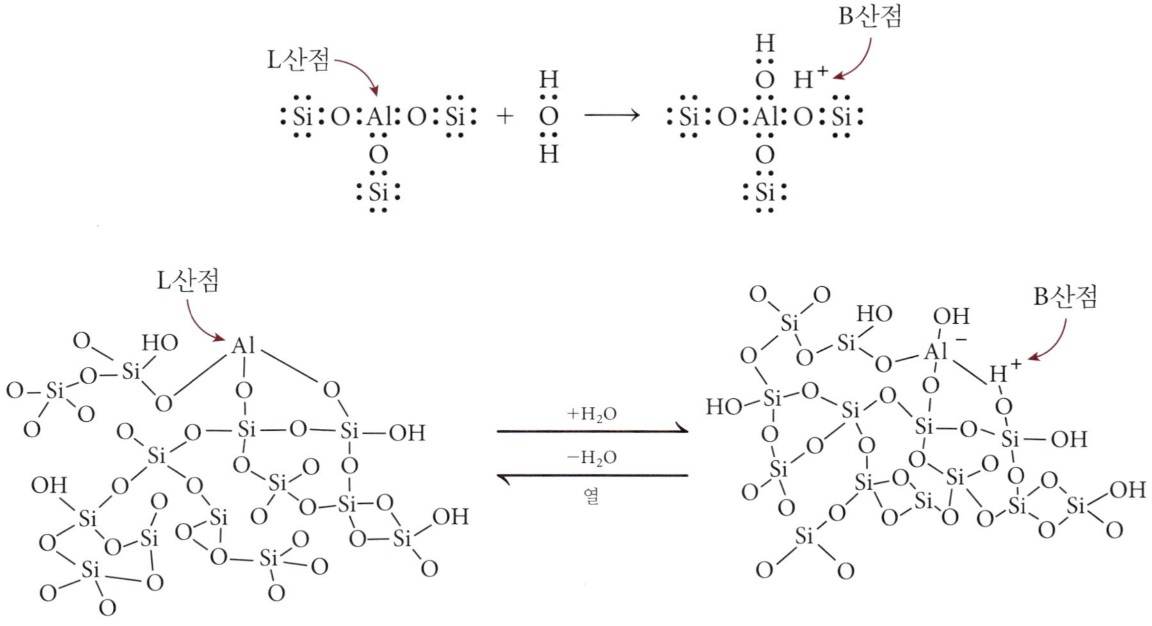

그림 3.2 수분의 가감에 따른 B산과 L산량의 변화.

표시된 것처럼 수분이 없을 때는 L산의 역할을 하다가 수분과 결합을 하면 B산으로 바뀐다. 따라서 실리카–알루미나를 열처리하여 표면에 있는 수분의 양을 조절하면 B산점과 L산점이 공존하게 되며, 위에서 설명한 원리에 따라 초강산을 띠는 표면이 형성된다.

실제로 열처리에 의하여 B산점과 L산점의 상대적인 양이 변화하고, 또한 분해반응의 활성이 B산점과 L산점이 공존할 때 최대의 값을 갖는 사실이 확인되었다.[4,5]

제올라이트는 특히 Si–O–Al 결합들이 규칙적으로 배열되어 결정 구조를 이루므로 위에서의 B산점과 L산점이 촉매 표면의 특정한 위치에 생성될 수 있고, 그러면 이 두 가지 산점이 동시에 작용하게 되어서 구조가 불규칙적인 무정형 실리카–알루미나의 경우보다도 더욱 강한 산성을 갖게 된다. 따라서 제올라이트는 무정형 실리카–알루미나보다도 분해반응의 활성이 높다.

2. 촉매의 제조

Houdry가 처음에 촉매로 사용한 천연백토는 그 주성분이 실리카–알루미나인데, 1940년에는 합성 실리카–알루미나를 제조하여 사용하게 되었다. 초기에 합성된 실리카–알루미나는 알루미나의 함량이 14% 정도였으나, 그 후로 1950년에는 알루미나가 25~28%까지 포함된 고알루미나형이 개발되어서 촉매의 산성도가 더욱 높아졌다. 이어서 1954년에는 결정구조를 가진 실리카–알루미나가 합성되었는데, 이것이 곧 제올라이트이다.

요즈음 접촉분해 공정에 사용되는 촉매는 무정형의 실리카–알루미나 중에 1 μm 지름의 제올라이트가 3~25 무게%로 포함되어 있는 입자로서 크기는 20~60 μm 정도이다. 촉매는 기공률(porosity)이 0.71~0.92 cc/g로서 작은 기공을 많이 포함하므로 겉보기 비중이 작고(0.42~0.47 g/cc) 비표면적은 500 m^2/g 정도로 매우 크다. 제올라이트를 무정형 실리카–알루미나와 섞어서 사용하는 이유는, 첫째로 제올라이트의 산성도가 매우 커서 활성이 지나치게 큰 탓이고, 둘째로 제올라이트의 가격이 비싸기 때문이다.

실리카–알루미나 또는 제올라이트를 제조하는 방법은 비교적 간단하다. 일명 "물유리(water glass)"라고 불리는 규산소다(Na_2SiO_3)의 수용액에 산을 서서히 첨가하면 실리카가 석출하면서 다공성인 실리카 수화젤(hydrogel)이 생긴다. 이 수화젤은 Si–O 결합이 3차원적으로 이어진 그물 모양의 물질로서 표면적은 500 m^2/g에 이를 정도로 매우 크고 입자 크기는 3~5 nm이다.

이 수화젤은 다량의 수분을 포함하고 있는데, 이를 그대로 건조하면 흡습제

표 3.2 제올라이트의 제조 조건

제올라이트의 종류	반응물 조성*, mol/mol-Al_2O_3			온도, °C	시간, h	SiO_2/Al_2O_3
	Na_2O	SiO_2	H_2O			
A	2	2	35	100	2~4	2
X	3.6	3	144	100	7	2.5(2.0~3.0)
Y	8	20	320	100	7	5.0(3.0~6.0)
mordenite	6.3	27	61	100	168	9~12

* pH 조절을 위하여 NaOH를 사용함.

로 많이 쓰이는 실리카 젤(silica gel)이 얻어진다. 이 실리카 젤은 산성을 띠지 않으므로 분해반응에 촉매로서 사용할 수가 없다. 따라서 여기에 알루미늄 염을 첨가하여 Si−O−Al 결합을 가진 산성의 실리카−알루미나를 제조하는데, 이렇게 제조된 실리카−알루미나의 표면적은 제조 조건에 따라 200~600 m^2/g의 값을 갖는다.

한편, 제올라이트란 그 구성 성분은 무정형 실리카−알루미나와 같으나 그 대신 Si−O−Al 결합이 규칙적으로 배열이 되어 있어서 결정성을 갖는 물질이다. 따라서 제올라이트를 제조할 때는 결정 성장 과정이 추가로 필요하다. 이를 위하여 수분이 많은 조건에서 온도를 조절하며 오랫동안 숙성을 시키는 소위 "수열 처리(hydrothermal treatment)" 과정을 거친다. 이때 결정의 성장을 돕기 위하여 특수한 형판제(templating agent, TPA)를 첨가하는데, 이때 사용된 형판제의 종류와 수열 처리 조건, 그리고 실리카−알루미나의 조성비에 따라서 다양한 결정 구조의 제올라이트들이 얻어진다. 표 3.2에서는 접촉분해용으로 많이 쓰이는 몇 가지 제올라이트의 제조 조건에 대하여 정리하였다. 또한, 표 3.3에는 제올라이트 제조에 사용되는 형판제에 따라 얻는 제올라이트의 종류를 나타내었다.

3. 제올라이트의 형상 선택성 *Shape Selectivity*

제올라이트의 또 한 가지 특징은 그것이 매우 규칙적인 결정구조를 갖는 점이다. 이 결정은 Si−O−Al의 결합 사슬이 그림 3.3에 보인 것과 같이 모서리가 잘린 정팔면체(truncated octahedron)의 모양으로 이어지는 기본 구조로 이루어진다. 이 기본 구조는 6개의 정사각형과 8개의 정육각형이 이루는 모양인데 이를 sodalite cage라고 부른다. 그림 3.4는 이 기본 구조가 어떻게 서로 연결되는가에 따라서 다양한 모양의 제올라이트 결정들이 생기는 것을 보이고 있다. 예를 들어, 정사각형 면이 공유하는 원자 없이 직접 연결되었을 때는

표 3.3 형판제에 따른 제올라이트의 종류

형판제	제조된 제올라이트
tetraethylammonium	mordenite, ZSM-8
tetrapropylammonium	ZSM-5
n-propylammonium	ZSM-5
tetrabutylammonium	ZSM-11
choline	ferrierite-like structures (ZSM-38)
pyrrolidine	ferrierite-like structures (ZSM-35)
1,5-diaminopentance	ZSM-5
1,8-diaminooctane	ZSM-11
MQ[a]	levynite-like structures (ZSM-20)
BP[b]	losod
neopentylamine	mordenite

[a] MQ = methylquinuclidine ($C_8N_{16}N^+$)

[b] BP = bispyrrolidinium-5-azoniaspiro(4,4)nonane($C_8N_{16}N^+$)

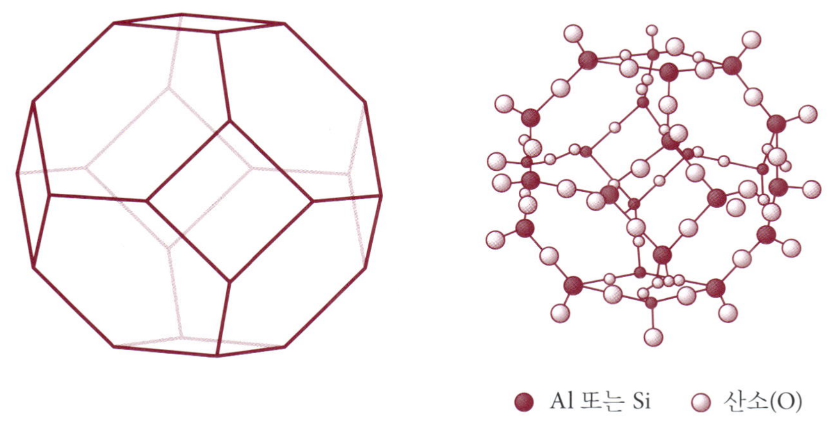

그림 3.3 제올라이트의 기본 구조(sodalite cage).

(a) sodalite가 생기고, 정사각형이 산소 원자를 공유하며 서로 연결되었을 때는 (b) zeolite A가 생기며, 정육각형이 산소를 공유하며 연결되었을 때는 (c) faujasite가 생기는 식이다.

이처럼 만들어진 제올라이트 결정은 매우 작은 기공구조를 갖는다. 이 기공은 분자들이 겨우 드나들 수 있는 정도의 크기로서, 표 3.4에 보인 것과 같이 제

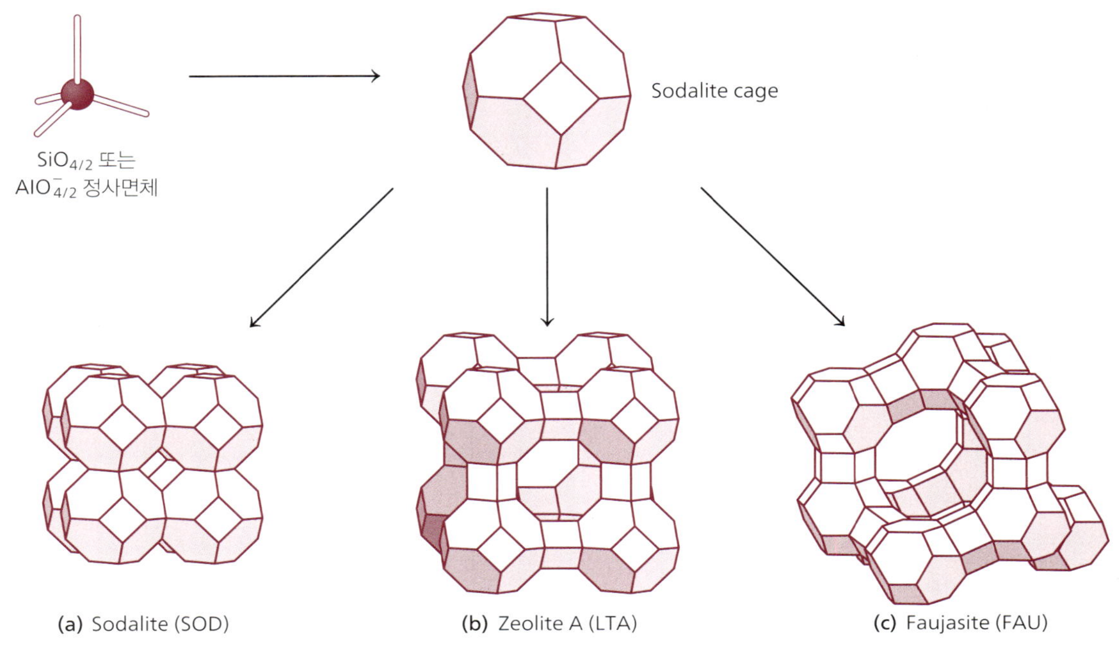

그림 3.4 제올라이트의 규칙적인 기공 구조.

표 3.4 제올라이트의 종류별 기공 크기

제올라이트	기공 입구	
	산소 이온의 수	크기(nm)
faujasite, X, Y	12	0.74
mordenite	12	0.74
offretite	12	0.64
ZSM-5	10	0.54 × 0.56
zeolite A	8	0.41
erionite	8	0.36 × 0.52

올라이트의 종류에 따라서 크기가 다르다. 한편, 이 기공들은 그 입구가 매우 작지만 입구를 통과하고 나면 결정 내부에 비교적 큰 공간이 있음을 알 수 있다. 이를 큰우리(super-cage)라고 부르는데, 예를 들어 faujasite의 경우에는 기공 입구의 직경이 0.74 nm이지만 큰우리의 내부 직경은 1.2 nm에 이른다.

또한 표 3.5에는 여러 가지 탄화수소의 유효지름(critical diameter)을 보이고 있다. 유효지름이란 분자가 통과할 수 있는 가장 작은 구멍의 크기를 나타내는데, 예를 들어 직선 사슬(normal) 구조의 파라핀은 유효지름이 0.45 nm 정도로 매우 작지만, 가지가 달린(branched) 구조가 되면 유효지름이 증가하여 급기야 다섯 개의 메틸기가 달린 벤젠(penta-methyl benzene)의 경우에는 0.78 nm에 이른다.

여기서 주목할 점은 표 3.4에 제시한 다양한 제올라이트의 기공 크기가 표 3.5에 실린 대부분의 탄화수소의 유효지름과 비슷한 범위에 있다는 사실이다. 따라서 제올라이트를 촉매로 사용하면 반응물 중에서 유효지름이 기공보다 작은 것들만이 촉매 기공 안으로 들어가 반응을 하게 되고, 또한 큰우리 속에서 만들어진 생성물이 기공보다 크면 이것이 기공을 통하여 나올 수 있을 때까지 추가의 분해가 일어난다.

표 3.5 탄화수소의 유효지름

탄화수소	크기(nm)
n-paraffins	0.45
methyl-paraffins	0.57
dimethyl paraffins	0.63
benzene	
toluene	
p-xylene	
o,m-xylene, 1,2,4-tri-methyl benzene	0.69
1,2,4,5-tetra-methyl benzene, naphthalene	
1,3,5-tri-methyl benzene	0.78
penta-methyl benzene	

이와 같은 현상은 반응의 선택도에 큰 영향을 미치게 되므로, 결국 제올라이트의 결정 구조를 잘 조절하면 우리가 원하는 생성물의 수율을 크게 높일 수가 있다. 이 특성을 제올라이트의 형상 선택성(shape selectivity)이라고 부른다. 실제로 중질유분을 접촉분해시킨 결과에 의하면, 결정구조를 가진 제올라이트 촉매가 무정형인 실리카–알루미나 촉매의 경우보다도 휘발유의 수율이 크고 또한 코크가 적게 생성되었음을 보였다.

› 예제 3.1

아래의 화합물을 zeolite 기공에 들어갈 수 있는 유효지름(critical diameter)의 크기에 따라 5개 그룹으로 나누고, 그 그룹을 직경이 작아지는 순서로 나열하라.

① MTBE(methyl tert-butyl ether), ② *n*-hexane, ③ penta-methyl benzene, ④ iso-octane, ⑤ stearic acid, ⑥ 2-methyl hexane, ⑦ 1,3,5-tri-methyl benzene, ⑧ thiophene, ⑨ dibenzothiophene, ⑩ propylene, ⑪ 1,2,4,5-tetra-methyl benzene, ⑫ naphthalene, ⑬ terephthalic acid, ⑭ phthalic anhydride, ⑮ iso-butane

› 풀이

각 화합물의 분자 구조를 고려하여 기공을 통과할 수 있는 가장 작은 단면적을 기준으로 아래와 같이 나눈다. 괄호 안은 유효지름. 참고로 ④, ⑧, ⑨번 분자의 구조는 그림 1.5와 표 7.2에 각각 있다.

③, ⑦ (0.78 nm) > ⑨, ⑪, ⑫, ⑭ (0.69 nm) >
①, ④, ⑧, ⑬ (0.63 nm) > ⑥, ⑮ (0.57 nm) > ②, ⑤, ⑩ (0.45 nm)

제올라이트는 실로 획기적인 경제적 성과를 가져온 촉매이다. 통계에 의하면, 제올라이트 촉매가 출현함으로써 미국은 1964년 이래로 매년 약 2억불(석유파동 이전 가격) 상당의 원유를 절약할 수가 있었다고 한다. 이와 같은 제올라이트는 근래에는 석유의 접촉분해만이 아니라 석유화학의 여러 가지 반응공정이나 또는 혼합물의 분리공정에도 널리 응용되고 있다. 제올라이트는 위의 특성 때문에 일명 "분자체(molecular sieve)"라고도 불린다. 그림 3.5에는 제올라이트의 형상 선택성을 반응에 이용하는 원리를 단순화하여 표시하였다. 즉, (a) 반응물 중에서 유효지름이 기공보다 작은 것들만이 선별적으로 기공 안으로 들어가 반응을 일으키거나, (b) 기공 안에서 생긴 분자들 중에 유효지름이 기공보다 큰 것들은 안에서 추가의 반응을 겪다가 비로소 작은 분자가 생겼을 때 밖으로 빠져 나오고, (c) 반응의 중간 생성물이 큰우리보다 큰 경우에는 원천적으로 반응이 억제되는 것을 보였다.

(a) 반응물 선택성

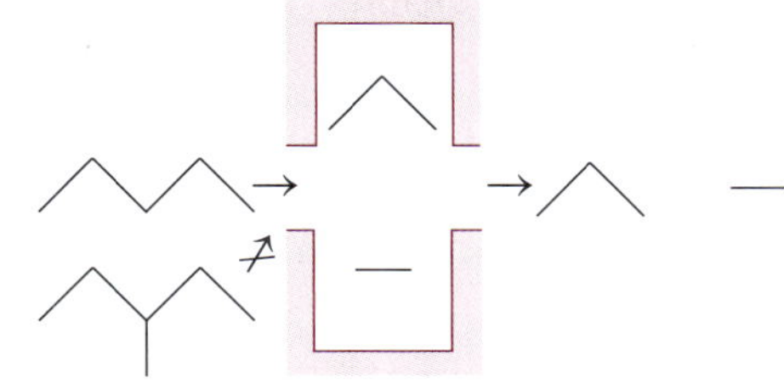

(b) 생성물 선택성

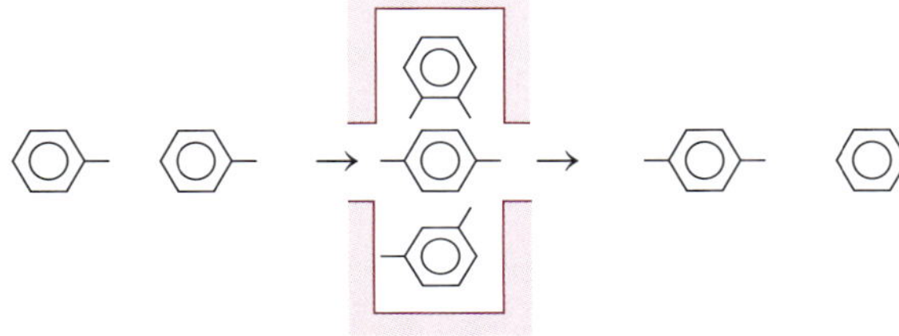

(c) 중간생성물 선택성

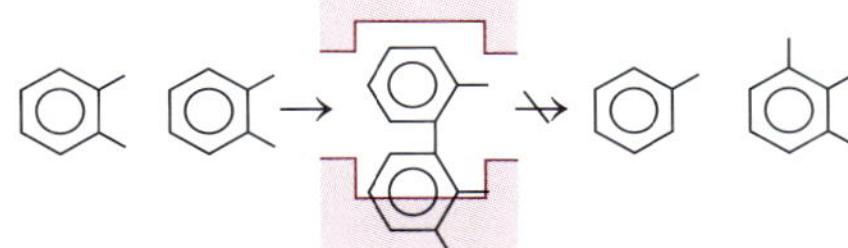

그림 3.5 제올라이트의 형상 선택성.

오늘날 제올라이트의 산성도, 기공 구조 등을 조절하여 다양한 반응에서 활성과 선택도가 우수한 촉매들이 개발되고 있다. 산성도를 조절하기 위하여 Al 함량을 변화시키는 것 외에도 골격 원자인 Si와 Al 대신에 다른 원자(예: Ga, P, Ge, Fe, Zr, Ti, Cr)를 치환시킨 재료들이 보고되었다. 제올라이트 기공의 크기도 종전에는 0.7~0.8 nm 이하에 머무르던 것이, 1988년에 VPI-5가 합성되면서 1 nm 이상으로 늘어났고,[6] 1992년에는 Mobil 사에서 계면활성제를 형판제로 사용하여 MCM-41을 합성함으로써 기공이 3~6 nm인 중간세공물질(mesoporous material)이 등장하였다.[7] 그 결과로 제올라이트의 종류는 1978년까지만 해도 학계(international zeolite association, IZA)에 공인된 것이 38종이었으나, 1996년에 98종, 2001년에 133종, 그리고 2014년에는 213종으로 크게 늘어났다. 표 3.6에는 제올라이트를 촉매로 사용한 공정들을 수록하였다.

표 3.6 제올라이트 촉매를 사용한 공정들

공정	제올라이트	생성물
catalytic cracking	faujasite	gasoline, fuel oil, kerosene, jet fuel
hydrocracking	modified faujasite	benzene, toluene, xylene
hydroisomerization	mordenite	gasoline and distillates, *i*-hexane, heptane
dewaxing	ZSM-5 mordenite	low power point lubes
benzene alkylaion	ZSM-5	styrene, ethyl benzene
xylene isomerization	ZSM-5	para-xylene
toluene disproportionation	ZSM-5	benzene, toluene
methanol-to-gasoline	ZSM-5	gasoline
methanol-to-olefins	modified ZSM-5	olefins
Fischer–Tropsch	modified ZSM-5	hydrocarbons

예제 3.2

아래의 zeolite 재료를 사용하여 예제 3.1의 분자들을 분리하려고 한다. 어떤 재료를 어떻게 사용하여 이들을 분리할지 설명하라.

재료(기공 크기, nm): modernite (0.74), offretite (0.64), ZSM-5 (0.54 × 0.56), zeolite A (0.41), erionite (0.36 × 0.52)

풀이

ZSM-5를 사용하여 2, 5, 10번을 기공 내에 흡수 분리한다. → offretite를 사용하여 1, 4, 8, 13, 6, 15번을 분리한다. 1, 4, 8, 13번은 유효지름이 offretite의 기공 크기와 비슷하여 기공 내부로의 확산 속도가 매우 느린 반면에, 6, 15번은 크기가 작아 비교적 빨리 확산할 것이다. 따라서 확산시간을 짧게 하면서 확산과 분리회수 과정을 반복하면 6, 15번만을 많이 얻을 수 있다. → 6, 15번을 모두 회수한 후에 확산시간을 늘려 1, 4, 8, 13번이 offretite 내부로 들어갈 충분한 시간을 할애한다. → modernite를 이용하여 9, 11, 12, 14번을 분리한다. → 그래도 흡수 분리되지 않고 용액 중에 남은 3, 7번을 회수한다.

3.4 공정의 설계와 운전

탄화수소의 분해공정은 에틸렌이나 프로필렌과 같은 올레핀을 최종 생성물로 얻기 때문에, 반응이 많이 진행되면 불가피하게 올레핀의 중합체인 탄소 덩어리[이를 "코크(coke)"라 부름]가 생겨 촉매의 표면을 덮고 이로 인하여 촉매가 활성을 잃어버리게 된다. 특히 제올라이트는 일정한 크기의 작은 기공들을 갖기 때문에, 표면에 생긴 코크가 이 기공들을 막아 활성이 급격히 떨어진다. 따라서 이렇게 비활성화가 된 촉매는 주기적으로 공기를 불어넣어 표면의 코크를 연소시킴으로써 재생해야 한다.

1930년대 초기에 Houdry가 개발한 접촉분해공정은 반응기 내에 촉매가 고정되어 있는 고정층 반응기(fixed-bed reactor)를 사용했기 때문에, 운전 중에 생긴 고분자 물질(gum)과 코크가 반응기 내에 누적이 되어서 약 10분 정도 지나면 가동을 중단하고 촉매를 재생해야 했다. 따라서 상용공정에서는 그림 3.6에 보인 것처럼 세 개의 반응기를 설치하여, 한 반응기는 분해반응에 사용하고, 두 번째 반응기는 부산물로 생긴 껌과 코크를 수증기로 제거하며, 세 번째 반응기는 아직도 촉매 표면에 남아 있는 코크를 공기로 태워서 촉매를 재생하도록 운전하였다. 이처럼 10분마다 반응기의 역할을 바꾸어가며 운전하는 일은 매우 번거로울 뿐만이 아니라 그 과정에서 열손실도 커서 비효율적이었다. Houdry 공정이 개발된 이래로 1943년까지 미국에서 24개의 공장이 가동되고 있었는데 모두 이와 같은 문제를 안고 있었다.

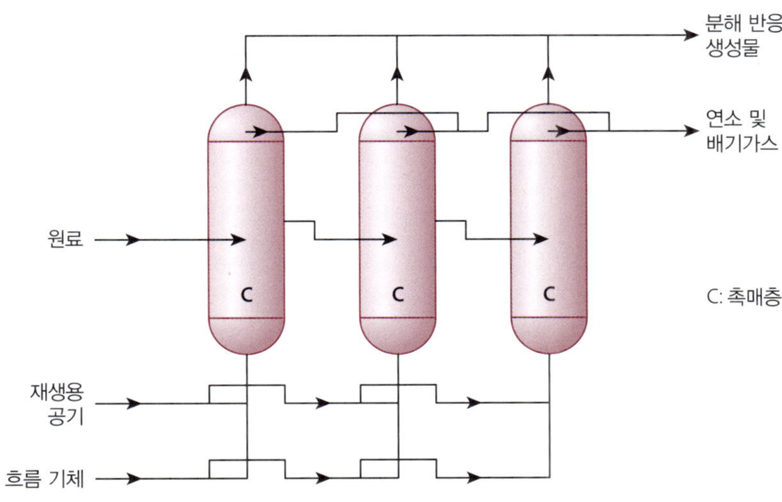

그림 3.6 Houdry의 고정층 접촉분해 공정도.

비슷한 시기에 미국의 Socony Vacuum사는 새로운 공정을 개발하였다. 이것은 thermofor catalytic cracking (TCC)이라고 불리는 공정으로서 종전의 Houdry 공정을 크게 개선하였으므로 1944년에는 공장이 35개나 건설되었다. 이 공정의 핵심은 이동층 반응기와 재생기를 사용함으로써 지금까지 고정되어 있던 촉매가 반응기와 재생기 사이를 오가며 반응에 참여하거나 또는 재생이 되도록 하는 것이다. 즉, 그림 3.7에 보인 것처럼 반응기에서 사용된 촉매는 별도의 이송관에 의하여 재생기로 보내진 후에 재생기에서 재생이 되고, 다시 중력에 의하여 아래로 흘러내려 반응기에서 사용된다.

이처럼 재생기와 반응기를 위 아래로 연결하였기 때문에 초기에 개발된 공정의 전체 높이는 약 100 m에 이르렀다. 반응기에서 나온 촉매를 다시 재생기로 이송하기 위하여 처음에는 여러 개의 용기가 달린 bucket elevator를 사용했으나, 후에는 압축공기를 빨리 흘려서 촉매를 기류이송(pneumatic transport)시키는 방법을 사용하였다. 촉매를 이동시키는 이동층 반응기(moving-bed reactor)는 Houdry가 사용한 고정층 반응기에 비하여 운전이 간편하다는 장점 외

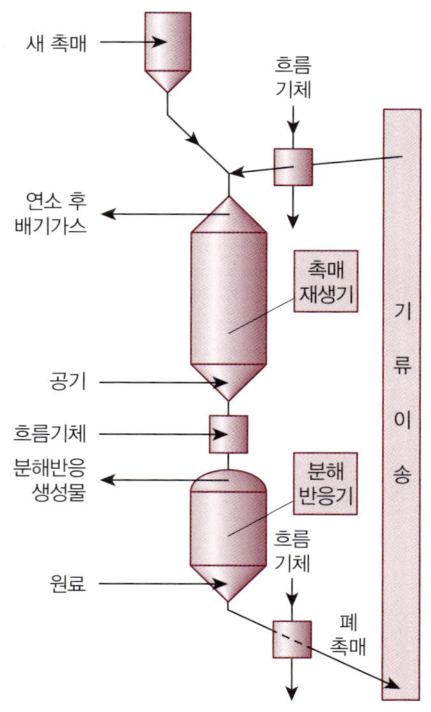

그림 3.7 TCC의 이동층 접촉분해 공정도.

에도, 반응물이 촉매층을 통과할 때 생기는 압력 강하가 적어서 반응 압력을 낮게 유지할 수가 있고, 그 결과로 분해반응의 수율이 증가하는 장점도 있었다. 참고로, 분해반응은 식 (3.11)에 보인 것처럼 반응의 결과로 생성물의 분자 수가 늘어나기 때문에 반응압력이 낮을수록 유리하다. 그러나 이와 같은 이동층 반응기에도 문제가 있는데, 그것은 촉매가 재생기에서 반응기로 이동하는 시간이 오래 걸리기 때문에 결과적으로 많은 양의 촉매를 사용할 수 없는 점이었다. 실제로 TCC 공정의 경우에 촉매가 공정을 한 바퀴 도는 데 걸리는 시간은 1시간이나 되었다.

따라서 촉매의 순환속도를 증가시키는 방법으로 미국의 Standard Oil사가 유동층 반응기(fluidized-bed reactor)를 제안하였고, 1942년에는 처음으로 유동층 접촉분해 공정(fluidized-bed catalytic cracking, FCC)이 Baton Rouge에 건설되었다. 유동층이란 용기 내의 작은 고체 입자들이 아래에서 유입되는 기체에 의하여 떠 있으면서 액체처럼 잘 혼합되고 있는 상태를 말한다. 이와 같은 유동층 반응기를 사용하면 그림 3.8에 보인 것처럼 촉매가 반응기와 재생기 사이를 빠르게 이동할 수가 있기 때문에 TCC 공정에서 있었던 촉매의 순환속도 문제는 해결이 되었다. 또한, 공정의 반응압력도 더욱 낮아지게 되었다.

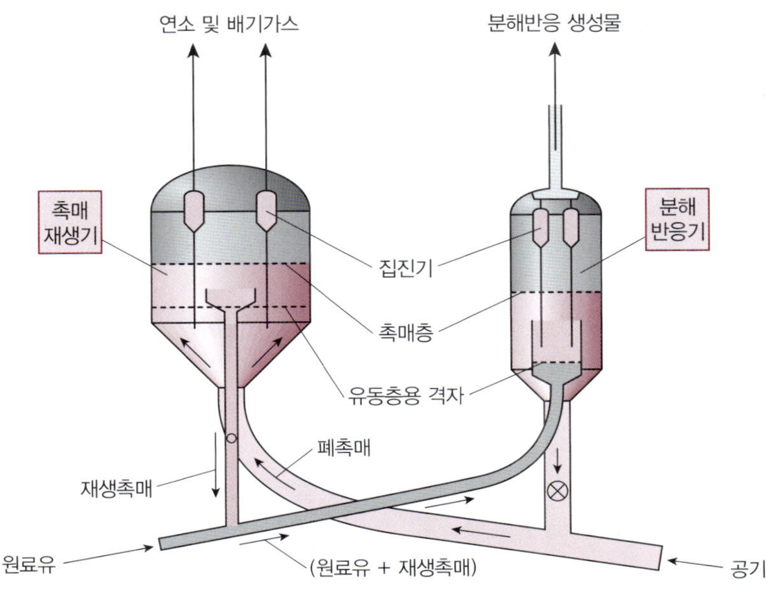

그림 3.8 유동층 접촉분해 공정도.

이 FCC 공정은 그 후에 활성이 큰 제올라이트 촉매를 사용하면서 더욱 개선이 되었다. 즉, 촉매의 활성이 종전보다 매우 높아짐에 따라 반응기의 형태도 구태여 유동층을 사용할 필요가 없게 되었다. 촉매 입자가 반응물 기류에 실려 좁은 관 속으로 몇 초 동안 지나가는 것만으로도 반응이 충분히 일어나기 때문에, 종전의 유동층 반응기 대신에 직경이 작은 관형 반응기(tubular reactor)를 사용해서 이를 기류이송 조건으로 조업하게 되었다. 그림 3.9에 보인 것처럼 이 관형 반응기는 동시에 촉매를 재생기의 상부로 이송하는 역할도 하기 때문에 일명 상승관(riser tube)이라고 불린다. 이 반응기는 반응기류가 서로 혼합이 되지 않고 한쪽 방향으로만 흐르는 전형적인 플러그흐름 반응기(plug-flow reactor)이다.

실제로 요즈음의 접촉분해공정에서는 반응기는 간단한 수직관일 뿐이고 그 대신 유동층 촉매 재생기가 큰 부피를 차지하는 모양이 되었다. 표 3.7에는 FCC 공정의 대표적인 조업조건을 표시하였다. 분해반응은 흡열반응이므로 반응온도는 높을수록(450°C 이상) 좋고, 생성물 분자 수가 증가하는 반응이므로 반응압력은 낮을수록(3기압 이하) 좋다.

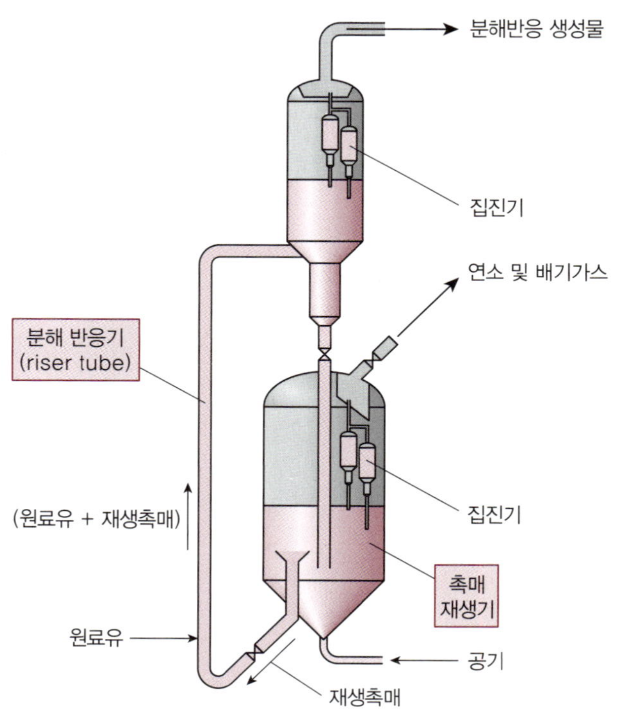

그림 3.9 상승관(riser tube) 접촉분해 반응기.

표 3.7 유동층 접촉분해 공정의 조업 범위

반응 온도	450~650°C
반응 압력	1.7~3기압
재생 온도	620~760°C
재생 압력	2~3.4기압

FCC 공정은 최근에도 계속해서 개선이 되고 있다. 특히 최근에 중질유의 접촉분해가 중요해짐에 따라 원료유를 한 번에 분해시키지 않고 두 단계로 나누어 분해시키는 방안이 개발되었다. 즉, 관형 반응기는 반응 효율이 높기 때문에 분자량이 큰 중질유분이 여기를 통과하는 동안에 상당한 양이 분해가 되고, 나머지가 추가로 분해되는 것은 반응 효율이 비교적 낮은 유동층 반응기 내에서 서서히 진행되도록 하는 방법이다. 이밖에도, 촉매의 재생을 두 단계로 나누어서 하는 방법도 제안되었으며, 열효율을 높이기 위하여 관형 반응기를 촉매 재생기 내에 포함시키는 방법도 고안되었다. 오늘날 FCC 공정은 전체 접촉분해 공정의 85~90%를 차지하고 있다.

연습 문제

1. 석유 자원을 활용하는 산업을 크게 두 분야로 나눌 수 있다. 각각의 분야를 주요 제품군과 함께 간략히 설명하라.

2. 아래 표는 탄화수소 분해 반응(cracking)인 열분해(thermal cracking)와 접촉분해(catalytic cracking)의 특징을 비교 분석한 것이다. 비어 있는 부분을 채워서 완성하라.

	열분해	접촉분해
분해 방법	고온에서 열에 의한	촉매 접촉을 통한
개시 반응 및 개시제 형태		
생성물의 특징		
종결반응		

3. 열분해 및 접촉분해 반응의 전파 단계에서 이성화 반응이나 고리화 반응이 잘 진행된다. 그 이유를 설명하라.

4. 접촉분해 반응은 산이 있을 때 잘 일어나므로 촉매로서 강한 산성을 띠는 물질을 사용하는 것이 유리하다. 무정형 실리카–알루미나와 제올라이트가 접촉분해 반응 촉매로 주로 사용되는 이유를 각 촉매의 B산점과 L산점을 기준으로 설명하라.

5. 아래 그림은 제올라이트 A 촉매의 기공을 간략화한 것이다. 기공의 크기보다 작은 반응물 1과 큰 반응물 2가 도입되었을 때, 일어나는 현상을 설명하라.

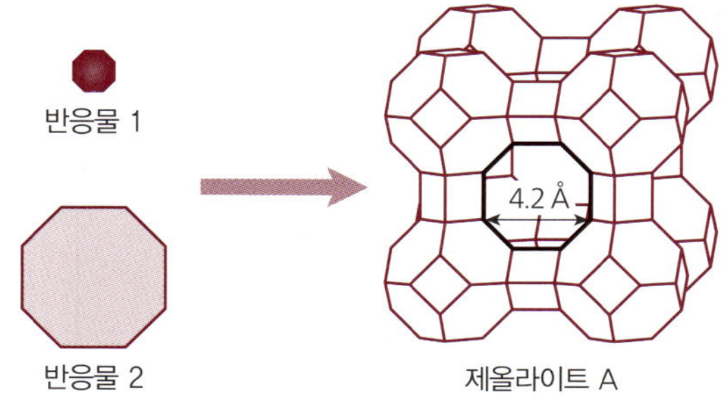

제올라이트 A 촉매의 기공으로 크기가 다른 반응물이 도입된 경우

6. 분해반응에서 생성되는 코크는 촉매 활성저하의 주요 원인이기 때문에 접촉분해공정에서는 코크를 태우는 촉매 재생 과정이 반드시 필요하다. Houdry 공정, thermofor catalytic cracking(TCC), 유동층 접촉분해공정(fludized-bed catalytic cracking, FCC)이 대표적인 접촉분해공정으로 소개되었다. 아래의 각 질문에 답하라.

(1) Houdry 공정에서 촉매 재생 과정의 문제점은 무엇인가?
(2) TCC 공정에서의 주요 개선점과 문제점은 무엇인가?
(3) TCC 공정에 비해 FCC 공정의 장점은 무엇인가?

아세틸렌 선택적 수소화

Selective Hydrogenation of Acetylene

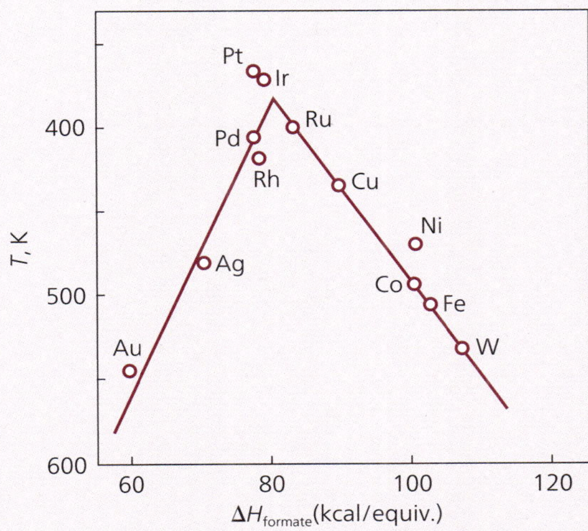

촉매의 활성과 물리적 특성의 관계를 설명하는 Sabatier의 원리

학습 차례

› 개요

석유화학 산업에서 에틸렌은 그 용도가 다양하기 때문에 "산업의 쌀"로 불리고 있으며, 따라서 에틸렌의 생산 규모는 흔히 석유화학 산업의 규모를 나타내는 척도로 쓰인다. 나프타를 열분해하여 얻는 에틸렌 중에는 약 0.1~1% 정도의 아세틸렌이 포함되어 있는데, 이는 다음 공정인 에틸렌의 중합 공정에서 촉매를 피독시키기 때문에 제거해야 한다.

많이 쓰이는 제거 방법은 아세틸렌을 에틸렌으로 전환하는 "선택적 수소화" 공정인데, 이 장에서는 여기에 쓰이는 촉매에 대하여 설명한다. 특히 여러 반응이 동시에 일어나고 촉매의 비활성화가 진행되는 상황에서 공정 전체의 효율을 높이는 문제는 힘들지만 매우 중요하다.

› 핵심 지식

여러 반응과 촉매의 비활성화가 동시에 진행되는 복합반응의 이해, 사바티르(Sabatier)의 원리, 화산 도형(volcano plot), 금속 담지 촉매의 제조 방법, 분산도(dispersion), 조촉매(promoter), SMSI(strong metal-support interaction)

4.1 석유화학 산업과 에틸렌

석유화학 산업에서 중요한 7개의 기초 원료는 메탄(methane), 에틸렌(ethylene), 프로필렌(propylene), 뷰텐(butene) 및 부타디엔(butadiene), 벤젠(benzene), 톨루엔(toluene), 자일렌(xylene)이다. 그중에서 특히 에틸렌은 용도가 다양하기 때문에 "산업의 쌀"로 불리고 있으며, 그 중요성 때문에 에틸렌의 생산량은 석유화학 산업의 규모(그림 3.1 참조)를 나타내는 척도로 쓰인다. 에틸렌은 그 자체로 저밀도 · 중밀도 · 고밀도 폴리에틸렌 제조에 쓰이며, 또한 염화비닐(PVC), 비닐 아세테이트, 폴리스티렌, 에틸렌글리콜(자동차 부동액의 원료) 등의 원료로도 사용된다.

나프타를 열분해하여 얻는 에틸렌(C_2H_4) 중에는 약 0.1~1% 정도의 아세틸렌(C_2H_2)이 포함되어 있는데, 이는 이후의 에틸렌 중합공정에서 사용되는 중합 촉매를 피독시키고 최종 생성물인 폴리에틸렌의 품질을 떨어뜨리기 때문에, 그 농도를 5 ppm 미만으로 낮추어야 한다.[8] 아세틸렌 불순물을 제거하는 방법으로는 용매 추출법과 선택적 수소화 반응법이 있는데, 대부분의 에틸렌 공장에서는 아세틸렌을 에틸렌으로 전환시키는 후자의 방법, 즉 선택적 수소화 공정을 사용한다.[9]

아세틸렌의 선택적 수소화 공정은 수소화 반응을 메탄제거 장치(demethanizer)의 앞에서 하는지 아니면 그 뒤에서 하는지에 따라 각각 front-end와 tail-end(또는 back-end) 공정으로 구분된다(그림 4.1 참조). Front-end 공정에서는 나프타 분해로 얻은 물질 중에서 C_3 이상(그림에서 C_{3+}로 표시)을 제외한 나머

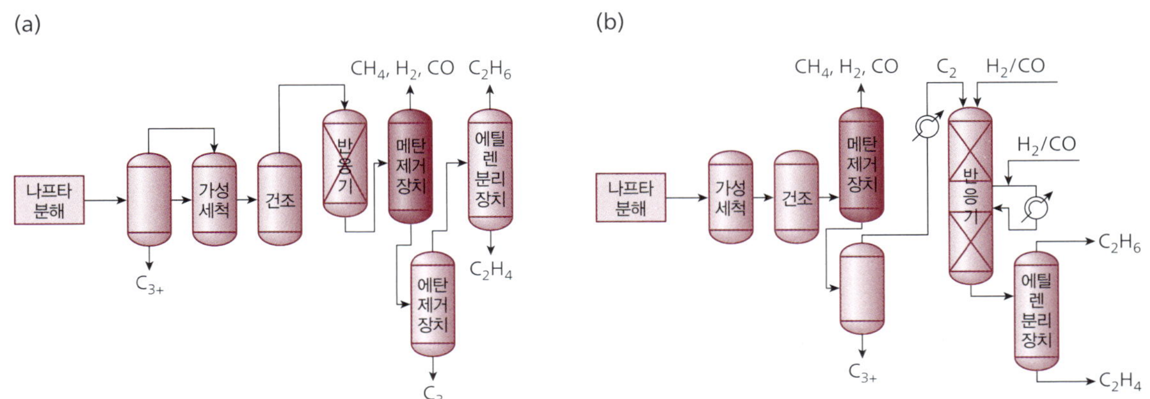

그림 4.1 아세틸렌 수소화의 두 공정: (a) front-end 공정, (b) tail-end 공정.

지 성분(H_2, C_1, C_2)을 모두 반응물로 사용한다. 따라서 이 공정에서는 메탄과 수소가 있는 조건에서 에틸렌 중에 포함된 아세틸렌을 제거하고, 그 후에 메탄과 수소를 추가로 제거해야 한다. 반면에 tail-end 공정에서는 메탄 등을 먼저 제거한 후 주로 C_2만 있는 조건에서 아세틸렌을 제거한다.

Front-end 공정의 장점은 반응물에 수소가 이미 포함되어 있으므로 추가의 수소가 필요 없고, 또한 높은 수소 농도 때문에 촉매의 비활성화가 억제된다는 점이다. 반면, 이 공정의 단점은 수소/아세틸렌 비를 조절할 수 없어서(높은 수소/아세틸렌 비가 유지됨) 에틸렌의 선택도가 낮아지고, 그 결과로 고분자 합성에 적합한 고순도의 에틸렌을 얻기가 어렵다는 점이다. 따라서 이 공정은 촉매 수명이 길다는 장점에도 불구하고 근래에는 잘 사용되지 않는다.

한편, tail-end 공정은 수소/아세틸렌 비의 조절이 가능하기 때문에 에틸렌의 선택도가 높아 중합공정에 적합한 고순도 에틸렌을 얻을 수 있다. 그 대신, 촉매를 비활성화시키는 그린오일의 생성이 많아 촉매 수명이 짧아진다. 이러한 두 공정의 차이 때문에, front-end 공정에서는 에틸렌 선택도가 높은 촉매를 사용하고(Co-, Cr-promoted 0.5~2.0 *wt*% Ni/Al_2O_3), tail-end 공정에서는 안정성이 높은(수명이 긴) 촉매를 주로 사용한다(0.015~0.05 *wt*% Pd/Al_2O_3 또는 Pd/SiO_2). 아래에서는 최근 주로 사용되는 tail-end 공정을 중심으로 반응특성과 함께 촉매 성분의 선정 및 제조, 촉매 개선을 위한 노력 등을 설명하겠다.

4.2 복합 반응 *Mulitple Reaction*

그림 4.2는 아세틸렌 수소화 공정에서 일어나는 여러 가지 반응 경로를 보인다.[10] 촉매의 표면에 흡착한 아세틸렌이 수소 원자 두 개와 반응하여 에틸렌이 된 후(경로 1) 그대로 탈착하면(경로 2), 우리가 원하는 아세틸렌의 선택적 수소

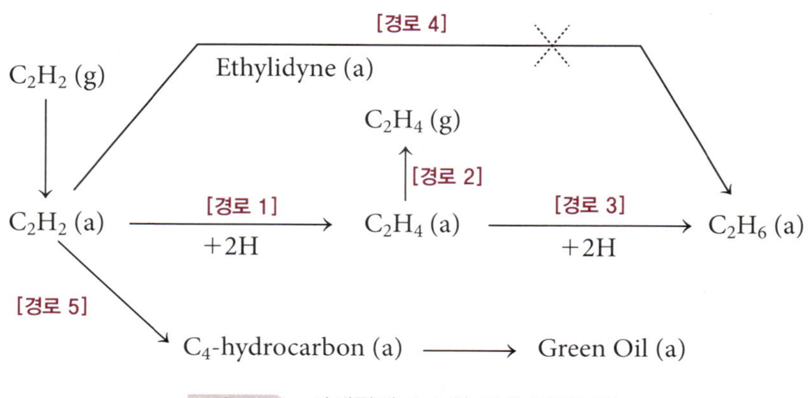

그림 4.2 아세틸렌 수소화 반응 메커니즘.

화 반응이 종결된다. 그러나 표면에 생성된 에틸렌이 탈착하지 않고 촉매의 활성점에 그대로 있으면서 수소 원자 두 개와 추가로 반응하면 에탄이 생성된다(경로 3). 또한 흡착한 아세틸렌이 수소와 반응하지 않고 인접한 아세틸렌과 결합하여(아세틸렌끼리의 반응) C_4 탄화수소(1,3-부타디엔)를 생성하고, 이들이 더욱 반응하여 그린오일(green-oil)이라 불리는 초록색의 기름이 되기도 한다(경로 5). 그런가 하면, 아세틸렌이 촉매 표면에 삼중 결합한 에틸리딘(ethylidyne) 형태로 흡착하여, 추가 반응 없이 촉매의 표면자리만 차지하면서 활성을 떨어뜨리기도 한다(경로 4). 이처럼 아세틸렌 수소화 반응은 전형적인 연속 반응(series reaction, 경로 1, 3)이면서, 아울러 아세틸렌의 포화 반응(경로 4)과 그린오일 생성 반응(경로 5)이 동시에 진행되는 평행 반응(parallel reaction)이기도 한, 복합반응(multiple reaction)이다[더 알아보기 4.1].

▶ 더 알아보기 4.1

복합 반응

연속 반응은 반응물이 중간 생성물을 형성한 다음, 반응을 지속하여 또 다른 생성물을 만드는 반응이다(A → B → C). 아세틸렌이 수소와 반응하여 에틸렌을 형성한 다음(그림 4.2의 경로 1), 추가로 수소와 반응하여 에탄을 생성하는 경우(경로 3)가 그 대표적인 예이다.

평행 반응은 반응물이 두 개 이상의 다른 반응 경로를 거쳐 소비되어 각기 다른 생성물을 만드는 반응이다(A $\begin{smallmatrix}\nearrow B\\ \searrow C\end{smallmatrix}$). 아세틸렌이 수소화(경로 1)와 동시에 인접한 다른 아세틸렌과 중합하여 그린오일(green oil)을 만드는 경우(경로 5)가 그 대표적인 예이다.

복합 반응의 경우, 단일 반응과 달리 목적물(에틸렌)의 생성량(선택도)이 중요하다. 즉, 반응 전환율이 높아도 목적물의 생성량이 적으면 반응의 효율이 낮아서 경제적이지 못하다. 연속 반응에서 최종 생성물이 목적물인 경우에는 반응이 끝날 때까지 기다리면 되지만, 아세틸렌 수소화처럼 중간 생성물인 에틸렌이 목적물일 때는 이를 극대화하기 위한 전략이 필요하다. 즉, 에틸렌의 수율을 높이려면, 경로 1의 반응이 진행된 후 바로 에틸렌이 탈착하도록 경로 2를 촉진하고, 나머지 에틸렌 생성과 무관한 경로 3, 4, 5의 반응은 억제해야 한다. 특히 경로 5는 그린오일이라 불리는 낮은 중합도의 고분자 물질을 생성하는데, 이는 촉매의 표면을 덮어 결국 촉매의 수명을 단축하는 원인이 된다.

에틸렌의 수소화 반응속도(경로 3)는 아세틸렌의 수소화 반응속도(경로 1)보다 약 10~100배 빠른 것으로 알려져 있는데, 그럼에도 불구하고 혼합가스 중

아세틸렌이 선택적으로 수소화되는 이유는 에틸렌보다 아세틸렌을 더 강하게 흡착하는 전이금속 촉매를 사용하기 때문이다. 참고로 전이금속의 표면에서 다양한 탄화수소의 흡착강도는 아세틸렌 > 디올레핀 > 올레핀 > 파라핀의 순서로 작아진다.[11]

아래에서는 아세틸렌 수소화 반응에 사용되는 촉매의 특성을 설명하고, 그 성능을 개선하기 위한 몇 개의 연구 사례를 소개하겠다.

4.3 촉매

1. Sabatier의 원리

아세틸렌의 선택적 수소화 공정은 대표적인 수소화 반응이다. 따라서 이 경우에는 수소의 분리흡착이 잘 일어나는 전이금속을 촉매의 활성성분으로 사용하면 된다(제2장 참조). 더구나 전이금속은 에틸렌보다 아세틸렌을 더욱 강하게 흡착하므로, 에틸렌 중에 포함된 소량의 아세틸렌을 선택적으로 수소화하는 데 적합하다. 현재 tail-end 공정의 촉매로 사용되는 금속은 팔라듐(Pd)이다. 그러나 여기서 한 가지 의문이 생긴다. 많은 금속 중에서 특정하게 Pd를 선정한 까닭은 무엇일까? Pd보다 값이 저렴한 철(Fe)이나 니켈(Ni)을 사용할 수 없을까?

이 질문에 대한 답은 간단하지가 않다. 왜냐하면 활성성분은 단순히 활성만이 아니라 생성물의 선택도, 촉매의 수명, 재생 방법, 재료의 가격 등을 종합적으로 고려하여 결정하기 때문이다. 예를 들어, 에틸렌의 선택도가 비교적 낮은 front-end 공정에서는 Ni 촉매를 사용하고, 촉매의 수명이 짧은 tail-end 공정에서는 Pd 촉매를 사용하는 식이다. 따라서 현재 산업에서 사용되는 대부분의 금속 촉매들은, 사실은 많은 실험과 시행착오의 과정을 거치면서 최적의 성분을 찾아낸 것이다. 그러나 학자들은 이처럼 시간과 경비가 많이 소요되는 선정 과정을 거치는 대신, 그동안 쌓은 과학 지식과 논리적 예측을 토대로 하여 좋은 촉매를 설계하려는 시도를 계속해왔다.[12,13] 아래에서는 이와 같은 노력의 길잡이가 되는 “Sabatier의 원리”를 소개한다. 참고로 Sabatier는 촉매 분야에서 최초로 노벨 화학상(1912년)을 수상한 프랑스의 학자이다.

그림 4.3은 개미산(formic acid) 분해반응에서 다양한 전이금속을 촉매로 사용했을 때 얻은 각 금속의 활성을 비교한 것이다. 그림에서 x축은 각 금속의 개미산염 생성 에너지이고, y축은 동일한 전환율을 얻기 위하여 필요한 반응온도를 나타낸다. 금속의 개미산염 생성 에너지가 크면(그림에서 x축의 오른쪽으

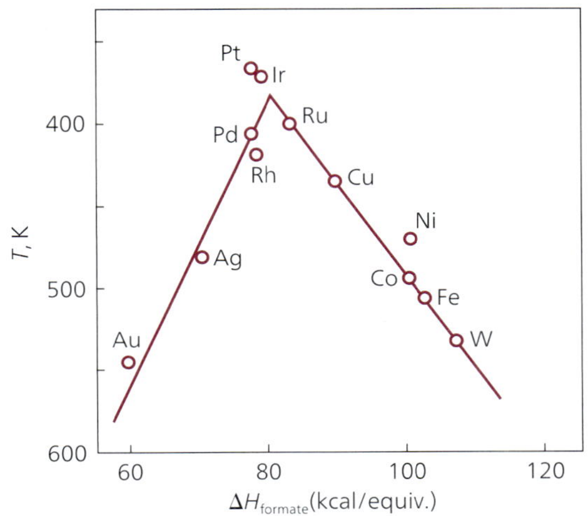

그림 4.3 개미산 분해 반응에서 전이금속의 개미산염 생성열과 촉매 활성의 상관관계.[14]

로 갈수록) 개미산이 금속과 강하게 결합함을 뜻하고, 반응온도가 낮으면(그림에서 y축의 위로 갈수록) 촉매의 활성이 높음을 뜻한다. 그림의 결과에 의하면, 촉매의 활성은 x축의 값이 약 80~85 kcal/equivalent(당량)일 때 가장 크고, x축 값이 이보다 더 크거나 작을 때는 모두 감소한다. 이 결과는 아래와 같이 설명할 수 있다.[14]

반응물(개미산)을 강하게 흡착하는 철(Fe)이나 텅스텐(W)의 표면에서는 반응물이 너무 안정하여 반응이 잘 진행되지 않으며, 반대로 금(Au)이나 은(Ag)의 경우에는 흡착력이 너무 약해(반응물의 흡착이 거의 이루어지지 않아) 반응이 진행되지 않는다. 그러나 중간 정도의 흡착력을 가진 백금(Pt), 이리듐(Ir) 등의 경우에는, 반응물이 흡착에 의하여 알맞게 변형되고 또한 생성물이 비교적 잘 떨어져 나가므로 높은 촉매 활성을 보인다. 이 결과에서 우리는 "촉매가 반응물을 너무 강하거나 또는 약하게 흡착하지 않고 적당한 세기로 흡착할 때 반응활성이 가장 크다"는 사실을 알 수 있는데, 이를 "Sabatier의 원리"라고 부른다. 한편, 이 독특한 그래프의 모양이 화산처럼 생겼다 하여, 이와 같은 반응활성과 촉매특성 간의 그래프를 "volcano plot"이라고도 한다.

Volcano plot의 상관관계는 개미산의 분해만이 아니라 다른 반응들의 경우에도 발견된다. 예를 들어, ethane의 수소화 분해 반응의 경우에 다양한 금속 촉매의 활성을 금속의 전자밀도를 나타내는 "% *d*-character"에 따라서 관찰했을 때, 역시 volcano plot의 특성을 보였다.[15] 이와 같은 관찰에서 x축은 위에서 예시한 반응물의 흡착강도, 금속 성분의 전자밀도 외에도 다양한 특성이 변수가 될

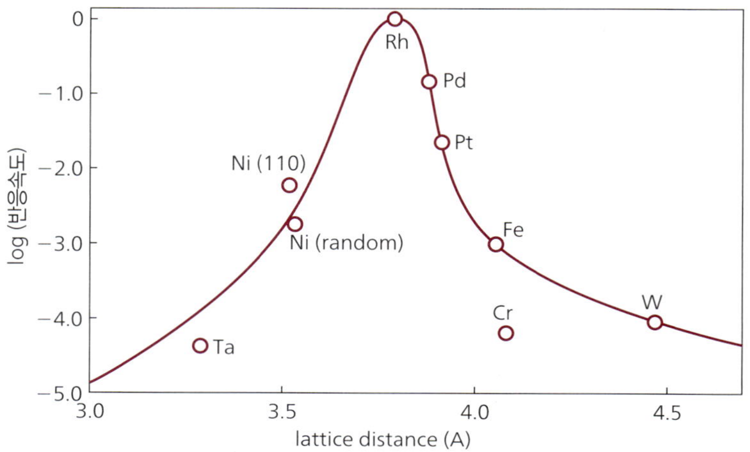

그림 4.4 에틸렌 수소화 반응에서 전이금속들의 활성 비교.[16]

수 있다. 예를 들어, 벤젠 수소화 반응의 경우에는 벤젠이 흡착하는 금속 표면의 육각형 결정의 크기에 따라, 그리고 에틸렌 수소화 분해의 경우에는 표면 금속 원자 간의 거리에 따라(그림 4.4) 반응활성이 화산 모양의 의존도를 보인다.[16]

이제 아세틸렌 수소화 공정용 촉매에 관한 논의로 돌아오자. 우리는 전이금속 중에서 특정하게 Pd를 촉매 활성성분으로 선정한 까닭에 의문을 가졌었다. 이를 설명하는 한 근거로서 위에서 소개한 그림 4.4의 volcano plot을 주목할 만하다. 이 그림은 에틸렌 수소화 반응의 활성이 금속 원자 간의 거리에 따라 화산 의존도를 가짐을 보이는데, 특히 Rh과 Pd가 가장 높은 활성을 갖는다. 에틸렌 수소화 반응속도는 아세틸렌 수소화의 경우보다 10~100배 빠르지만, 두 반응물이 모두 C_2 화합물이므로 같은 반응단계를 거칠 것으로 판단된다. 따라서 아세틸렌 수소화의 경우에도 역시 Rh, Pd 등이 높은 활성을 보일 것으로 예상할 수 있다. 이들 금속 중에서 Rh는 재생처리 시에 휘발성인 카보닐 화합물을 형성하며 손실되기 때문에(8.2절 참조), 촉매로 사용하기에 적합하지가 않다. 따라서 이에 비하여 비교적 안정하고 또한 수소화 활성이 높은 Pd를 촉매로 사용한다.

2. 금속 담지 촉매의 제조

아세틸렌 수소화용 촉매는 Pd를 다공성인 실리카(SiO_2) 또는 알루미나(Al_2O_3) 담체 위에 작은 입자로 분산시켜 제조한다. 여기서 담체는 반응활성은 없으나 대신 표면적이 넓고 열 및 기계적 안정성이 우수해서, 값비싼 Pd를 분산시키는 지지체로서의 역할을 한다. 촉매 중 Pd의 담지량은 0.015~0.05 *wt*%인데, 이는 여타 수소화 반응 촉매의 금속 담지량보다 훨씬 적은 값이다. 그 까닭은 촉매 활성이 너무 높으면 그림 4.2의 경로 3 반응이 촉진되어 에틸렌 선택도가 낮아지기 때문이다. 아래에서는 일반적인 금속 담지 촉매의 제조 방법을 설명하고, 그 중에서 아세틸렌 수소화 촉매의 제조에 적합한 방법을 제시하겠다.

금속 담지 촉매를 제조하는 방법은 침전법(precipitation), 함침법(impregnation), 이온교환법(ion-exchange)의 세 가지가 있다. 침전법은 금속염이 녹아 있는 수용액에 담체를 넣고 교반하면서 침전제를 가해 금속 성분이 담체 위에 침출되도록 하는 방법이고, 함침법은 금속염의 수용액을 담체의 기공(pore) 안에 채운 후, 용액을 서서히 건조함으로써 금속염이 담체 위에 석출되도록 하는 방법이며, 이온교환법은 수용액의 pH를 조절하여 금속 이온이 담체 표면에 있는 이온과 교환되도록 하는 방법이다. 이렇게 얻은 촉매를 건조한 후 공기로 처리하면 금속 성분이 산화물이 되는데, 이를 사용하기 직전에 반응기 내에서 수소로 환원하여 금속 촉매의 활성을 갖게 한다. 아래에서는 Pd/SiO_2 촉매를 위의 세 가지 방법으로 제조하는 경우에 대하여 구체적으로 설명하겠다.

침전법(그림 4.5)은 금속 이온[대개 산성, 예: $Pd(NH_3)_4(NO_3)_2$, $PdCl_2$]이 녹아 있는 수용액에 침전제(대개 알칼리성, 예: $NaOH$, Na_2CO_3, NH_4OH)를 첨가했을 때, 이온의 용해도가 낮아지면서 침전 핵이 생성되고, 이 핵이 성장하여 침전이 생기도록 하는 방법이다. 촉매 활성 성분이 두 종류 이상인 경우에는 이

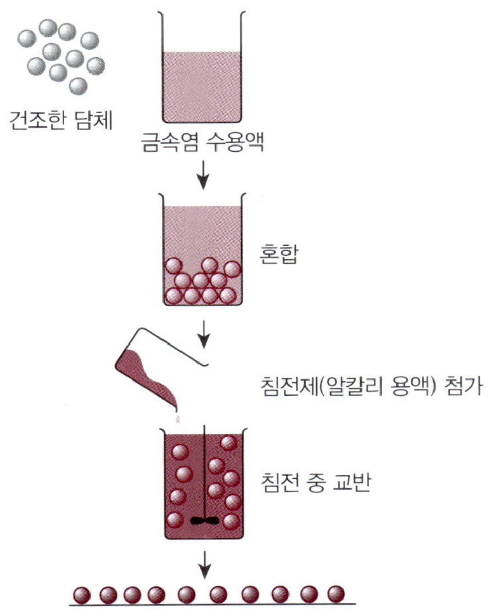

그림 4.5 침전법을 이용한 촉매 제조 방법.

들을 동시에 침전시키거나 또는 각각 얻은 침전물을 기계적으로 혼합하여 제조한다. 침전법으로 제조한 촉매는 금속의 담지량이 높으나(~20 *wt*%) 분산도[더 알아보기 4.2]가 떨어지므로 금속 무게 당의 활성이 낮다.

▶ 더 알아보기 4.2

분산도 *dispersion*

분산도란 아래 식에 보인 것처럼 촉매 중에 포함된 금속 중에서 표면에 노출된 금속의 분율을 말한다.

$$\text{분산도} = \frac{\text{표면에 노출된 금속 원자의 수}}{\text{촉매 중에 포함된 금속 원자의 총 수}}$$

따라서 금속 입자가 매우 작을 때는 모든 금속 원자가 표면에 노출되어 분산도는 100%가 되고, 금속 입자가 커지면 분산도는 작아진다. 적은 양의 금속을 포함한 촉매일지라도 분산도가 크면 금속의 표면적이 늘어나서 높은 활성을 가질 수 있다. 반면에 금속 입자가 너무 작아지면 이들이 고온에서 큰 덩어리로 뭉치는 소결(sintering) 현상이 잘 일어나므로 이에 유의해야 한다. 금속 촉매의 분산도를 측정하는 방법은 제9장에서 다룬다.

함침법(그림 4.6)에서는 담체(예: SiO_2)를 팔라듐염[예: $Pd(NH_3)_4(NO_3)_2$ 또는 $PdNO_3 \cdot 2H_2O$] 수용액에 투입하고, 상온에서 12시간 정도 교반한 후, 촉매 용액을 상온에서 진공 건조하고, 50~150°C에서 추가 건조한 후, 다시 400~

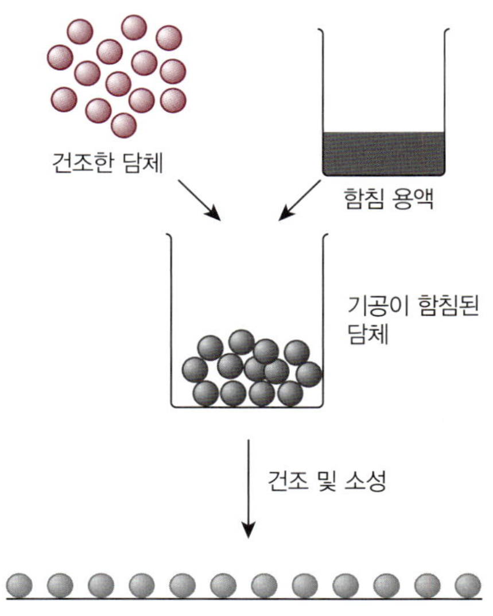

그림 4.6 함침법을 이용한 촉매 제조 방법.

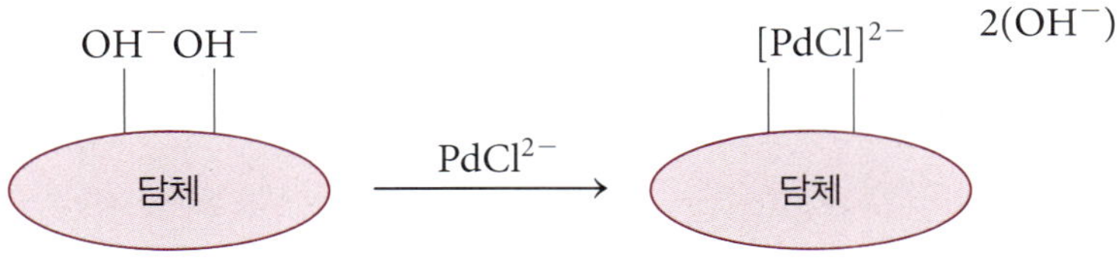

그림 4.7 이온교환법을 이용한 촉매 제조 방법.

600°C에서 공기를 흘려주며 1~5시간 동안 소성한다. 이 방법을 이용하면 1~10 *wt*% 정도의 금속 담지량이 가능하며 침전법과 이온교환법 중간 정도의 분산도를 얻을 수 있다.

이온교환법(그림 4.7)은 활성 성분인 금속 이온을 담체 표면의 이온과 교환하여 담지하는 방법으로, 제올라이트, 실리카 그리고 실리카−알루미나 등에 금속을 담지할 때 많이 사용한다. 이온교환법에서는 동일한 전하를 띄고 있는 담체 표면의 이온(예: OH^-)과 수용액 중의 금속 이온(예: $PdCl^{2-}$)이 상호 교환을 하기 때문에, 금속이 담체의 표면에 정량적으로 균일하게 분포되는 장점이 있지만, 반면에 담체 표면에 교환할 수 있는 이온의 양이 한정되어 있어서 금속 담지량이 1 *wt*%를 넘기가 힘들다. 다시 말해서, 이온교환법은 금속의 담지량이 낮고 분산도가 높은 촉매를 얻기에 좋은 방법이다. 이것은 바로 아세틸렌의 수소화 공정용 Pd/SiO_2 촉매의 경우에 해당하는 조건이므로, 이 촉매는 이온교환법으로 제조한다.

› 예제 4.1

40 *wt*% Pt/C 촉매를 초기 함침법으로 제조하기 위하여 H_2PtCl_6 수용액을 제조하고자 한다. 아래의 데이터가 주어졌을 때, H_2PtCl_6 수용액의 농도는 얼마인가?

› data

- C의 기공 부피 = 5 cc/g; 원자량: H = 1, Pt = 195, Cl = 35.45

› 풀이

초기 함침법(incipient-wetness impregnation)이란 담지하려는 금속 이온을 담체의 기공과 같은 부피의 용액에 녹이고 이들이 모두 담체의 표면에 담지가 되도록 하는 촉매 제조 방법이다. 이 방법을 사용하면 금속 이온이 담체의 표면에 매우 균일하게 분산되므로, 촉매의 품질을 정교하게 조절하는 경우에 많이 쓰인다. 이 실험을 위하여 담체의 기공 부피를 알아야 하는데, 이 문제에서는 그 값이 주어졌다. 따라서 담체 1 g을 기준으로 할 때, 기공의 부피는 5 cc이고, 여기에 포함될 Pt의 무게(x)는 $x/(1 + x) = 0.4$에서 얻는다. 0.4는 제조하려는 촉매의 Pt 함량이다. 위의 식을 풀면 $x = 0.67$ g을 얻고, 이를 Pt의 원자량(195)으로 나누면 3.4×10^{-3} mol을 얻는다. 이 만큼의 Pt가 5 cc의 담체 기공을 채우는 용액 중에 녹아 있으니까, Pt 수용액의 농도는 3.4×10^{-3} mol / 5×10^{-3} L = 0.68 mol/L [답]이다.

3. 촉매 개선: 조촉매의 영향

아세틸렌 수소화 공정에서 중요한 문제는 에틸렌의 선택도를 높이는 것인데, 이를 위하여 많이 사용되어 온 두 방법이 있다. 하나는 아세틸렌과 에틸렌 중간 정도의 흡착세기를 갖는 일산화탄소(CO, 이를 moderator라 부름)를 반응기류 중에 미량 주입함으로써, 에틸렌의 흡착을 억제하고 탈착을 용이하게 하는 방법(그림 4.2의 경로 2 촉진)이다. 그러나 이렇게 하면 주입된 CO가 에틸렌의 중합을 촉진하여 그린오일의 생성량이 늘어나고, 결국 촉매의 수명이 저하되기 때문에 촉매를 자주 재생해야 하는 문제가 생긴다. 두 번째 방법으로, 반응물 중의 수소/아세틸렌 비를 낮추면(이 방법은 수소 함량이 적은 tail-end 공정에서만 가능) 촉매 표면에 흡착하는 수소의 농도가 낮아져서 에틸렌의 추가 수소화(경로 3)가 억제되고, 따라서 에틸렌 선택도가 높아진다. 하지만 이 경우에도 표면의 낮은 수소 농도로 인하여 그린오일의 생성량이 늘어나고 결국 촉매의 수명이 저하된다. 이처럼 moderator(CO) 주입이나 공정 조건의 변화를 통해 에틸렌 선택도를 높이면, 촉매의 수명이 짧아지는 문제가 항상 존재한다.

따라서 일산화탄소를 사용하지 않고 낮은 수소/아세틸렌 비를 유지하는 경우에도, 높은 에틸렌 선택도와 긴 수명을 보이는 촉매를 개발하기 위하여 많은 연구가 진행되었다. 가장 많이 시도되는 방법은 Pd 촉매에 적절한 조촉매(promoter) 성분을 첨가하는 것인데, 예를 들어 Ag, Si, K, Cu, Cr, TiO_2 등을 사용했을 때 좋은 성과를 보였다. 아래에서는 이 연구의 몇 가지 사례를 소개하겠다.

에틸렌의 선택도를 높이기 위하여 필요한 방안을 그림 4.2를 토대로 다시 정리하면 아래와 같다. 아세틸렌은 에틸렌으로 전환된 뒤(경로 1), 곧 기상으로 탈착(경로 2)해야 한다. 반면에 에틸렌이 완전 환원되는 경로(경로 3), 아세틸렌이 삼중 흡착하는 경로(경로 4), 인접한 위치에 흡착한 아세틸렌끼리 반응하여 그린오일을 형성하는 경로(경로 5)는 억제해야 한다.

경로 2를 촉진하려면 에틸렌의 흡착 세기를 낮추면 되는데, 이것은 금속(Pd)의 전자밀도를 높여주면 가능하다. 금속의 전자밀도를 높이면 아세틸렌의 흡착도 함께 약해지지만, 아세틸렌의 흡착 세기는 에틸렌에 비해 약 100배 정도 크기 때문에 흡착력 약화가 큰 문제가 되지 않는다. 다시 말해서, Pd에 전자를 공급하는 조촉매를 첨가하면 에틸렌의 흡착 세기를 낮출 수 있는데, 이것이 조촉매 첨가에 의한 전자적(electronic)인 개선 효과이다.

한편, 에틸렌 선택도를 낮추는 경로 4와 경로 5는 모두 표면에 인접한 Pd 흡착점들이 많을 때 쉽게 일어나므로, 이를 억제하려면 Pd 표면의 다중 흡착점(multiply-coordinated sites: 인접한 Pd 원자가 많은 흡착점)을 감소 또는 희석해야 한다. 이를 위하여 반응활성은 없지만 Pd의 표면 구조를 변형시키는 조촉매를 첨가하는데, 이것이 조촉매 첨가에 의한 구조적(geometric)인 개선 효과이다.

아래에서는 Pd/SiO_2 촉매에 조촉매(TiO_2)를 첨가하여 Pd의 전자적인 특성을 변화시킴으로써, 에틸렌 선택도를 개선한 사례를 소개하겠다. 표 4.1은 TiO_2를 포함하거나(담체나 소량의 첨가제로 포함된 경우) 또는 그렇지 않은 Pd 촉매를 300°C 또는 500°C에서 환원한 후 측정한 수소 흡착량을 보인다. TiO_2를 포함한 촉매는 특히 500°C에서 환원한 후에 수소의 흡착량이 급격히 감소하는데, 이는 TiO_2가 부분 환원되면서 생긴 여분의 전자를 Pd에 제공하기 때문이다. 이 현상은 이미 잘 알려진 것으로 흔히 "SMSI(strong metal-support interaction)"라 불린다[더 알아보기 4.3].[17]

표 4.1 Ti 조촉매 첨가에 따른 Pd 촉매의 흡착특성 변화[10]

촉매	H/Pd[a]
Pd/SiO_2/300[b]	0.79
Pd/SiO_2/500	0.54
Pd/TiO_2/300	0.34
Pd/TiO_2/500	0.02
Pd-Ti/SiO_2/300	0.61
Pd-Ti/SiO_2/500	0.19

[a] H/Pd는 촉매 활성점인 Pd 위에 해리 흡착한 H 원자의 비.
[b] Pd/SiO_2/*T*: *T*°C에서 환원된 1 *wt*% Pd/SiO_2 촉매를 나타냄.

▶ 더 알아보기 4.3

SMSI

이산화티탄(TiO_2)을 비롯한 ZrO_2, CeO_2 등의 환원성 금속산화물을 8족 전이금속 촉매의 담체로 사용했을 때, 촉매를 고온(예: 500℃ 이상)에서 환원하면 금속과 담체가 강하게 상호작용을 하는 사실이 관찰되었는데, 이를 SMSI(strong metal-support interaction) 현상이라고 부른다. 높은 온도에서 부분적으로 환원된 TiO_x는 금속의 표면을 덮으면서 여분의 전자를 금속에 제공하고, 이로 인하여 금속의 전자적 특성이 변화한다.

그림 4.8은 TiO_2를 조촉매로 포함한 Pd-Ti/SiO_2 촉매와 그렇지 않은 Pd/SiO_2 촉매의 에틸렌 선택도를 비교하였다. 아세틸렌 수소화 공정에서 에틸렌의 선택도는 아세틸렌의 전환율에 따라 변하므로, 그림에서는 에틸렌 선택도(y축)를 아세틸렌 전환율(x축)의 함수로 표시하였다. 따라서 선택도가 그래프의 오른쪽과 윗부분에 보일수록 성능이 우수한 촉매이다. 우선, Pd/SiO_2 촉매의 경우를 보면, 환원 온도가 300°C(a)에서 500°C(b)로 높아졌을 때 선택도는 크게 낮아진다. 이는 촉매의 Pd 입자가 고온 환원으로 인하여 큰 덩어리로 소결되면서, 선택도가 나빠진 탓이다. 그러나 Pd-Ti/SiO_2 촉매의 경우에는, 고온 환원(d) 후에 선택도가 저온 환원(c)의 경우보다 오히려 더 좋아진 결과를 보인다. 이는 앞에서 설명한 것처럼 고온에서 부분 환원된 TiO_2가 Pd에게 전자를 제공하고, 그 결과로 Pd 표면에서 수소와 에틸렌의 흡착이 약해지기 때문이다. TiO_2가 있는 촉매를 고온에서 환원할 때 Pd의 전자밀도가 높아지는 사실은, XPS(X-ray photoelectron spectroscopy)를 이용한 별도의 관찰로 확인하였다.[10] 한편, Pd-Ti/

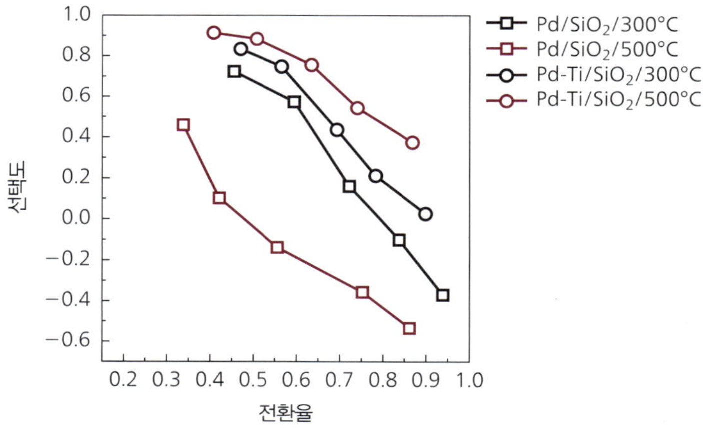

그림 4.8 TiO_2 조촉매 첨가에 따른 촉매성능 향상.[10]

SiO_2 촉매는 Pd/SiO_2의 경우와 달리 고온 환원 후에도 Pd의 소결이 심하지 않았다. TiO_2 조촉매가 고온에서 Pd의 소결을 억제하는 사실도 별도의 관찰로 확인하였다.

다음에는 Si를 조촉매로 첨가하여 Pd 표면의 구조를 변화시킴으로써, 에틸렌 선택도를 개선한 예를 설명하겠다. 수소로 환원한 Pd/SiO_2 촉매에 소량의 SiH_4 기체를 주입하면, SiH_4가 Pd 표면에 흡착한 수소에 의하여 분해되면서 Si가 얻어지는데, 이 Si는 Pd의 표면에만 선택적으로 증착한다(수소가 흡착하지 않은 SiO_2의 표면에서는 SiH_4가 분해하지 않고, 따라서 Si가 증착하지 않음). 증착한 Si는 아세틸렌 수소화 반응에 활성이 없기 때문에, Pd 표면을 단지 구조적으로만 변형한다. Si 첨가에 의해 Pd 표면의 다중 흡착점이 단일 흡착점(isolated sites)보다 더 많이 감소한 사실을 별도의 적외선 관찰로 확인하였다.[18] 이 촉매들을 사용한 반응 결과(그림 4.9)에서는 모든 전환율에서 $Pd-Si/SiO_2$가 Pd/SiO_2보다 항상 높은 에틸렌 선택도를 보였는데, 이는 조촉매 Si가 Pd 표면의 구조를 바꾸면서(다중 흡착점 감소) 경로 4와 5를 억제하였기 때문이다.[19] 여기서 특기할 점은 동일한 반응조건(그림에서 같은 숫자로 표시된 점은 같은 반응조건에서 얻은 결과임)에서 $Pd-Si/SiO_2$가 Pd/SiO_2의 경우보다 다소 낮은 전환율을 보이는 사실인데, 이는 $Pd-Si/SiO_2$의 경우에 수소화 반응활성이 없는 Si가 촉매 표면의 일부를 덮고 있기 때문이다. 따라서 Si를 조촉매로 사용할 때는 이로 인한 전환율 감소와 선택도 증가 효과를 모두 고려하여 적절한 양을 첨가해야 한다.

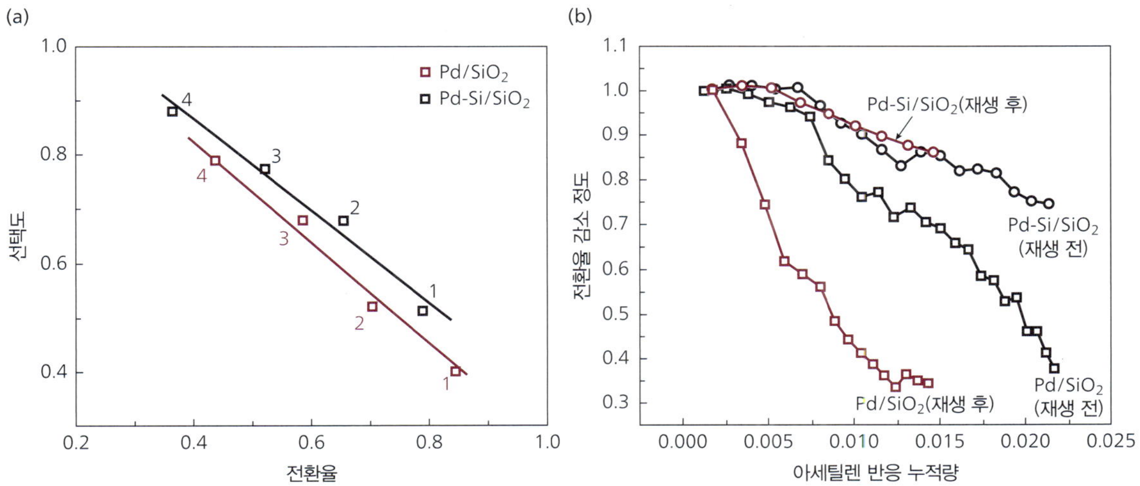

그림 4.9 (a) Si 첨가에 따른 Pd 촉매의 에틸렌 선택도[19] 및 (b) 비활성화 개선.[20]

그림 4.2에서 설명한 바와 같이 촉매 표면에 흡착한 두 분자의 아세틸렌이 반응하여 1,3-부타디엔을 형성하는 경로 5는 에틸렌 선택도를 낮출 뿐만 아니라 그린오일의 생성을 통하여 촉매의 비활성화를 초래한다. 따라서 그림 4.9b에서는 Si의 첨가 여부에 따른 각 촉매(Pd-Si/SiO_2와 Pd/SiO_2)의 비활성화 속도를 비교하였다. 이 그림은 동일한 양의 아세틸렌을 전환시킨 후 얻은 두 촉매의 반응활성을 비교한 것이다. Si를 포함한 촉매는 그렇지 않은 촉매보다 초기 활성이 낮기 때문에, 그림에서는 동일한 양의 아세틸렌을 전환시켰을 때(즉, Pd-Si/SiO_2를 Pd/SiO_2보다 더 오래 반응시킴)를 기준으로 두 촉매의 비활성화 정도를 비교하였다.[20]

그림 4.9b에서 보면, 촉매의 비활성화 속도는 Si를 첨가한 경우(Pd-Si/SiO_2)에 그렇지 않은 경우(Pd/SiO_2)보다 훨씬 느리며, 두 촉매 간의 성능 차이는 촉매를 재생 처리한 후에 더욱 심해진다. 즉, Pd/SiO_2는 재생 후에 비활성화 속도가 크게 빨라지는 데 비하여, Pd-Si/SiO_2는 재생 후에도 재생 전과 마찬가지로 비교적 느린 비활성화 속도를 유지한다. 재생 전에 두 촉매의 비활성화 속도가 다른 까닭은 Si 조촉매가 Pd 표면의 다중 흡착점을 줄여준 탓이다. 한편, 재생 후에 두 촉매 간에 더욱 큰 차이를 보이는 까닭은, Pd/SiO_2의 경우에는 Pd 입자가 촉매 재생 과정에서 심하게 소결되는 데 비해 Pd-Si/SiO_2는 Si 조촉매가 Pd 입자의 소결을 억제하기 때문이다.

위에서는 TiO_2와 Si가 Pd 표면을 각각 전자적 또는 구조적으로 변형시키는 사례를 들어 조촉매의 역할을 설명하였다. 그러나 조촉매에 따라서는 두 가지 효과를 동시에 갖는 경우도 있다.[21,22]

연습 문제

1. 아세틸렌의 선택적 수소화 반응은 메탄제거장치의 위치에 따라 front-end 공정과 tail-end 공정 두 가지로 나누어진다. 각 공정의 특징과 이때 사용되는 촉매의 종류 및 각 공정의 장단점에 대해 설명하라.

2. 전이금속촉매 선정 원리(Sabatier의 원리)에 대하여 설명하고, tail-end 방식의 아세틸렌 수소화 반응에서 Pd 촉매가 주로 사용되는 이유를 위의 논리에 근거하여 설명하라.

3. 수소화 반응에는 주로 금속촉매가 사용된다. 그 이유를 제2장에서 배운 촉매 선정의 원리를 기반으로 설명하라.

4. 금속담지촉매를 제조하는 주요한 세 가지 방법에 대해 그 원리를 설명하고, 각 방법의 장단점을 비교하라.

5. 촉매의 선택도 향상 또는 활성저하를 억제하기 위한 목적으로 조촉매를 첨가하는데, 조촉매의 역할에 대해 그림 4.2에 제시된 아세틸렌 수소화 반응 메커니즘을 기준으로 설명하라.

6. 아래의 아세틸렌 선택적 수소화 반응에서는 다양한 Pd 담지촉매가 사용된다. 아세틸렌 선택적 수소화 반응용 촉매인 Pd-Ti/SiO_2의 각 성분별 역할을 간단히 서술하라(4장 내용 참조).

아세틸렌 선택적 수소화 반응

$$C_2H_2 \xrightarrow{+H_2} C_2H_4 \xrightarrow{+H_2} C_2H_6$$

7. 아세틸렌 선택적 수소화 반응에서 동일 촉매를 사용하고 수소 분압만 2배 증가하였다면, 에틸렌 선택도와 촉매 활성저하 현상이 어떻게 변하는지를 그림 4.2에 제시된 아세틸렌 수소화 반응 메커니즘을 토대로 서술하라.

제5장

프로필렌 부분산화

Partial Oxidation of Propylene

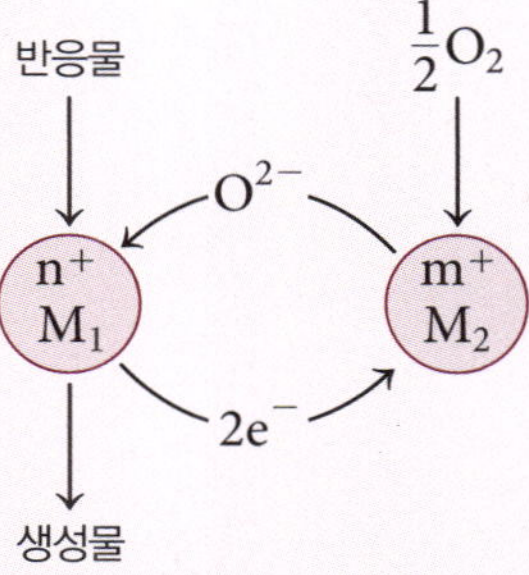

부분산화 반응을 설명하는
Mars와 van Krevelen 메커니즘

학습 차례

› 개요

석유는 크게 나누어 아래 세 가지 제품의 기초 원료로 쓰인다. 1) 휘발유나 디젤과 같은 다양한 에너지 자원, 2) 폴리에틸렌이나 나일론과 같은 고분자 재료, 3) 다양한 기능성 화학 제품의 원료이다. 기능성 화학제품을 얻으려면 원료를 적절히 부분 산화 또는 환원시켜야 하는데, 이 장에서는 대표적인 예로서 “프로필렌의 부분산화” 반응에 대하여 집중적으로 설명하겠다.

촉매는 Bi-Mo 또는 V-Mo 복합산화물인데, 표면에서 진행되는 세 가지 기본 단계를 통하여 프로필렌의 부분 산화반응과 촉매 표면의 재생이 지속적으로 이루어진다. 이 장의 내용은 다소 복잡해 보이지만, 같은 계열의 촉매를 사용한 다른 부분 산화 반응의 경우에도 동일한 단계를 거치기 때문에, 그 지식의 응용 범위가 넓다.

› 핵심 지식

산화-환원(redox) 반응, Mars–Krevelen 반응기구, 격자 산소의 이동(lattice-oxygen migration), 열점(hot spot), 이탈(run away)

5.1 산화공정의 필요성

제3장에서 설명한 것처럼 석유자원은 대부분이 LPG, 휘발유, 등유, 중유와 같은 연료유로 이용되거나, 폴리에틸렌(PE), 폴리프로필렌(PP), 폴리스티렌(PS)과 같은 고분자의 원료로 쓰이지만, 일부는 산화물로 전환되어 다양한 화학제품의 원료로 사용되기도 한다. 예를 들어, 에틸렌을 산화하여 얻은 에틸렌 옥사이드(ethylene oxide, EO)는 자동차의 부동액이나 비이온성 계면활성제의 원료가 되고, 프로필렌의 산화물 중에서 아크로레인(acrolein, An), 아크릴산(acrylic acid, AA), 아크릴로니트릴(acrylonitrile, AN) 등은 고급 플라스틱, 페인트,

표 5.1 석유화학 산업의 대표적인 산화공정

반응물 / 생성물	촉매
나프탈렌 $+ \frac{9}{2}O_2 \longrightarrow$ 무수프탈산 $+ 2CO_2 + 2H_2O$	V_2O_5
o-자일렌(CH_3, CH_3) $+ 3O_2 \longrightarrow$ 무수프탈산 $+ 3H_2O$	V_2O_5
벤젠 $+ \frac{9}{2}O_2 \longrightarrow$ 무수말레인산 $+ 2CO_2 + 2H_2O$	$V_2O_5 + MoO_3$
$CH_3OH + \frac{1}{2}O_2 \longrightarrow HCHO + H_2O$ (HCHO: 아세트알데히드)	$Fe_2(MoO_4)_3 + MoO_3$ 또는 Ag
$H_2C{=}CH_2 + \frac{1}{2}O_2 \longrightarrow H_2C{-}CH_2$ (O 고리) (산화에틸렌)	Ag
$H_2C{=}CHCHO + \frac{1}{2}O_2 \longrightarrow H_2C{=}CHCO_2H$ (아크릴 산)	Mo 복합산화물
$H_2C{=}CHCH_3 + O_2 \longrightarrow H_2C{=}CHCHO$ (아크로레인) $+ H_2O$	Mo 복합산화물
$H_2C{=}CHCH_3 + NH_3 + \frac{3}{2}O_2 \longrightarrow H_2C{=}CHCN + 3H_2O$ ($H_2C{=}CHCN$: 아크릴로니트릴)	Mo 복합산화물

접착제, 아크릴 섬유 등의 원료가 되며, benzene, xylene, naphthalene 등을 산화하여 얻은 말레인산(maleic acid, MA), 프탈산(phthalic acid, PA)은 플라스틱 가소제, 계면활성제, 폴리에스터 섬유 등의 원료가 된다. 이처럼 석유에서 1차로 얻은 탄화수소를 그대로 사용하는 대신, 이를 산화물로 전환하여 부가가치가 높은 제품을 생산하는 경우가 늘어나고 있다. 표 5.1에는 석유화학 산업의 대표적인 산화공정을 수록하였다.

이 장에서는 위의 산화공정들 중에서 프로필렌을 산화하여 아크로레인이나 아크릴로니트릴을 얻는 공정에 대하여 살펴보겠다. 특히 아크릴로니트릴은 나일론, 폴리에스터와 함께 3대 합성섬유로 불리는 아크릴 섬유의 원료이고, 또한 고급 플라스틱, 합성고무의 원료이므로 산업적으로 매우 중요하다. 위의 공정을 대표로 선정한 또 다른 이유는, 여기에 사용되는 Bi–Mo 복합산화물 촉매가 다른 산화공정용 촉매의 경우에도 그대로 적용될 수 있는 대표적 특성을 갖기 때문이다. 따라서 이 촉매에 대하여 설명함으로써 독자들이 다른 유사 공정의 촉매를 이해하는 데에도 도움을 주고자 한다.

5.2 부분산화 반응

프로필렌을 산화하면 아크로레인이 생성되고, 이를 더 산화하면 아크릴산이 얻어지며, 더욱 산화하면 결국 완전연소가 일어나 모든 반응물이 CO_2와 물로 변한다. 한편, 부분산화 과정에서 아세트산, 아세트알데히드 등과 같이 원하지 않는 부산물도 얻어진다. 산화 반응은 심한 발열 반응이므로(An 생성열: 368 kJ/mol), 공정 중에 발생한 열이 쌓여 반응온도가 급격히 오르기 쉽다.

$$\text{propylene} + O_2 \longrightarrow \text{acrolein} \xrightarrow{+O_2} \text{acrylic acid} \xrightarrow{+O_2} CO_2 + H_2O \qquad (5.1)$$

프로필렌과 암모니아의 반응으로 아크릴로니트릴을 얻는 경우("암모니아첨가 산화 반응" 또는 "ammoxidation"이라고 함)도 마찬가지여서, 부분산화 과정에서 시안산과 아세토니트릴 등의 부산물이 생기고, 산화 반응이 끝까지 진행되면 연소가 일어난다. AN 생성열은 510 kJ/mol이다.

$$\text{propylene} + O_2 + NH_3 \longrightarrow \text{acrylonitrile} \xrightarrow{+O_2} CO_2 + NO_x + H_2O \qquad (5.2)$$

따라서 이 공정에서는 완전 산화 반응(full oxidation)을 막고 원하는 중간 생성물을 최대로 얻어야 하는데, 이를 위하여 두 가지 노력이 필요하다. 하나는 공정의 운전조건을 최적화하는 것(예를 들어, 산소의 분압을 낮추거나 반응온도를 일정하게 유지하는 것)이고, 다른 방법은 원하는 중간 생성물의 선택도가 높은 촉매를 개발하는 것이다.

5.3 촉매

1. 복합 산화물: Redox 반응

위의 반응들은 모두 프로필렌 분자의 골격에 전기음성도가 큰 산소(O) 또는 질소(N)를 첨가하는 반응이다. 촉매는 이들 원자를 표면에 흡착한 C_3 반응물(프로필렌)에게 주면서(산화) 동시에 자신은 전자를 잃게(환원) 된다. 그러나 촉매는 자신이 잃은 전자를 반응물로 공급된 산소에서 보충하며 다시 산화가 되고, 이어서 표면에 흡착한 C_3 반응물을 산화시키는 위의 현상이 반복된다. 따라서 위의 반응에 적합한 촉매 후보는 이와 같은 "redox" 반응(2.5절에서 설명함)을 쉽게 실행할 수 있는 물질들이다. 예를 들어, Mo, Bi, Fe, Sb, U, Sn, Co, Ni, Ti 등의 금속은 산화수(valence)가 잘 변하기 때문에 이들을 촉매 후보로 우선 고려할 수 있다.

이 후보 물질들 중에서 촉매로 사용하기에 적합한 것을 찾기 위한 노력의 한 예를 소개하겠다. Matsuura는[23] ammoxidation 공정용 금속산화물 촉매의 반응활성과 선택도가 올레핀에 대한 촉매의 흡착열과 흡착 엔트로피에 따라 거의 선형적으로 변화함을 발견하고, 여러 가지 금속산화물을 촉매로 사용하여 프로필렌 ammoxidation 반응의 활성과 선택도를 측정하였다. 그 결과, 올레핀에 대한 흡착열과 흡착 엔트로피가 낮은 $FePO_4$ 촉매는 선택도는 높으나 활성이 낮았고, 반면에 흡착열과 엔트로피가 높은 $Fe_4Bi_2O_9$와 Fe_3O_4는 활성은 높으나 선택도가 낮았다. 다시 말해서, 반응물(프로필렌)이 촉매의 표면에 약하게 흡착하면 반응활성이 낮아지고, 반대로 표면에 강하게 흡착하면 활성은 높지만 선택도가 낮았다. 한편, 올레핀에 대한 흡착열과 흡착 엔트로피가 중간 크기인 촉매들(예를 들어, $FeAsO_4$, $BiMoO_6$, $FeSbO_4$, Sb_2O_4/SnO_2, USb_3O_{10})의 활성과 선택도는 모두 적당한 크기를 보임으로써, 이들이 적합한 촉매 후보 물질임을 나타냈다. 이 결과는 앞에서(제4장) 설명한 전형적인 volcano plot의 특성을 보이는 것으로서, 이러한 선별 과정을 거쳐 적합한 촉매 물질을 찾을 수 있다.

표 5.2 프로필렌 산화용 촉매

반응물	생성물	촉매
propylene + O_2	acrolein	Bi−Mo 산화물 + Fe, Ni, Co, K, P, B, W, Sb
propylene + O_2	acrylic acid	V−Mo 산화물 + Al, Cu, As, W, Fe, Mn, Mg, P, Ce, Zn, U
propylene + NH_3 + O_2	acrylonitrile	Bi−Mo, V−Mo 산화물 + 금속 이온(Ni, Co, Fe) + 알칼리 금속 + 알칼리 토금속 + P, As, Sb, Al, W, Ag, Mn

위와 같은 일련의 연구들을 통하여 그동안 프로필렌 산화용으로 개발된 촉매들을 표 5.2에 수록하였다. 이들은 매우 다양한 조성을 갖지만, 그중에서 Bi_2O_3−MoO_3 복합 산화물이 산업에서 가장 많이 쓰이는 촉매이므로, 아래에서는 이를 중심으로 설명하겠다.

MoO_3 결정은 정팔면체(octahedron)의 기본 단위가 연속적으로 이어진 구조를 갖는다. 기본 단위는 정팔면체의 중심에 있는 Mo 원자가 꼭짓점에 위치한 6개의 산소와 결합한 것인데, 이들이 사방으로 연결되면 인접한 두 개의 Mo 원자들이 6개의 산소 원자를 공유하게 되므로 결정의 화학식은 MoO_3가 된다. Bi_2O_3의 기본 단위는 삼각형의 중심에 있는 Bi 원자가 세 꼭짓점의 산소와 연결된 형태이고, 여기서도 인접한 두 개의 Bi 원자가 3개의 산소 원자를 공유해서 화학식은 Bi_2O_3가 된다. 한편, Bi_2O_3−MoO_3 복합 산화물은 MoO_3와 Bi_2O_3의 기본 단위가 서로 번갈아 연결된 구조를 갖는데, 촉매를 구성하는 Bi와 Mo의 함량이 바뀌면 결정 구조도 다양하게 바뀐다.

이렇게 Mo와 Bi 산화물의 기본 단위가 서로 연결되다가 결정의 끝인 표면에 이르거나 또는 결정 중에서 결함이 있는 부분에 이르면, 금속과 결합하지 못한 산소가 생긴다. 이 산소들은 결정에 참여하는 산소보다 반응성이 높아서, 만일 근처에 적절한 반응물(예: 프로필렌)이 있으면 즉시 이를 산화시킨다. 이 산화 반응이 얼마나 잘 진행될지는 촉매 중의 산소가 프로필렌과 얼마나 잘 결합하며 떨어져 나가는지에 따라 결정이 되는데, 다행히 Mo와 Bi는 산화수가 잘 변하는(산소를 잘 주고받는 또는 redox 기능이 큰) 금속이므로 반응이 잘 진행된다.

2. 표면 반응의 단계: Mars와 van Krevelen 메커니즘

$Bi_2O_3-MoO_3$ 촉매의 특성을 쉽게 이해하기 위하여 아래에서는 촉매 표면에서 진행되는 반응을 몇 단계로 나누어 설명하겠다.[24] 이 반응들은 실제로는 거의 동시에 일어나지만, 이해를 돕기 위하여 이들을 단계별로 나누고, 각 단계를 개별 그림으로 나타내어 그림 5.1에 수록하였다. 우선 아크로레인 제조에 대하여 설명하고, 다음에 아크릴로니트릴의 경우를 다루겠다.

(1) 프로필렌이 촉매 표면에 흡착하면[그림에서 (I)로 표시], 자신이 가진 수소 원자 하나를 Bi와 결합한 산소에게 주면서(II), 자신은 알릴(allyl) 중간체의 형태로 Mo 원자 주위에 배위가 된다(III). Bi와 결합했던 산소는 프로필렌에게서 수소를 받아 −OH가 되면서 Bi와의 결합이 끊어진다(IV). 이렇게 산소 원자를 잃은 Bi는 산화수가 감소한 환원 상태가 된다.

(2) 1단계의 결과로 Mo에 배위된 알릴 중간체는 Mo와 이중결합으로 연결된 두개의 산소 원자(=O)와 각각 아래의 반응을 한다. 첫째로, 알릴 중간체 중의 수소 원자가 Mo의 산소 원자와 반응함으로써, 그동안 Mo와 이중결합으로 연결되었던 산소가 −OH 형태의 단일결합으로 바뀐다(V).

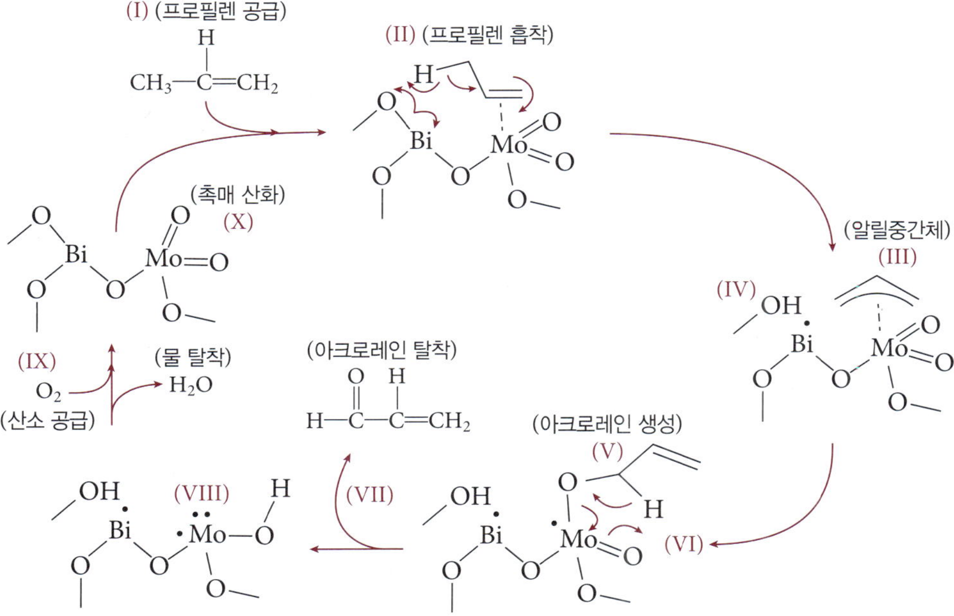

그림 5.1 $Bi_2O_3-MoO_3$ 촉매 표면에서 프로필렌 산화에 의한 아크로레인(An)의 합성.[24]

둘째로, 이렇게 수소 원자를 내어 준 알릴 중간체는 Mo와 이중결합을 한 다른 산소 원자와 반응하여 아크로레인이 된다(VI). 결국, 두 번의 반응 결과로 알릴 중간체는 아크로레인이 되어 촉매 표면에서 탈착하고(VII), Mo는 초기에 두 개의 산소 원자와 이중결합을 했던 총 4개의 결합자리 중에서 한 개의 −OH 단일결합만을 제외하고 나머지 3개는 결합하지 않은 빈자리가 된다(VIII). 위에 설명한 2단계의 반응들은 가역적으로 진행되는 것으로 알려졌다.

(3) 1, 2단계에서 생긴 Bi와 Mo 금속 원자의 빈 결합자리들은 촉매가 반응물인 산소에 의하여 산화되면서 채워지고(IX), 촉매는 다시 반응 초기의 산소 결합을 갖게 된다(X). 공정이 정상상태에 있을 때 위의 1~3단계는

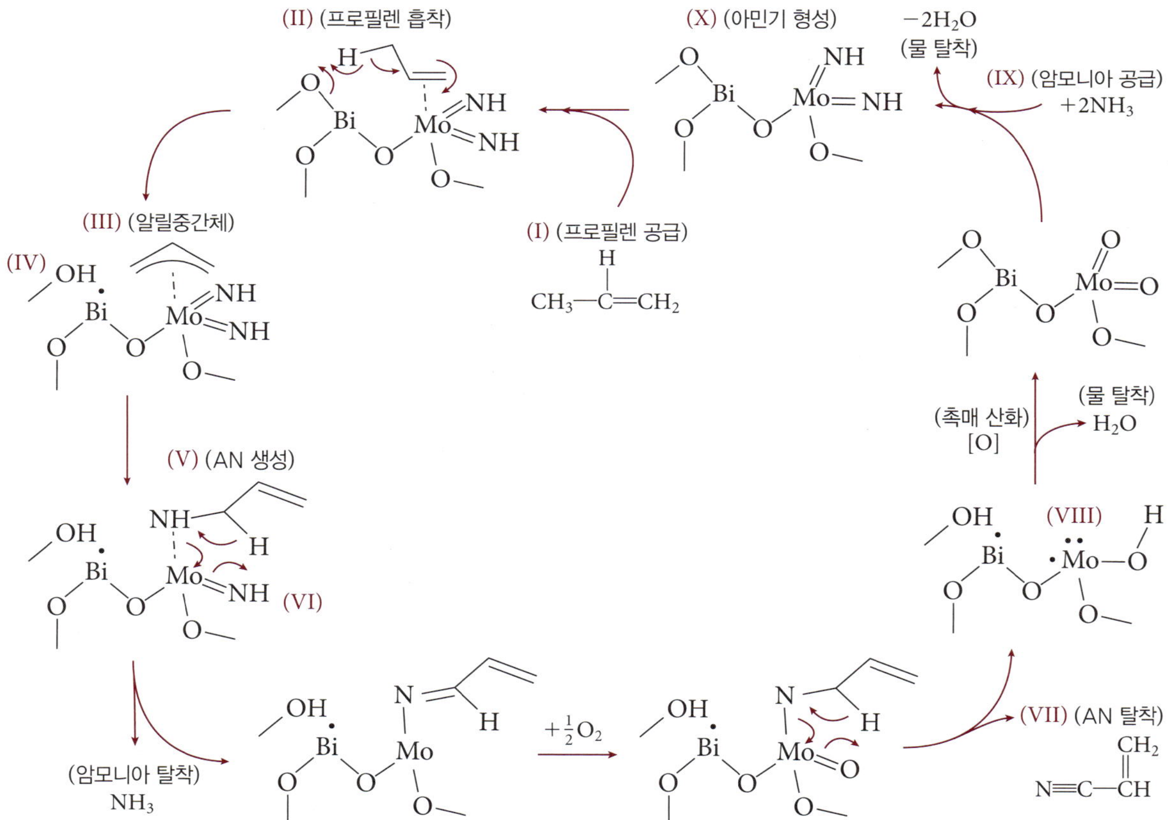

그림 5.2 $Bi_2O_3-MoO_3$ 촉매 표면에서 프로필렌 산화에 의한 아크릴로니트릴(AN)의 합성.[24]

반복하여 일어나고, 결국 반응물인 프로필렌과 산소가 소모되어 생성물인 아크로레인과 물이 생긴다.

위에서 설명한 표면 반응의 단계는 아크릴로니트릴을 합성하는 ammoxidation 경우(그림 5.2)에도 그대로 적용이 된다. 단지 아크릴로니트릴 합성의 경우에는 알릴 중간체가 Mo와 이중결합한 두 개의 아민(=NH)기와 반응[아크로레인 제조의 경우에는 이중결합한 두 개의 산소 원자(=O)와 반응]하는 것만이 다를 뿐인데, 이는 생성물인 아크릴로니트릴을 얻기 위하여 당연히 거쳐야 할 과정이다. 두 아민기는 Mo와 결합하였다가 하나는 프로필렌과 결합하고(V), 다른 하나는 NH_3 분자로서 Mo에서 분리된다(VI). 아민기를 잃은 Mo는 산소 보충 과정을 거쳐(VIII, IX) 초기의 산화물로 복원된 후, 다시 원료로 공급된 NH_3와 반응을 하여 두 개의 아민기를 갖춘 상태가 된다(X). 그 후 촉매는 프로필렌과 반응하면서 (I) ammoxidation의 과정(I $\rightarrow$ VI)을 되풀이한다.

따라서 촉매에서 일어나는 반응은 크게 세 가지이다. 첫째는 표면에 흡착한 프로필렌에서 수소를 빼앗아 이를 알릴 중간체로 만드는 과정인데, Bi 금속의 주위에서 일어난다. 둘째는 알릴 중간체가 촉매에서 산소(=O) 또는 아민(=NH)을 받아 생성물인 아크로레인 또는 아크릴로니트릴을 만드는 과정인데, 이는 Mo를 중심으로 진행된다. 셋째는 위의 과정에서 생긴 촉매의 산소 부족 현상(또는 빈 결합자리)을 해소하는 과정인데, 이는 Bi와 Mo 성분에서 다 일어난다. 첫째와 둘째 반응은 각각 Bi와 Mo을 중심으로 진행되지만, 두 금속은 격자 산소에 의하여 연결되어 있기 때문에 이를 통하여 서로 산소와 전자를 교환하며 영향을 준다. 위의 메커니즘은 초기 제안자의 이름을 따라 "Mars와 van Krevelen 메커니즘"이라고 불리는데, 이를 그림 5.3에 나타냈다.[25]

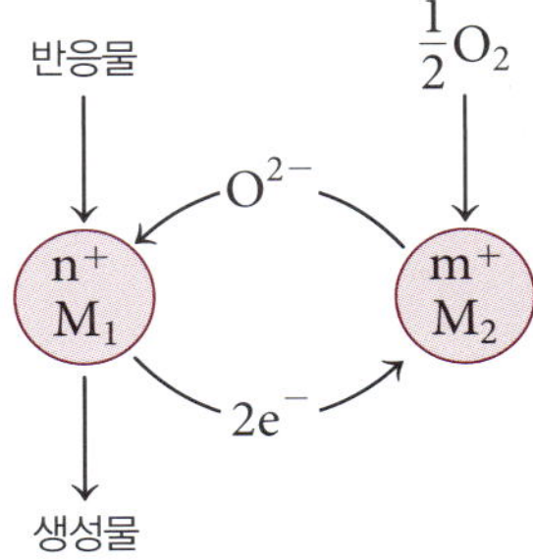

그림 5.3 부분산화 반응을 설명하는 Mars와 van Krevelen 메커니즘.

3. 격자산소의 이동 *Lattice-Oxygen Migration*

촉매의 산소 결손을 해소하는 세 번째 반응은 반응물로 공급된 산소가 촉매 내부의 격자산소와 자리바꿈을 하면서 결정의 빈자리와 비틀린 부분을 따라 이동을 하고, 그렇게 이동한 산소가 첫째와 둘째 반응에서 소모된 격자산소를 보충하면서 진행되는 것으로 알려졌다.[26] 산소가 촉매 내부를 이동하여 반응에 참여한다는 이 설명은 아래의 실험 결과로 뒷받침된다. 그림 5.4는 일반 산소인 O^{16}로 구성된 $Bi_2O_3-MoO_3$ 촉매 위에 동위원소 산소($O_2{}^{18}$)와 프로필렌을 반응물로 흘릴 때 얻는 생성물(아크로레인)을 관찰한 것이다.[27,28] 만일, 산화 반응이 촉매 표면에 흡착한 기상 산소에 의하여 진행된다면, 반응물로 공급한 O^{18}은 반응 초기부터 생성물 아크로레인에 포함될 것이다. 반면에 아크로레인이 촉매 중의 격자산소(O^{16})와 프로필렌의 반응으로 생성된다면, 초기에는 O^{16}을 포함한 아크로레인이 얻어지다가 시간이 지나 촉매 중의 격자산소가 점차 O^{18}로 치환이 되면서, O^{18}을 포함한 아크로레인이 생성될 것이다. 그림 5.4의 결과는 O^{18}를 포함한 아크로레인(그림에서 $CO^{18}O^{16}$ 생성물)이 시간에 따라 서서히 증가함을 보여줌으로써, 위의 두 경우 중에 후자가 타당함을 알려 준다.

위의 사실로부터 우리는 부분산화 반응에서 촉매의 선택도를 개선하는 방법에 대한 힌트를 얻을 수 있다. 금속산화물의 표면에 산소 기체가 직접 흡착하여 생긴 산소 활성종들(예를 들어, O_2^-, O^-, $O^=$)은 대개 반응성이 커서 산화 반응을 빨리 일으키고, 그 결과로 부분산화 반응의 선택도를 낮춘다. 반면에 촉매 내

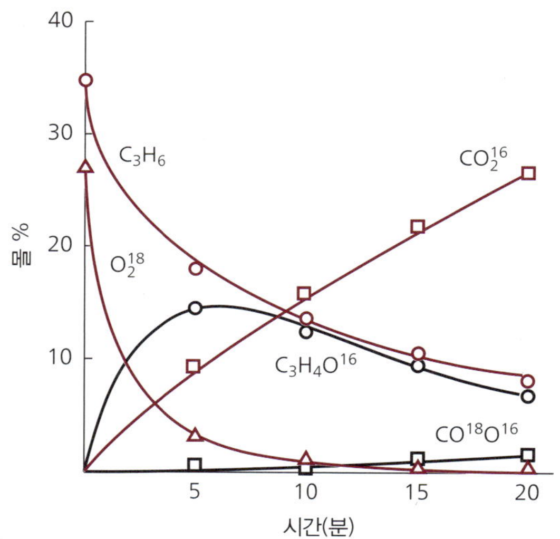

그림 5.4 동위원소 실험 결과.[27]

에서 격자산소와 자리바꿈을 하며 이동하는 산소는 그 이동속도가 느리기 때문에, 이들이 표면까지 이동하여 일으키는 산화 반응의 속도도 함께 느려지고, 결국 이로 인하여 촉매의 선택도가 영향을 받는다. 한편, 촉매 내의 산소 이동속도는 촉매의 결정 구조와 격자산소의 빈자리 등에 따라 달라지는데, 이는 촉매에 첨가하는 조촉매의 성분과 양으로 조절할 수 있다. 따라서 조촉매의 첨가 조건은 촉매의 선택도를 개선하는 중요한 수단이 된다.

앞에서 제시한 표 5.2에는 문헌에 보고된 프로필렌 부분산화용 촉매의 조성을 정리하였는데, 대부분이 Bi와 Mo의 복합 산화물을 주성분으로 하고 여기에 다양한 조촉매가 사용됨을 알 수 있다. 이들 조촉매의 구체적인 역할은 산업 비밀로 보호되어 있어 쉽게 알 수 없지만, 지금까지 진행된 많은 연구를 토대로 어느 정도 추론할 수 있다. 예를 들어, 조촉매 중의 Fe^{2+}/Fe^{3+}와 Ce^{3+}/Ce^{4+} 비를 바꾸면 격자산소가 촉매 내부에서 표면으로 이동하는 속도를 변화시킬 수 있고, K와 같은 알칼리 금속을 첨가하면 산소의 반응성이 증가한다. 이와 같은 노력들이 쌓여 프로필렌 산화공정용 촉매는 그동안 크게 발전하였다. 즉, 1950년대에 처음 개발된 Cu 산화물 촉매는 아크로레인의 선택도가 약 25%이던 것이 1960년대에 Bi–Mo 산화물 촉매가 나오면서 선택도가 50%로 증가했고, 1990년대에는 여기에 Fe, Ni, K를 첨가한 촉매가 개발되어 선택도가 90% 이상으로 높아졌다. Ammoxidation 공정에서도 Co^{2+}, Ni^{2+}, Fe^{3+} 등의 양이온을 조촉매로 포함한 Bi–Mo 산화물 촉매가 AN의 선택도 80% 이상을 보인다.

촉매는 담지되거나 또는 기공이 큰 다공성 입자의 형태로 사용된다. Ammoxidation 공정은 반응온도를 정확히 제어하기 위하여 유동층 반응기를 사용하기 때문에, 촉매 입자가 반응기 내에서 격렬히 충돌하면서 마모되기 쉽다. 따라서 촉매의 마모를 최소화하기 위하여 촉매 성분을 고강도의 실리카(SiO_2)에 담지하여 사용한다. 촉매를 제조하는 방법은 금속 성분이 녹아 있는 수용액의 pH를 조절하여 금속 산화물을 침전시키는 전통적인 침전법이다.

5.4 공정의 설계와 운전

1. 산화공정의 hot spot/run away

고정층 반응기 내에서 발열 반응이 진행될 때 열이 반응기 밖으로 빨리 제거되지 않으면, 반응기의 온도는 축 방향에 따라 점차 증가하고 반응속도도 함께 빨라진다. 그러나 반응기의 후반부에 이르러 반응물이 거의 소진되고 그 결과로 반응물 농도가 낮아지면, 반응속도가 느려지면서 온도는 다시 내려가게 된다. 이처럼 반응기 내에서 온도가 급격히 상승했다가 내려가는 부분을 "열점 또는 고온점(hot spot)"이라고 하는데, 이 점이 생기면 원하는 생성물의 선택도가 낮아지므로 이를 방지해야 한다. 특히 산화 반응과 같이 반응열이 매우 큰 경우에는 열점의 온도가 계속 높아져서 자칫 폭발사고로 이어질 수 있기 때문에 특별히 주의해야 한다.

열점이 생기는 까닭은 반응기 내의 열 발생 속도(Q_g)가 밖으로 제거되는 속도(Q_r)보다 커서($Q_g > Q_r$), 결국 열이 반응기 내에 축적되기 때문이다. 따라서 이를 방지하려면 Q_g와 Q_r을 같게 유지함으로써($Q_g = Q_r$), 반응기 온도가 시간에 따라 변하지 않도록 해야 한다. 이렇게 얻는 조업조건을 정상상태(steady-state)라 부르는데, 아래에서는 정상상태의 유형에 대하여 살펴보겠다.

Q_g와 Q_r을 각각 반응온도(T)의 함수로 표시하면 식 (5.3)과 식 (5.4)와 같다. 즉, 열 발생 속도(Q_g)는 반응기 내에서 진행하는 반응의 속도($-r$)에 비례하므로, $Q_g = (-r) \cdot \Delta H_r = k \cdot f(C) \cdot \Delta H_r$이다. 여기서 ΔH_r은 반응물(프로필렌) 1몰당의 반응열이고, 반응속도($-r$)는 속도 상수(k)와 반응물 농도(C)의 함수[$f(C)$]로 표시된다. $f(C)$ 함수는 반응에 따라 다른데, 산화 반응과 같이 비가역 반응인 경우에는 흔히 C의 n차 반응으로 표시한다. 속도 상수(k)는 Arrhenius 식으로 표시되며, 반응온도(T)에 지수함수($e^{-E_a/RT}$)의 의존도를 갖는다. 한편, 반응기 내에서 발생한 열은 반응기 벽을 통한 열전달로 제거되며, 그 제거 속도(Q_r)는 반응기와 외부의 온도차($T - T_o$)에 비례한다.

$$Q_g = (-r) \cdot \Delta H_r = k \cdot f(C) \cdot \Delta H_r = k_o \cdot e^{-E_a/RT} \cdot f(C) \cdot \Delta H_r \qquad (5.3)$$

$$Q_r = h(T - T_o) \qquad (5.4)$$

위의 두 식을 그림 5.5에 표시하였다. 여기서 가로축은 반응기 온도(T)이고, 세로축은 반응기에서 열량이 발생(Q_g)하거나 또는 제거(Q_r)되는 속도이다. 먼저 Q_g에 대하여 설명하겠다. 반응온도(T)가 비교적 낮을 때(예를 들어, T_2 이하), T가 증가하면 반응속도가 빨라지고, 이와 함께 열의 생성속도(Q_g)도 증가한다. Q_g는 식 (5.3)에 따라 온도(T)의 지수함수로 증가한다. 그러나 온도가 매우 높은 영역(T_2 이상)에서는 반응물이 점차 소진되면서 Q_g의 증가 폭도 감소한다. 한편, 열의 제거속도인 Q_r은 Q_g의 경우와 달리 항상 T에 비례하여[식 (5.4)] 증가한다. 정상상태는 그림 5.5에서 Q_g와 Q_r의 두 선이 교차하는 점(예: T_1, T_2, T_3)에 해당

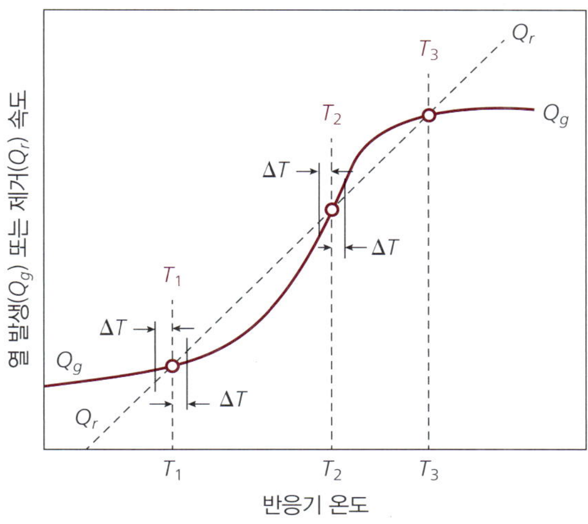

그림 5.5 산화공정에서 정상상태의 조건.

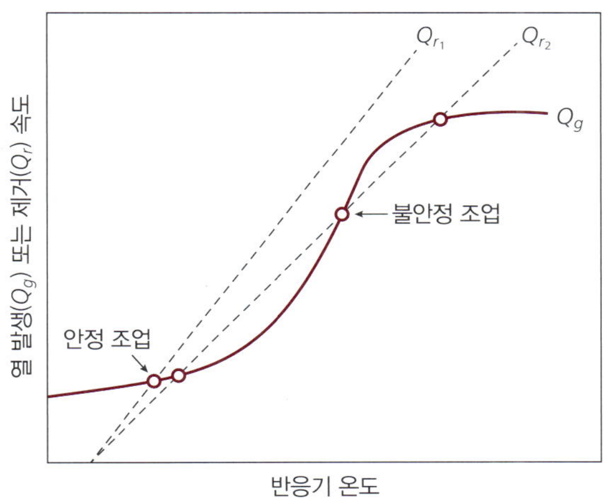

그림 5.6 공정의 안정도 확보 방법.

하는데, 이 조건에서는 생성되는 열량과 같은 양의 열이 제거되므로 반응기 온도가 일정하게 유지된다.

여기서 온도가 정상상태에서 조금씩 벗어난 경우를 살펴보자. 온도가 T_1에서 약간 낮아진 경우(그림에서 $T_1 - \Delta T$ 위치), 열의 생성 속도(Q_g)가 제거 속도(Q_r)보다 높아지므로($Q_g > Q_r$), 생성된 열량의 일부가 반응기에 축적되고, 그 결과로 온도는 높아져서 T_1으로 되돌아온다. 한편, $T_1 + \Delta T$인 경우에는 생성된 열량보다 더 많은 열이 제거되므로($Q_g < Q_r$), 온도는 낮아져서 역시 T_1으로 되돌아온다. 따라서 T_1은 공정조건이 여기서 약간 벗어나더라도 곧 원위치로 되돌아오는 "안정한" 정상상태이다.

또 다른 정상상태인 T_2의 경우를 보자. 온도가 $T_2 - \Delta T$로 벗어난 경우에는 $Q_g < Q_r$ 조건이 되어 온도가 더욱 낮아지고, 결국 초기의 T_2 정상상태로 되돌아오지 못한다. 반대로 온도가 $T_2 + \Delta T$인 경우에는 $Q_g > Q_r$ 조건이 되어, 온도가 더욱 높아지고 역시 T_2로 되돌아오지 못한다. 따라서 T_2는 공정조건이 여기서 약간이라도 벗어나면 원래의 위치에서 이탈(run away)해 버리는 "불안정한" 정상상태(unstable steady-state)이다. 만일 이와 같은 현상이 산화공정에서 일어나면, 반응기 내의 작은 온도 상승으로 인하여 공정이 쉽게 연소 반응으로 이탈할 수 있어서 위험해진다.

위에서 살펴본 예는 정상상태가 여러 개인 경우(그림 5.6에서 Q_{r_2}인 경우)인데, 특히 이럴 때 공정이 불안정해져 이탈이 일어날 수 있다. 따라서 이 문제를 해결하는 방법은, 그림 5.6에 보인 바와 같이 열량제거 속도(Q_r)를 바꾸어서 공정이 안정한 정상상태 하나만을 갖는 조건(예: Q_{r_1})에서 조업을 하는 것이다. 또 다른 방법은 부분산화와 연소 반응이 서로 다른 온도 영역에서 일어나도록 설계한 촉매를 사용함으로써 Q_r 함수에 관계없이 항상 안정한 정상상태 하나만 생기도록 하는 것이다. 이 방법의 핵심은 위의 조건을 충족하는 촉매를 개발하는 것인데, 실용화된 많은 촉매들이 이를 고려하여 개발되었다.

Ammoxidation 공정에서는 반응 온도를 정확히 제어할 수 있는 유동층 반응기를 사용한다. 유동층이란 용기 내의 작은 고체 입자들이 아래에서 유입되는 기체에 의하여 떠 있으면서, 마치 유체 안에 있는 것처럼 잘 혼합되는 상태를 말한다. 유동화된 촉매 입자들은 자기들끼리 빈번히 부딪치면서 반응에서 생긴 열을 반응 기체에 전달하므로, 반응 온도를 정확하게 제어할 수 있다. 즉, 위의 해석에서 온도가 정상상태에서 벗어나는 ΔT의 값을 매우 작게 해주는 것이다. 이 방법에서는 유동화된 촉매가 충돌 때문에 마모되는 것이 문제인데, 이것은 촉매를 고강도의 실리카에 담지하거나 촉매 중에 내마모성 재료를 첨가하여 해결한다.

› 예제 5.1

부분산화 반응이 진행될 때, 공정의 이탈을 방지하려면 공정이 불안정한 정상상태를 갖지 말아야 하는데, 이는 반응열의 생성속도(Q_g)와 이를 제거하는 속도(Q_r)가 같은 조건($Q_g = Q_r$)이 단일한 근(single root) 값을 가질 때 성립한다. 예를 들어, 공정의 열 발생속도는 $Q_g = k(T - T_o)^{1/2}$이고, 열 제거속도는 $Q_r = h(T - T_s)$라 하자. 여기서 T_o는 반응이 일어나기 시작하는(threshold) 온도이고, T_s는 반응기를 냉각하는 주변(surrounding)의 온도이다. 반응열의 생성속도(Q_g)는 반응물 농도(C)와 온도(T)에 의존하는 복잡한 함수이지만, $Q_g = f(T, C)$, 여기서는 이를 T만의 함수로 단순화하여 해석을 쉽게 하였다. 이 경우에 $Q_g = Q_r$이 단일한 근 값을 갖는 조건을 구하라.

› 풀이

$Q_g = Q_r$이므로,

$$k(T - T_o)^{1/2} = h(T - T_s) \quad \text{또는} \quad k^2(T - T_o) = h^2(T - T_s)^2.$$

위의 식을 풀어서 열거하면,

$$(T - T_o) = (h/k)^2(T - T_s)^2 = (h/k)^2(T^2 - 2TT_s + T_s^2).$$

즉,

$$(h/k)^2T^2 - [2T_s(h/k)^2 + 1]T + (h/k)^2T_s^2 + T_o = 0.$$

위의 식이 단일 근을 갖는 조건(이차방정식 $ax^2 + bx + c = 0$에서 단일 근을 갖는 조건은 $b^2 - 4ac = 0$)은

$$[2T_s(h/k)^2 + 1]^2 - 4(h/k)^2 \times [(h/k)^2T_s^2 + T_o] = 0.$$

즉,

$$4(h/k)^2[T_s - T_o] = -1.$$

따라서 답은 $h = k[1/4(T_o - T_s)]^{1/2}$ 또는 $T_s = T_o - (1/4)(k/h)^2$이다.

› 보충 설명

그림 5.7은 위의 해석 결과를 시각적으로 보인 것이다. 그림에서 세 개의 Q_r 직

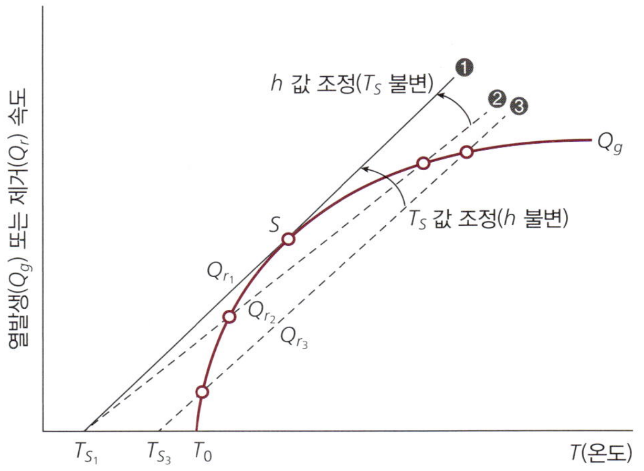

그림 5.7 온도에 따른 반응열 생성 또는 제거 속도.

선(Q_{r_1}, Q_{r_2}, Q_{r_3})은 T_s 또는 h 값이 다른 경우의 반응열 제거 속도를 나타낸다. 즉, 반응기의 주변 온도가 T_{s_1}, 열전도도가 h_1일 때는 Q_{r_1}이고, 주변 온도가 T_{s_1}, 열전도도가 h_2일 때는 Q_{r_2}, 주변 온도가 T_{s_3}, 열전도도가 h_1일 때는 Q_{r_3} 직선이 적용된다. 이처럼 반응기 주변의 온도(T_s)와 열전도도(h)를 조절하면 반응열의 제거 속도(Q_r)가 변하고, 그 결과로 $Q_g = Q_r$ 조건을 만족하는 단일한 정상상태(그림에서 Q_{r_1}의 조건에서 얻은 S 점)를 얻을 수 있으며, 이 경우에 공정의 이탈 현상이 없이 안전한 조업을 할 수 있다.

2. 미래의 산화공정

표 5.3에는 산업적으로 중요한 몇 개의 산화 화합물들에 대하여, 이를 현재 생산하는 방법과 미래에 달성하기를 희망하는 방법을 비교하여 수록하였다. 이 자료는 미래의 화학산업이 갈 방향을 제시한다고 볼 수 있는데, 이를 요약하면 아래와 같다.

(1) 공정의 기초 원료로, 현재는 알켄(olefin), 메탄올과 같이 반응성이 비교적 높은 화합물을 사용하지만, 미래에는 알칸(paraffin), 벤젠과 같이 반응성이 낮고 가격이 저렴한 화합물을 사용한다.

표 5.3 현재와 미래의 산화 공정 비교(예시)

생성물	현재 공정(반응물)	희망 미래 공정(반응물)
Methanol	Steam reforming (Methane, 2-steps)	Direct oxidation with O_2 (Methane, 1-step)
Ethylene	Cracking (Naphtha)	Oxidative coupling (Methane)
Propylene oxide	Chlorohydrin process (Propylene)	Oxidation with peroxide (Propylene, Iso-butane)
1,4-Butanediol	Reppe process (Acetylene)	Direct oxidation (*n*-Butane, Butadiene)
Tetrahydrofuran	Multi-step process (*n*-Butane)	Direct oxidation (*n*-Butane, *n*-Butene, Butadiene)
Phenol	Co-product with acetone (Benzene)	Co-product with formaldehyde (Toluene)
Styrene	Dehydrogenation (Ethyl benzene)	Dehydrogenative condensation (Toluene)
Methyl formate	Liquid-phase process (Methane)	Vapor-phase process (Methanol)

(2) 현재의 공정은 여러 단계를 거치지만, 미래에는 적은 단계를 거치고 따라서 부산물도 적다.

(3) 미래에는 공정의 온도와 압력도 낮아져서 에너지가 적게 들고 안전성이 증가한다.

위에 제시한 목표들은 대부분 새로운 촉매의 개발을 통하여 달성할 수 있는데, 이를 위한 연구들이 지금도 꾸준히 진행되고 있으며, 가까운 장래에 그 성과가 나올 것으로 기대된다.

연습 문제

1. 아래 반응식은 프로필렌의 부분산화로 아크로레인이 생성되고, 추가 산화 반응으로 아크릴산이 얻어진 뒤, 완전 연소가 일어나면 모든 반응물이 이산화탄소와 물로 변하는 것을 보여준다. 이 반응에서 주생성물인 아크로레인의 선택도를 높이기 위한 공정 조건을 간략히 서술하라.

$$\text{propylene} + O_2 \longrightarrow \text{acrolein} \xrightarrow{+O_2} \text{acrylic acid} \xrightarrow{+O_2} CO_2 + H_2O$$

2. 아래는 프로필렌과 암모니아로부터 아크릴로니트릴을 얻는 부분산화 반응식이다. 이 산화 반응도 끝까지 진행되면 완전연소가 일어난다. 아래 반응식에서 중간생성물인 아크릴로니트릴의 선택도를 높이기 위한 부분산화 반응용 촉매의 개선 방법을 서술하라.

$$\text{propylene} + O_2 + NH_3 \longrightarrow \text{acrylonitrile} \xrightarrow{+O_2} CO_2 + NO_x + H_2O$$

3. 프로필렌의 부분산화 반응을 통해 생산된 아크로레인, 아크릴산, 아크릴로니트릴 등은 고급 플라스틱, 페인트, 접착제, 아크릴 섬유 등의 원료가 된다. 이 반응들의 중간체가 원하는 생성물이기 때문에, 완전 산화 반응이 일어나지 않도록 복합산화물 촉매를 사용한다. 촉매로 사용할 수 있는 물질은 Mo, Bi, Fe, Sb 등이 촉매 후보로 우선 고려될 수 있다. 이 물질들이 촉매 후보로 고려될 수 있는 이유를 설명하라.

4. 프로필렌 부분산화에 의한 아크릴로니트릴 합성 반응 메커니즘에서 $Bi_2O_3-MoO_3$ 촉매 표면에서 일어나는 반응을 설명하라.

제6장

휘발유 개질

Gasoline Reforming

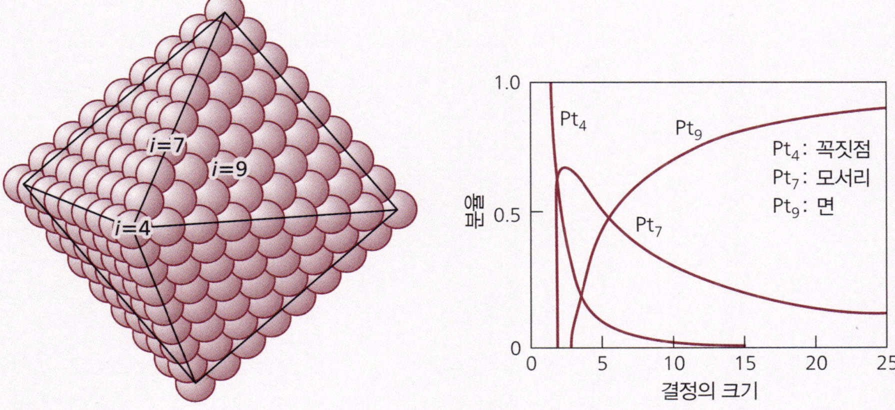

금속 촉매의 활성은 표면 원자의 배위수에 따라 민감하게 변한다.

학습 차례

개요

자동차의 연료인 휘발유는 석유에서 얻은 C_5~C_{10} 범위의 탄화수소를 개질(reforming) 처리하여 얻는데, 이렇게 제조한 휘발유의 품질은 흔히 옥탄가(octane number)로 표시된다. 옥탄가는 휘발유의 노킹 억제력(anti-knock property)을 표시하는 수치이고, 이는 다시 휘발유 성분의 함수이다. 정유 산업에서는 그동안 옥탄가가 높은 휘발유를 제조하기 위하여 촉매 기술을 포함한 여러 가지 공정 기술을 개발해 왔고, 그 결과로 오늘날 잘 설계된 생산시설에서 양질의 휘발유를 생산하고 있다.

휘발유의 옥탄가는 그 원료인 탄화수소의 종류와 조성에 따라 달라지기 때문에, 이를 개질하는 공정에서도 다양한 촉매들이 사용된다. 독자는 이 장의 학습을 통하여 개질 공정용 촉매의 핵심적인 기술 내용과 함께 이를 토대로 발전해 온 현재의 공정에 대하여 배울 것이다.

핵심 지식

옥탄가(octane number), 노킹 억제력(anti-knocking property), 개질 공정의 기본 반응, 이원 기능성(bi-functionality), 구조 민감성(structure sensitivity)

6.1 공정의 필요성

자동차의 연료로서 우리에게 익숙한 휘발유(gasoline)는 C_5~C_{10} 범위의 탄화수소로서, 내연기관의 엔진 속에서 흡입, 압축, 폭발, 배기의 네 공정을 거치면서 바퀴와 연결된 피스톤이 왕복운동을 하게 한다. 즉, 엔진에 흡입된 휘발유가 실린더 안에서 압축될 때 전기적 점화가 일어나면 폭발하면서 기체가 팽창을 하고, 이어서 배기, 흡입, 압축 과정을 반복하며 피스톤이 연속으로 움직이게 된다. 이와 같은 휘발유의 품질을 나타내는 지수로 옥탄가(octane number)가 쓰이고 있다. 휘발유가 엔진 속에서 압축될 때, 전기적인 점화를 하지 않아도 자연폭발을 하는 경우가 있는데 이를 노킹(knocking)이라 한다. 노킹은 피스톤의 일관된 움직임에 방해가 되기 때문에 이를 억제하는 것이 좋으며, 그 억제 능력을 노킹억제력(anti-knock property)이라고 한다.

옥탄가는 휘발유의 노킹억제력을 표시하는 하나의 척도이다. 일반적으로 옥탄가는 시료 휘발유와 동일한 노킹억제력을 보이는 표준연료(iso-octane과 *n*-heptane의 혼합물) 중에 포함된 iso-octane의 부피 %로 표시한다. 따라서 옥탄가 "100"은 순수한 iso-octane과 동일한 노킹억제력을 보이는 휘발유이고, 옥탄가 "0"은 *n*-heptane의 성능과 같은 휘발유를 뜻한다. iso-octane의 노킹억제력이 *n*-heptane보다 훨씬 좋으므로 옥탄가가 높을수록 휘발유의 품질은 좋아진다. 시료에 따라서는 옥탄가가 100보다 크거나 음(−)의 값을 갖는 경우도 있는데, 이는 시료의 노킹억제력이 iso-octane보다 더 좋거나 또는 *n*-heptane보다 나쁜 경우를 의미하며, 이 값은 위의 측정법에서 iso-octane과 *n*-heptane을 잇는 직선을 100 이상 또는 음(−)의 영역으로 외연하여 얻는다.

그림 6.1에는 정유공장에서 생산되는 각종 휘발유의 끓는점 성분에 따른 옥

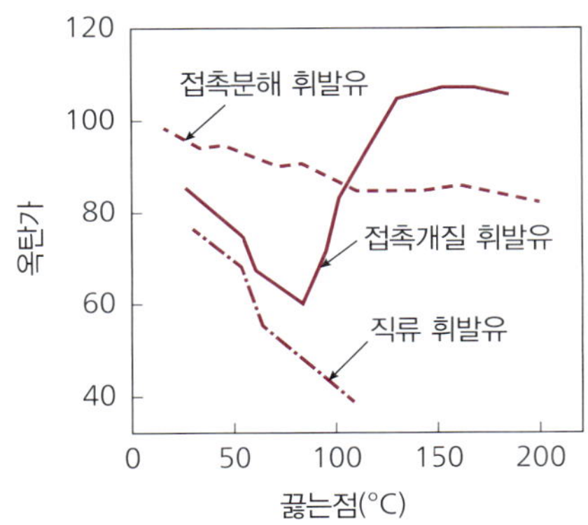

그림 6.1 각종 휘발유의 옥탄가 비교.

탄가를 보인다. 여기서 보듯이 원유를 직접 증류하여 얻은 직류 휘발유(straight-run gasoline)는 옥탄가가 매우 낮아서 80 이하이고, 접촉분해(catalytic cracking) 공정에서 얻은 분해 휘발유는 이보다는 높지만 그래도 100 이하의 값을 갖는다. 이에 비하여 개질(reforming) 공정에서 얻은 휘발유는 특히 끓는점이 100°C 이상인 경우에는 옥탄가가 최대 110에 이를 정도로 그 품질이 우수하다. 이처럼 같은 끓는점의 휘발유 성분이라도 옥탄가가 크게 다른 까닭은 이 성분들의 화학적인 구조가 다르기 때문이다.

6.2 반응 특성

1. 탄화수소의 옥탄가

표 6.1에서는 여러 가지 구조를 갖는 탄화수소들의 옥탄가를 나타냈는데, 그 값은 *n*-octane의 −19에서 1,3,5-trimethylbenzene의 171에 이르기까지 시료에

표 6.1 여러 가지 탄화수소의 옥탄가

탄화수소	옥탄가
paraffins:	
n-butane	113
n-pentane	62
n-hexane	19
n-heptane	0
n-octane	−19
2-methylhexane	41
2,2-dimethylpentane	89
2,2,3-trimethylbutane	113
naphthenes (cycloparaffins):	
methylcyclopentane	107
1,1-dimethylcyclopentane	96
cyclohexane	110
methylcyclohexane	104
ethylcyclohexane	43
aromatics:	
benzene	99
toluene	124
1,3-dimethylbenzene	145
isopropylbenzene	132
1,3,5-trimethylbenzene	171

따라 매우 큰 차이를 보인다. 그러나 이 결과를 잘 관찰하면 탄화수소의 화학구조와 옥탄가 간에 몇 가지의 상관관계가 있음을 알 수가 있다. 이들을 정리하면 다음과 같다.

- *n*-paraffin의 경우에는 탄소수가 8에서 4로 적어질수록 옥탄가가 높아진다.
- 같은 분자량의 paraffin 중에서는 직선 사슬보다는 가지가 달린 사슬이 좋다.
- 같은 탄소수의 화합물 중에서는 사슬구조보다는 고리구조가 좋다.
- 고리화합물의 경우에도 짧은 가지가 달리면 좋다.
- 짧은 가지의 효과는 포화 고리화합물(나프텐, naphthene)보다는 불포화 고리화합물(방향족, aromatics)의 경우에 더욱 크다.

위의 상관관계들을 토대로 하면 좋은 휘발유를 구성하는 탄화수소들이 가져야 할 구조를 예측할 수 있다.

- 적절한 크기의 분자량을 가질 것
- 가지가 많이 달린 사슬이나 고리구조를 가질 것
- 방향족 구조를 가질 것

따라서 개질 공정에서는 이런 구조를 가진 성분들이 많이 생기도록 해야 한다. 즉, 원료 중에서 분자량이 큰 것은 작게 분해하고, 가지 달린 고리 화합물이 많이 생기도록 하며, 고리화합물은 탈수소를 하여 방향족으로 만드는 등 여러 가지 반응이 동시에 일어나도록 해준다.

2. 개질공정의 기본 반응

개질공정에서 진행되는 반응들 중에 대표적인 기본 반응들을 예시하면 다음과 같다.

고리화합물의 탈수소:

$$\text{(cyclohexane)—R} \longrightarrow \text{(benzene)—R} + 3H_2, \quad \Delta H_R = 52.8 \text{ kcal/mol} \qquad (6.1)$$

파라핀의 이성화:

$$R—CH_2—CH_2—R' \longrightarrow R—\underset{\displaystyle CH_3}{\underset{|}{CH}}—R', \quad \Delta H_R = -1.4 \text{ kcal/mol} \qquad (6.2)$$

고리화합물의 이성화:

$$\text{cyclohexane} \longrightarrow \text{cyclopentane}\text{—}CH_3, \quad \Delta H_R = -3.8 \text{ kcal/mol} \tag{6.3}$$

파라핀의 탈수소 고리화:

$$CH_3\!\left(CH_2\right)_4\!CH_3 \longrightarrow \text{benzene} + 4H_2, \quad \Delta H_R = 63.6 \text{ kcal/mol} \tag{6.4}$$

파라핀의 수소화 분해:

$$R\text{–}R' + H_2 \longrightarrow RH + R'H, \quad \Delta H_R = -13.5 \text{ kcal/mol} \tag{6.5}$$

여기서 ΔH_R은 반응열로서 양의 값은 흡열, 음의 값은 발열 반응을 각각 나타낸다. 이 반응들은 매우 다양하지만 실상은 세 가지의 기본적인 반응으로 나누어 생각할 수가 있다. 즉, 하나는 식 (6.1)처럼 반응물에서 수소를 빼앗아 수소 기체를 생산하는 탈수소 반응이고, 둘째는 식 (6.2)와 식 (6.3)과 같이 알킬기가 달린 생성물을 만드는 이성화 반응이다. 두 개의 이성화 반응은 반응물의 구조만이 다를 뿐, 분자량의 변화가 없이 탄소골격이 바뀌는 점에서는 같다. 마지막 기본 반응은 식 (6.5)와 같은 수소화 분해 반응으로서, 여기서는 수소가 소모되면서 반응물이 작은 분자들로 분해가 된다. 한편, 식 (6.4)는 탈수소와 고리화(이성화의 한 가지 방법) 반응의 합이므로, 위에서 제시한 세 가지 기본 반응에 포함된다고 할 수 있다.

위의 반응식에서도 표시하였지만, 탄화수소에서 수소가 제거되는 탈수소 반응은 심한 흡열 반응이고 비교적 빨리 진행이 된다. 특히, 반응물이 파라핀인 경우보다도 고리화합물인 경우에 더욱 빨리 일어난다. 이와는 대조적으로 파라핀의 수소화 분해 반응(6.5)은 심한 발열 반응이면서 매우 느리게 진행이 된다.

한편, 이성화 반응[(6.2), (6.3)]은 위의 두 가지 기본 반응의 중간 정도의 특성을 가지는데, 반응열은 약한 발열을 보이면서 중간 정도의 반응속도를 가진다. 탈수소 고리화 반응(6.4)은 두 가지 기본 반응이 연속해서 일어나야 하므로 반응속도는 느린 편이고 반응열은 탈수소 반응의 영향으로 강한 흡열을 보인다. 표 6.2에서는 위에 적은 세 가지 기본 반응의 일반적 특성을 비교하였다.

개질공정에서는 위에 적은 여러 반응들이 동시에 진행되기 때문에 공정조건이 변하면 생성물의 분포가 다양하게 변한다. 예를 들어, 공정의 온도를 높이면 Le Chatelier의 법칙([더 알아보기 1.1] 참조)에 의하여 흡열 반응인 탈수소 반응의 평형은 증가하여 유리하지만, 반대로 발열 반응인 수소화 분해 반응의 평형은

표 6.2 개질공정의 기본 반응의 특성 비교

기본 반응	반응속도	압력의 영향	반응열
탈수소	매우 빠름	억제됨	강한 흡열
이성화	빠름	약간 억제됨	약한 발열
수소화분해	매우 느림	촉진됨	강한 발열

감소하여 불리해진다. 또한 반응압력을 높이면 역시 같은 법칙에 의하여 수소를 생산하는 탈수소와 탈수소 고리화 반응은 불리해진다.

이성화나 수소화 분해 반응은 분자 수의 변화가 없으므로 압력의 영향을 받지 않고, 다만 수소화 분해 반응의 경우에는 수소의 분압이 높을 때 반응이 촉진된다. 이처럼 개질 반응의 기본 반응들은 온도와 압력에 따라서 다양하게 영향을 받으므로 원하는 생성물을 얻기 위하여 공정조건을 현명하게 조절해 주어야 한다. 이에 대해서는 6.4절에서 추가로 설명하겠다.

위에서 적은 개질공정의 세 가지 기본 반응은 다음과 같이 더욱 단순화할 수 있다. 즉, 탈수소 반응은 C−H 결합을 끊어 주는 반응이고, 이성화 반응은 C−C 결합을 끊었다가 다른 위치에서 다시 이어주는 반응이며, 수소화 분해 반응은 C−C 결합을 끊은 후에 이어서 C−H 결합을 이어 주는 반응이다.

따라서 세 가지 기본 반응이 모두 잘 일어나도록 하려면 C−C 결합을 잘 끊었다가 이어주는 기능과 또한 C−H 결합을 잘 끊었다가 이어주는 기능이 동시에 필요하다. 한편, 이성화 반응이 일어나는 과정도 먼저 파라핀 구조에서 수소가 빠져 올레핀을 이룬 다음, 이것이 이성화 올레핀이 되고, 여기에 다시 수소가 첨가되는 순서로 진행되기 때문에 이 반응에서도 C−H와 C−C 결합을 끊고 잇는 기능이 모두 필요하다.

6.3 촉매

1. 촉매의 제조

위에서 설명한 세 가지 기본 반응에 대한 해석은 개질공정 촉매를 설계하는 데 그대로 적용이 된다. 즉, C−C 결합의 절단과 연결(±C)을 위하여 카보늄 이온을 형성할 수 있는 산성 재료와 함께, C−H 결합의 절단과 연결(±H)을 위하여 수소의 분리흡착 기능을 가진 전이금속을 촉매로 사용하면 개질공정의 기본 반응을 촉진할 수 있다. 따라서 개질공정용 촉매는 산과 금속의 기능을 모두 갖도록 설계되었다. 이와 같이 두 가지 기능을 동시에 가진 촉매를 이원기능 촉매(bi-functional catalyst)라고 부르는데, 이것이 개질촉매의 대표적 특성이다.

개질촉매의 대표적인 예는 1949년에 미국의 UOP사에서 개발한 platforming 촉매이다. 이것은 다공성이고 표면적이 넓은 산성 알루미나(Al_2O_3)의 표면에 백금(Pt)을 작은 입자로 분산시킨 것인데, 이 촉매는 2년 앞서 개발된 산화몰리브덴 촉매보다도 약 10배나 높은 활성을 보여 상용 촉매의 자리를 굳혔다. 이 백금촉매는 그 후에도 여러 가지로 개선이 되었지만, 그렇더라도 백금을 주 성분으로 사용하는 것은 변함이 없고, 단지 여기에 제2, 제3의 성분을 첨가하거나 또는 담체를 여러 가지로 바꾸었을 뿐이다. 따라서 아래에서는 Pt/Al_2O_3 촉매의 제조 방법에 대하여 설명하겠다.

백금은 비싸기 때문에 적은 양의 백금으로 넓은 표면적을 얻기 위하여 이를 알루미나 담체의 표면에 작은 입자로 분산시킨다. 금속 입자를 담체의 표면에 분산시키는 방법으로 함침법과 이온교환법 등이 있는데, 이에 대하여는 제4장에서 이미 설명하였다.

즉, 함침법은 다공성인 알루미나 담체를 백금염(예를 들어 H_2PtCl_6)이 녹아 있는 수용액에 담그거나 또는 반대로 백금염 수용액을 알루미나의 표면에 조금씩 떨어뜨려 표면을 적신 후, 이를 공기 중에서 말리고 소성한 후에 수소로 환원시키는 방법이다. 이 과정에서 알루미나 표면에 묻었던 H_2PtCl_6 염은 분해되고 환원되어 크기가 100 Å 이하인 작은 백금 결정 덩어리로서 알루미나의 표면에 분산된다.

이온교환법은 알루미나 담체를 역시 백금염이 녹아 있는 수용액 중에 넣고 용액의 pH를 조절해 줌으로써 알루미나 표면의 수소가 수용액 중의 백금 이온(예를 들어 $PtCl_4^{2-}$)과 교환이 되도록 하는 방법이다. 이렇게 이온교환된 담체를 물로 씻어서 다른 이온들을 제거하고 역시 소성, 환원처리를 하면 알루미나 표면에 작은 백금 입자가 분산된다. 촉매 제조에 사용되는 백금염으로는 H_2PtCl_6 외에 $H_2Pt(NH_3)_4Cl_2$도 쓰인다. 흔히 쓰이는 개질용 촉매의 백금의 담지량은 촉매 무게의 0.3~0.7% 범위이다.

담체로 사용하는 알루미나는 이것을 제조할 때 얼마나 높은 온도에서 소성하는지에 따라 α, γ, η형들이 얻어지는데, 이들의 산성 세기는 η형이 가장 크다. 따라서 산성 세기의 측면에서는 η형을 사용하는 것이 유리하지만, 열 안정성은 γ형이 좋기 때문에 실제의 제조공정에서는 γ형이 많이 쓰인다. γ-알루미나는 대개 표면적이 175~300 m^2/g이고 기공 부피가 0.45~0.65 cc/g이며 기공 크기는

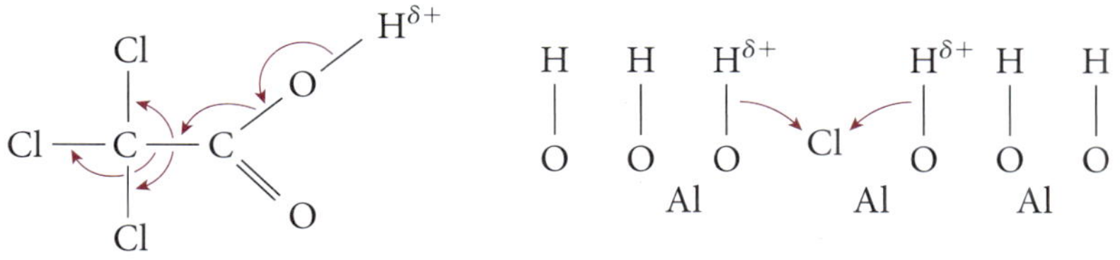

(a) 유기물 내에서

(b) 알루미나 표면에서

그림 6.2 염소에 의한 산성도 증가.

100 nm 근처에서 단일 분포를 갖는다. 최종 입자의 모양은 직경이 1/16~1/12인치인 원통형 또는 구형이다.

담체의 산성도를 높여 주기 위하여 반응물 중에 소량의 유기 할로겐 화합물을 첨가하기도 한다. 염소나 불소는 전기음성도가 크기 때문에 알루미나의 산소로부터 전자를 잡아당겨서, 결과적으로 그림 6.2에서 보는 바와 같이 수소 이온(H^+)이 잘 떨어져 나가게 해준다. 반대로, 담체의 산성도를 낮추고 싶을 때는 원료 중에 소량의 수분을 첨가하여 할로겐의 효과를 상쇄해 준다. 이들 할로겐 화합물과 수분은 촉매 표면에 흡착하지만 반응 중에 서서히 탈착되어 유출되므로 일정한 양을 원료와 함께 계속해서 주입해야 한다.

2. 이원기능성

앞에서도 설명한 바와 같이 개질촉매는 알루미나의 산 기능과 백금의 수소화 및 탈수소화 기능을 동시에 갖춘 소위 "이원기능성(bi-functionality)" 촉매이다. 그러나 이와 같은 특성이 서로 다른 두 기능의 촉매 분말을 단순히 물리적으로 섞어 준다고 생기는 것은 아니다. 왜냐하면 위의 두 촉매 성분이 매우 가까운 거리에 위치하고 있어서 반응물 분자가 두 성분 사이를 쉽게 오가며 ±C와 ±H 반응을 일으킬 수 있어야 하기 때문이다. 반대로 두 성분이 먼 거리에 위치한다면 반응물은 가까운 위치의 한 가지 촉매 성분 위에서 ±C 또는 ±H 중의 한 가지 반응만을 일으키며, 따라서 공정의 최종 생성물로는 각 반응 생성물의 혼합물이 얻어진다. 다시 말해서 두 가지 촉매 성분의 위치가 반응물이 쉽게 오갈 수 있는 거리 안에 있을 때 비로소 촉매의 이원기능성을 기대할 수 있다는 뜻이다. 아래에서는 위의 추론을 입증하는 실험결과를 소개하겠다.

그림 6.3은 *n*-heptane이 iso-heptane으로 이성화되기 위하여 거쳐야 하는 반응단계를 나타내고 있다. 즉, *n*-heptane이 백금 표면에서 수소를 잃어 올레핀인 *n*-heptene이 되고, 이것이 산성인 알루미나 표면으로 이동하여 거기서

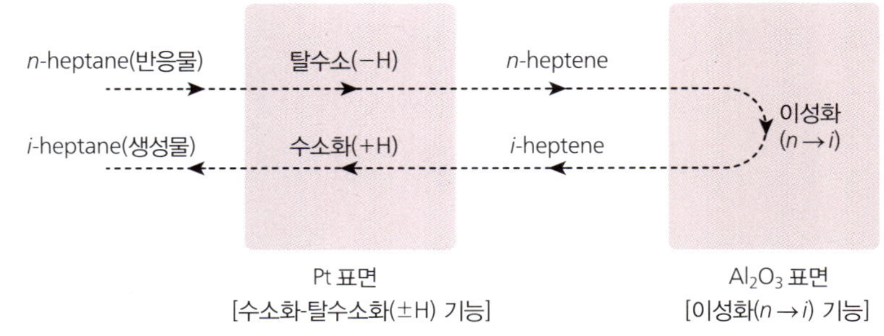

그림 6.3 *n*-heptane의 이성화 반응단계.

iso-heptene으로 이성화가 된다. 이것이 다시 백금 표면으로 와서 수소첨가가 이루어지면 파라핀인 iso-heptane으로 전환이 된다.

실제로 이와 같은 두 기능이 촉매 표면에 공존할 때 위의 반응이 촉진되는 것을 확인하기 위하여 실험을 수행하였는데, 그 결과가 그림 6.4에 표시되었다. 여기서는 산성 세기가 다른 담체를 사용하거나 또는 백금의 입자 크기가 다른 촉매 시료에 대하여 살펴보았다.[29]

먼저 촉매의 산성 세기에 따른 반응 결과를 보자. 산성을 띠지 않는 탄소에 담지된 Pt/C 촉매(a)는 거의 반응활성을 보이지 않는다. 한편, 실리카는 약한 산성을 띠므로 Pt/SiO_2 촉매(b)의 경우에는 약간의 iso-heptane이 얻어지고, 산성

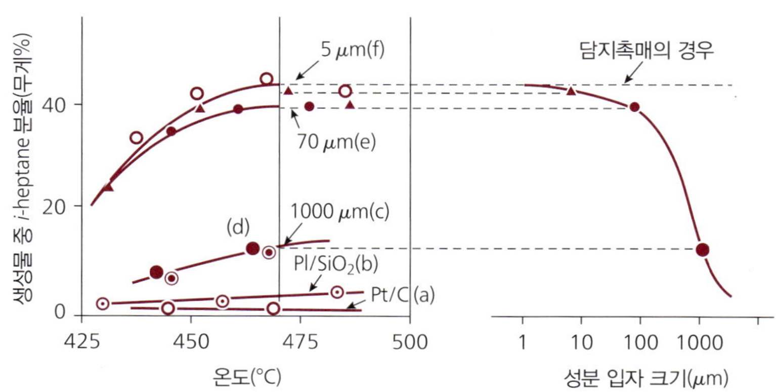

그림 6.4 여러 가지 촉매 위에서 *n*-heptane의 이성화 반응:[29]
(a) Pt/C, (b) Pt/SiO_2, (c) SiO_2-Al_2O_3 with Pt/C (50-50 vol mix),
(d) SiO_2-Al_2O_3 with Pt/SiO_2, (e,f) Pt/SiO_2-Al_2O_3.

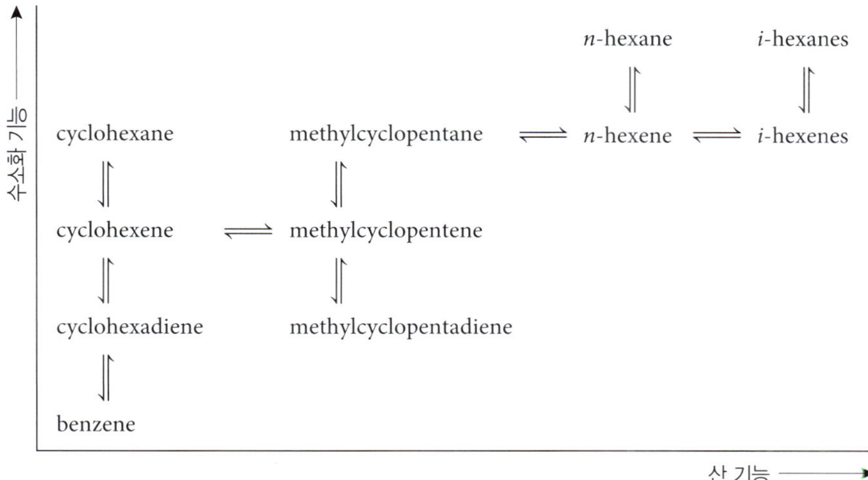

그림 6.5 이원기능의 세기에 따른 C_6 탄화수소의 분포.

이 강한 실리카–알루미나를 담체로 사용한 촉매(c)의 경우에는 비교적 높은 전환율이 얻어졌다.

두 촉매 성분 간의 거리에 따른 반응 결과를 보기 위하여, 1000 μm 크기의 백금 분말을 실리카–알루미나와 물리적으로 혼합하여 촉매(d)로 사용한 경우와 함께 백금이 담체 위에 분산된 촉매로서 백금 평균 입자크기가 각각 70 μm와 5 μm인 경우(e, f)의 결과를 비교하였다. 여기서 보듯이 백금 입자의 크기가 작아짐에 따라서 반응활성은 점차 증가를 하고 있다. 이것은 위의 추론에서 보듯이 백금 입자가 작아질 경우에 반응의 중간 생성물인 *n*-heptene과 iso-heptene이 백금과 담체 사이를 오가며 반응을 일으키기가 쉬워지기 때문이다. 그림 6.4에는 백금 입자가 매우 작은 경우에 최대한으로 얻을 수 있는 촉매활성의 한계값도 함께 보여주고 있다.

위의 예에서 확인한 것처럼 이원기능 촉매는 산과 금속 기능의 세기에 따라서 다양한 생성물들을 만들어 낸다. C_6 화합물 중에서 얻을 수 있는 여러 가지 화합물에 대하여 두 가지 촉매 기능의 영향을 나타낸 것이 그림 6.5이다. 즉, 두 기능의 세기가 변함에 따라서 C_6 화합물은 벤젠에서부터 iso-hexane에 이르기까지 다양한 생성물들의 분포를 보이게 된다.

3. 분산도와 구조 민감성

분산도(dispersion)가 높은 백금 촉매를 사용하는 가장 큰 이유는 비싼 백금을

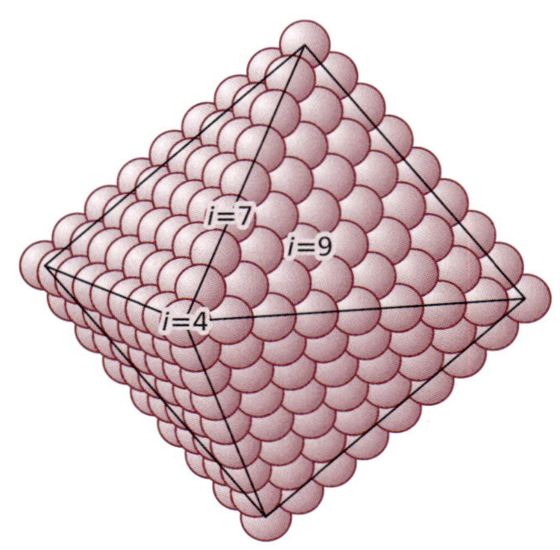

그림 6.6 정팔면체 결정의 표면에 있는 원자들의 배위수(i).

적게 사용하면서 넓은 금속 표면적을 얻기 위해서이다. 고분산 촉매는 또한 앞에서 설명한 것처럼 이원기능성 촉매에서 반응 중간체가 표면의 두 활성점을 쉽게 오가도록 해주는 장점이 있다. 한편, 반응이 금속의 결정 구조에 따라 민감하게 변하는 경우에는 촉매의 활성이 금속의 분산도에 따라 큰 영향을 받을 수가 있는데, 아래에서는 이에 대하여 설명하겠다.

그림 6.6에 보인 모델 촉매를 생각해 보자. 그림에는 담체 위에 있는 정팔면체(octahedron)의 Pt 결정 입자를 보인다. 표면에 있는 Pt 원자(둥근 공으로 표시)들은 위치에 따라 서로 다른 수의 원자들과 접촉하고 있다. 즉, 결정의 꼭짓점에 있는 원자는 4개의 원자들과 접촉하고(i = 4), 변에 있는 원자는 7개의 원자들과 접촉하고(i = 7), 면에 있는 원자는 9개의 원자들과 접촉하고 있다(i = 9). 이처럼 Pt 원자가 접촉하는 인접 원자의 수를 배위수(coordination number)라고 하는데, 그림에서 우리는 표면 Pt 원자들이 배위수가 각각 4, 7, 9인 세 가지 종류로 나누어짐을 알 수 있다. 편의상 이들을 Pt_4, Pt_7, Pt_9로 표기한다.

촉매의 분산도가 달라지면(즉, 결정의 크기가 변하면), 표면에 노출된 Pt 금속 원자 중에서 배위수가 서로 다른 원자들의 상대적 분포가 변하게 된다. 즉, 결정의 크기가 작아지면 표면에 노출된 Pt 금속 원자의 수(Pt_S로 표기)는 감소하지만, Pt_4는 항상 6개(정팔면체 꼭짓점의 수)로 일정하다. 반면에, Pt_7와 Pt_9의 수는 결정의 크기와 함께 감소해서, 급기야 가장 작은 결정(6개 원자로 이루어진 정팔면체)에서는 Pt_7와 Pt_9의 수가 0이 된다. 반대로 결정이 커지는 경우를 보면, Pt_4는 항상 6개이고 Pt_7와 Pt_9의 수는 결정의 크기와 함께 증가한다. 위의 결과를 다양한 결정 크기에 대하여 구하고, 여기서 Pt_4, Pt_7, Pt_9의 상대적인 분율을

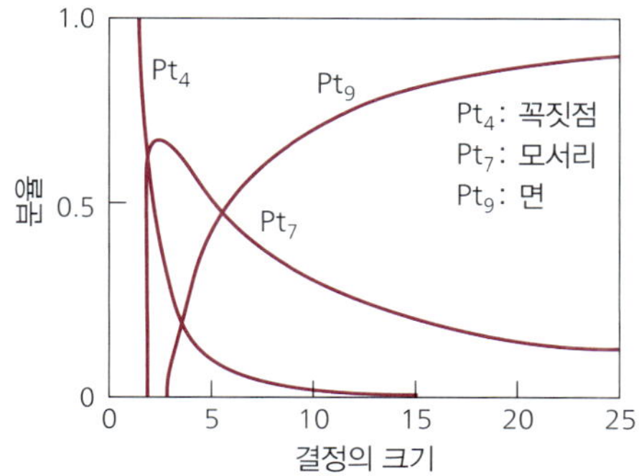

그림 6.7 정팔면체 결정의 표면에 있는 Pt_4, Pt_7, Pt_9의 상대적 분율.

계산한 것이 그림 6.7이다. 즉, Pt 입자가 커짐에 따라(분산도가 감소함에 따라) Pt_4의 분율은 급격히 떨어지고, Pt_7은 증가하다가 감소하며, Pt_9은 점차 증가해서 입자가 매우 큰 경우에는 표면의 대부분을 차지한다.

만일, 해당 반응이 Pt_4의 표면에서 가장 빨리 진행된다면 촉매는 가능한 한 고분산도(작은 Pt 입자)를 갖도록 제조하는 것이 좋고, 반대로 Pt_9가 반응의 활성점이라면 촉매의 분산도는 낮은 것(큰 Pt 입자)이 유리하다. 한편, Pt_7가 활성점인 경우에는 그 분율이 최대가 되도록 촉매의 분산도를 조정해야 할 것이다. 이처럼 반응속도가 촉매 금속의 결정 구조에 따라 크게 변하는 사례는 실제로 많이 있으며, 이들을 구조 민감성(structure-sensitive 또는 demanding) 반응이라고 한다. C−C 결합을 잇거나 끊는 반응(±C)의 많은 경우가 이 사례에 속한다. 예를 들어, neopentane을 이성화하여 isopentane을 얻거나, 이를 수소화 분해하여 isobutane과 methane을 얻는 반응이 여기에 해당한다. Ethane의 수소화 분해 반응도 대표적인 사례이다. 흥미로운 점은 이들 반응이 개질공정의 기본 반응(이성화, 고리화, 수소화 분해)인 사실이다. 따라서 개질공정용 Pt 촉매를 제조할 때는 원하는 반응 결과에 따라 Pt의 분산도를 최적화한다.

구조 민감성 반응의 다른 예는 철 촉매를 사용하는 암모니아 합성 반응이다. 제1장에서 설명한 것과 같이 Mittasch 박사는 스웨덴의 천연 철광석(Swedish magnetite)이 암모니아 합성에 높은 활성을 보인다는 사실을 발견하고, 2만 회 이상의 실험을 거쳐 드디어 철−알루미나−산화칼륨($Fe-Al_2O_3-K_2O$)으로 구성된 최적의 촉매를 찾아냈다. 이 촉매가 갖는 높은 활성의 비밀은 후세의 학자들에 의하여 밝혀졌는데,[30] 이 반응이 특정하게 Fe(111) 구조를 갖는 철 촉매의 표면에서 매우 빨리 진행되는 구조 민감성을 갖는다는 사실이었다. 학자들은 또한 촉매 중에 포함된 알루미나로 인하여 표면에 Fe(111) 구조가 형성된다는 사실도 밝혀냈다.

한편, 탄화수소의 수소화 및 탈수소화 반응(±H)은 대개 금속의 결정구조에 따라 큰 영향을 받지 않으며, 이를 구조 불감성(structure-insensitive 또는 facile) 반응이라고 부른다. 대표적인 예가 cyclopropane 수소화, benzene 수소화, cyclohexane 탈수소화 등이다. 따라서 이 경우에 분산도는 단지 금속의 표면적을 결정하는 역할만을 하고 반응활성에 대한 추가의 영향은 없다.

예제 6.1

아래의 두 결정 구조를 가진 금속 입자의 분산도(D)를 한 변을 이루는 원자수(n)의 함수로 표시하라.

(1) 정육면체(cube) (2) 정팔면체(octahedron)

풀이

(1) 정육면체

한 변을 이루는 원자의 수를 n이라고 할 때, 가로, 세로, 높이 모두 n개의 원자가 있으므로 전체 금속 원자의 수(n_{total})는 n^3개다. 표면에 노출된 원자는 크게 세 종류가 있다.

a. 꼭짓점에 있는 원자: 항상 8개

b. 변 위에 있는 원자: $(n - 2)$/변 $\times$ 12변 $= 12(n - 2)$개

c. 면 위에 있는 원자: $(n - 2)^2$/면 $\times$ 6면 $= 6(n - 2)^2$개

표면에 노출된 원자의 수(n_{surf}) $= a + b + c$

$$(n_{\text{surf}}) = 8 + 12(n - 2) + 6(n - 2)^2 = 6n^2 - 12n + 8\text{개}$$

따라서 분산도는 $n_{\text{surf}}/n_{\text{total}} = (6n^2 - 12n + 8)/n^3$.

(2) 정팔면체

전체 원자의 수(n_{total}) = 가운데 가장 큰 정사각형 위의 원자 수(n_1)
+ 정사각형 위아래의 피라미드 구조 중의 원자 수(n_2)

여기서 $n_1 = n^2$

$$n_2 = 2\sum_{K=1}^{n-1} K^2 = 2[(n - 1)n(2n - 1)]/6.$$

따라서 전체 원자의 수(n_{total}) $= n_1 + n_2 = n^2 + 2[(n-1)n(2n-1)]/6$
$= (2n^3 + n)/3.$

a. 꼭짓점에 있는 원자: 항상 6개

b. 변 위에 있는 원자: $(n-2)$/변 $\times$ 12변 $= 12(n-2)$ 개

c. 면 위에 있는 원자: 각 면에 $\sum_{K=1}^{n-3} K \times 8$면 $= 4n^2 - 20n + 24$ 개

표면에 노출된 원자의 수(n_{surf}) $= a + b + c$

$$(n_{surf}) = 6 + 12(n-2) + 4n^2 - 20n + 24 = 4n^2 - 8n + 6 \text{ 개}$$

따라서 분산도는

$$n_{surf}/n_{total} = (4n^2 - 8n + 6)/[(2n^3 + n)/3] = (12n^2 - 24n + 18)/(2n^3 + n).$$

› 보충 설명

1. 위의 풀이에서 금속 입자가 담체 표면과 접촉하는 부분에 있는 원자들도 표면에 노출된 것으로 간주하였다. 그러나 실제로는 이 위치의 금속 원자들이 촉매 기능을 하지 못하는 경우도 있기 때문에, 이들을 표면 원자의 수에서 제외할 수도 있다. 정육면체 입자에서 사각형의 한 면이 담체와 접촉할 때 감소하는 표면 원자의 수는 n^2이고, 정팔면체의 경우에는 삼각형의 한 면이 접촉할 때 $n(n+1)/2$개의 표면 원자가 감소한다.
2. 본문의 그림 6.7에서는 금속 입자가 커지면서 꼭짓점, 변, 면에 있는 원자들의 상대적 분율이 변화하는 특성을 보였다. 즉, 꼭짓점 원자의 분율은 급속도로 감소하고, 면 원자의 분율은 완만히 증가하며, 변 원자의 분율은 초기에 증가하다가 감소한다. 이 특성은 위의 풀이에서 얻은 결과로부터 예측할 수 있다. 예를 들어, 변 원자의 분율이 최대값을 보이는 n 값은 정팔면체의 경우에 $12(n-2)/(4n^2 - 8n + 6)$의 변화를 관찰하면 구할 수 있다.
3. 금속 입자의 크기가 매우 커질 때($n \to \infty$), 분산도는 금속 입자의 결정에 무관하게 $6/n$에 접근한다.

6.4 공정의 설계

1. 반응속도와 선택도

앞에서도 설명한 것처럼 개질공정에서는 여러 반응이 동시에 일어나기 때문에 원하는 조성의 생성물을 얻으려면 반응 조건을 적절히 조절해 주어야 한다. 반응 조건 중에서도 가장 중요한 것이 반응온도와 압력이므로, 아래에서는 이 조건에 따라 반응속도와 선택도가 어떻게 변화하는지에 대하여 알아보겠다.

우선 반응의 선택도(또는 생성물의 조성)에 대하여 살펴보자. 그림 6.8은 C_6 탄화수소 중에서 벤젠(benzene), 메틸사이클로펜탄(methylcyclopentane), 사이클로헥산(cyclohexane)의 분포가 반응 온도와 압력에 따라서 바뀌는 것을 보여주고 있다. 온도가 높아지면 벤젠의 분율은 증가하고 반대로 사이클로헥산은 감소한다. 또한 벤젠은 압력이 낮을 때 크게 증가한다. 이것은 벤젠이 생성되는 탈수소 반응이 흡열 반응인 동시에 수소가 생산되는 반응이므로 Le Chatelier의 법칙에 의하여 당연히 예상할 수 있는 결과이다.

이와 유사한 경향이 C_7 화합물의 경우에도 얻어졌다. 즉, C_7 탄화수소의 종류별 분포를 보면 높은 압력과 낮은 온도에서는 수소화 반응으로 생성되는 파라핀이 많이 얻어지고, 반면에 압력이 낮고 온도가 높으면 탈수소 반응으로 생성되는 방향족이 많이 얻어진다. 따라서 개질 반응에 의하여 옥탄가가 비교적 높

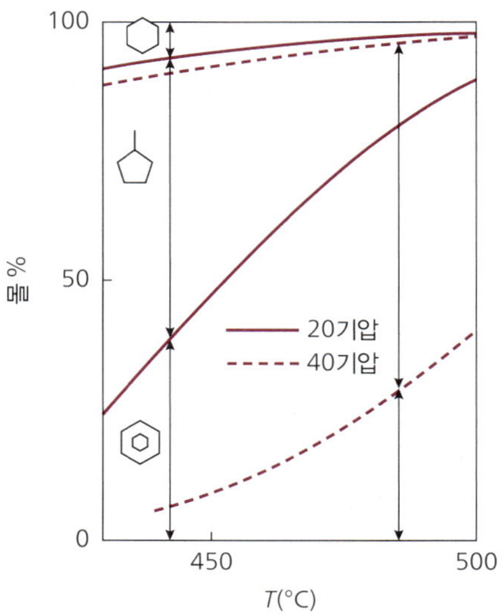

그림 6.8 온도와 압력에 따른 C_6 고리화합물의 평형조성 변화.

은 방향족을 많이 얻으려면 고온, 저압의 반응 조건을 사용하는 것이 유리하다.

다음은 개질공정을 이루는 각 기본 반응들의 반응속도에 대하여 알아보겠다. 그림 6.9에서 보면 반응압력이 증가함에 따라 탈수소(dehydrogenation), 이성화(isomerization) 반응의 속도는 거의 영향을 받지 않는다. 이성화 반응은 분자 수의 변화가 없으므로 당연히 예상할 수 있는 결과이다. 탈수소 반응은 수소를 생산하여 생성물의 분자 수가 증가하는 반응인데도 그 속도가 압력에 따라서 크게 변하지 않는 이유는, 이 반응이 매우 빨라서 열역학에 의한 평형의 영향을 거의 받지 않기 때문이다. 이에 비해 탈수소고리화(dehydrocyclization) 반응은 느리게 진행되기 때문에 압력의 영향을 받아 높은 압력에서는 반응속도가 감소한다. 수소화분해(hydrocracking) 반응은 분자 수의 변화가 없으나 수소의 분압에 따라서는 민감하게 변한다. 실제의 개질공정에서는 반응압력을 높이기 위하여 수소의 분압을 높여 주는 경우가 많기 때문에, 반응압력이 높을 때 반응속도가 증가하게 된다.

여기서 특히 유의할 것은 코킹(coking) 반응인데, 이 반응은 압력이 높아질 때 크게 감소한다. 코크가 생성되려면 여러 개의 고리가 연결된 화합물에서 수소가 계속해서 빠져나가야 하는데(탈수소) 이 반응은 압력이 높으면 억제가 된다.

위의 결과를 정리하면 다음과 같다. 즉, 개질공정의 압력은 수소화분해,

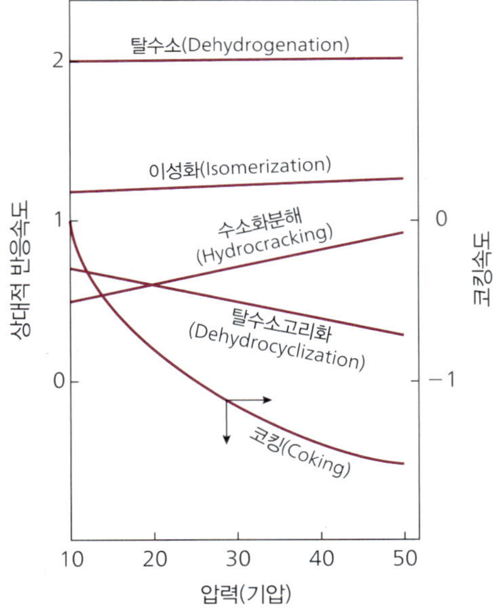

그림 6.9 압력에 따른 기본 반응의 속도 변화.

탈수소고리화, 코킹 반응의 상대적인 중요성에 따라서 결정된다. 촉매의 수명을 고려하면 압력이 높을수록 좋으나, 제품의 옥탄가를 높이려면 압력을 낮추어 탈수소고리화 반응을 촉진하는 것이 좋다. 원료유의 분자량이 클 때는 반응압력(또는 수소분압)을 높여서 수소화분해 반응을 촉진하는 것이 좋으나, 분자량이 작을 때에는 이렇게 하면 오히려 LPG와 같은 가스 성분이 많이 얻어지므로 나쁘다. 모든 반응은 온도가 높을수록 빨라지므로 개질공정에서도 온도가 높을수록 좋다. 단지 수소화분해 반응이 너무 빨리 진행되어 LPG가 많이 생산되거나 또는 촉매가 소결되지 않도록 온도를 조절한다.

이상에서 살펴본 것처럼 개질공정의 압력과 온도는 반응의 속도와 선택도 변화특성을 고려할 때 아래와 같이 조절해 주는 것이 좋다. 원료의 분자량이 커서 이로부터 경질유분을 얻는 것이 주요 목적인 경우에는, 반응온도와 수소 압력을 높게 유지하는 것이 좋다. 한편, 분자량이 작은 원료유를 사용하여 옥탄가가 높은 휘발유를 얻고 수소를 생산하는 것이 목적인 경우에는, 반응온도는 높게 유지하지만 압력은 낮은 것이 좋다. 그러나 압력이 낮아지면 조업 중에 코킹이 심하게 일어나므로 촉매를 자주 재생하거나 또는 코킹에 대하여 저항성이 큰 촉매를 사용해야 한다.

2. 실제의 개질공정

UOP에 의하여 처음으로 개발된 개질공정은 크기가 서로 다른 세 개의 고정층 반응기를 직렬로 연결한 것(그림 6.10)이었다. 여기서는 수소와 원료의 비가 미리 조절된 반응물이 세 개의 반응기를 통하여 차례로 흐르면서 각 반응기별로

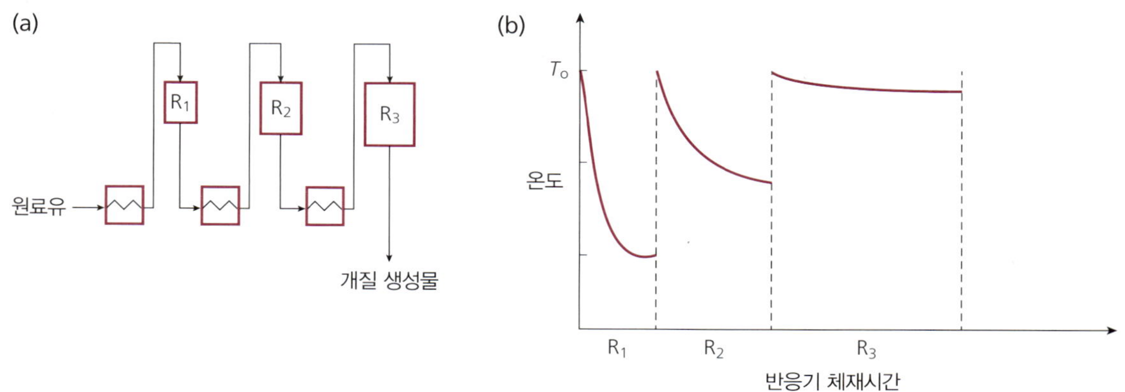

그림 6.10 (a) 개질공정의 세 고정층 반응기, (b) 반응기 내의 온도 분포.

독특한 반응을 일으킨다.

각 반응기는 거의 단열 반응기이므로 안에서 진행되는 반응으로 생성된 열로 인하여 반응기 입구와 출구의 온도는 큰 차이를 보인다. 따라서 반응물은 다음 반응기로 유입되기 전에 가열로에서 온도를 다시 조절해 준다. 첫째 반응기에서는 반응속도가 가장 빠른 탈수소 반응(흡열)이 주로 일어나므로 온도가 크게 떨어지고, 반면에 셋째 반응기에서는 비교적 느리게 진행되는 수소화분해 반응(발열)이 일어나면서 반응물의 온도가 큰 변화가 없거나 오히려 올라가는 경우도 있다.

한편, 반응압력은 셋째 반응기의 다음에 있는 기–액 분리기에 걸린 압력에 의하여 조절이 된다. 반응물이 각 반응기의 촉매층을 통하여 흐르면서 압력강하가 생기기 때문에 각 반응기의 압력은 첫째 반응기가 가장 높고 그 다음이 둘째, 셋째의 순서로 점차 감소하게 된다. 그런데 첫째 반응기 안에서는 오히려 낮은 압력이 유리한 탈수소 반응이 주로 일어나고 셋째 반응기에서는 반대로 높은 압력이 유리한 수소화분해 반응이 진행된다. 따라서 실제 공정에서 반응기별 압력의 순서는 반응특성에 따른 최적 압력의 순서와 일치하지 않으며, 이것이 고정층 반응기를 사용할 때의 단점이 된다.

첫째 반응기에서는 탈수소 반응에 의하여 분자수가 늘어나므로 반응기 출구의 유속은 입구의 유속보다 훨씬 빨라진다. 둘째 반응기에서는 이처럼 반응물의 유속이 빨라진데다가 여기서 주로 일어나는 이성화 반응이 비교적 느리기 때문에 첫째 반응기에 비하여 촉매를 많이 사용해야 한다. 셋째 반응기에서는 이보다 더욱 반응속도가 느린 수소화분해 반응이 일어나므로 촉매가 더욱 많이 필요하다.

셋째 반응기에서는 또한 수소화분해 반응에 의하여 수소가 계속 소모되고 반응온도도 높아지므로 코킹이 가장 심하게 일어나서 촉매가 못쓰게 된다. 실제의 공정에서도 셋째 반응기의 수명이 전체 공정의 수명을 결정하게 되므로 이 반응기를 가장 크게 한다. 즉, 세 반응기의 크기는 첫째 < 둘째 < 셋째의 순서로 커지도록 설계가 되어 있다.

이 공정을 운전하다가 촉매를 재생할 때가 되면, 조업을 중단하고 반응기 세 개에 들어 있는 촉매를 동시에 재생한다. 이와 같은 세 반응기 공정(three-reactor process)은 조업 측면에서는 비교적 간단하지만, 반응기 온도를 제외한 다른 공정조건들(예를 들어 반응물 유속, 압력 등)은 첫째 반응기 입구에서의 조건에 의하여 결정되므로 조업의 유연성(flexibility)이 없는 것이 단점이다. 또한 촉매의 재생을 위하여 전체 공정을 중단해야 하므로 다른 공정과의 연계성 면에서 문제가 있다.

따라서 이와 같은 문제점을 개선하기 위하여 고안한 것이 그림 6.11에 보인

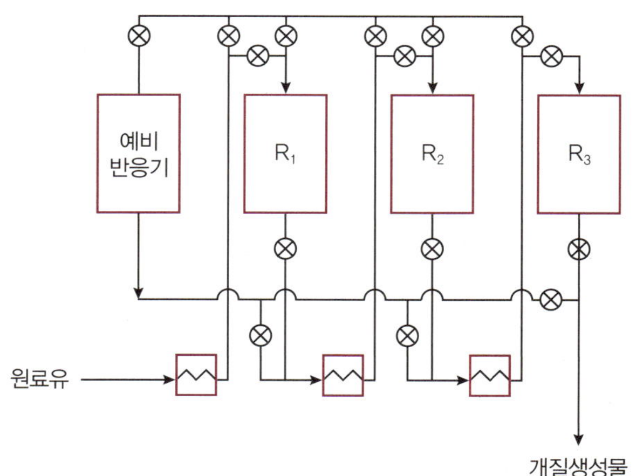

그림 6.11 네 고정층 반응기 개질공정.

네 반응기 공정(four-reactor process)이다. 여기서는 세 개의 반응기만을 개질 반응에 사용하고 나머지 하나는 예비 반응기(reserved 또는 swing reactor)로 있다가 세 반응기 중의 하나가 수명이 다 되면 이것을 재생하면서 예비반응기를 가동하는 방법을 사용하고 있다. 따라서 촉매의 재생 여부에 관계없이 항상 세 개의 반응기를 가동할 수 있기 때문에 연속 조업이 가능하다.

네 반응기 공정에서는 세 반응기 공정의 경우처럼 각 반응기의 역할이 정해지지 않고 항상 그 연결 순서가 바뀌게 되므로 반응기의 크기는 모두 같게 하였다. 따라서 이 경우에는 각 반응기별로 최적의 조업조건에서 운전하기가 힘들며 결국 반응기의 운전효율은 떨어지게 된다. 위에서 설명한 두 가지의 공정들이 모두 고정층 반응기를 사용하므로 반응기 내의 압력강하로 인한 각 반응기의 압력 차이가 그 안에서 일어나는 주요 반응별로의 최적 압력조건과 서로 맞지 않는 문제를 항상 안고 있다. 또한 촉매를 수시로 재생해야 하는 번거로움도 있다.

위와 같은 고정층 반응공정의 문제를 해결하기 위하여 비교적 최근에 개발된 공정이 그림 6.12에 보인 연속 촉매재생(continuous catalyst regeneration, CCR) 공정이다. 여기에 사용되는 반응기는 가운데에 기체가 통과할 수 있는 둥근 원통이 있고 그 밖으로 촉매가 채워졌으며, 반응물이 직경 방향으로 촉매층을 통하여 원통 내부로 흐르는 일종의 방사형 흐름(radial flow) 반응기이다. 실제의 공정에서는 그림에 보인 것처럼 크기가 서로 다른 반응기가 위 아래로 연결되어 있는데, 아래로 갈수록 반응기가 커진다. 반응물은 각 반응기를 통과한 후에 가열로에서 온도가 조절되어 다시 다음 반응기로 유입된다.

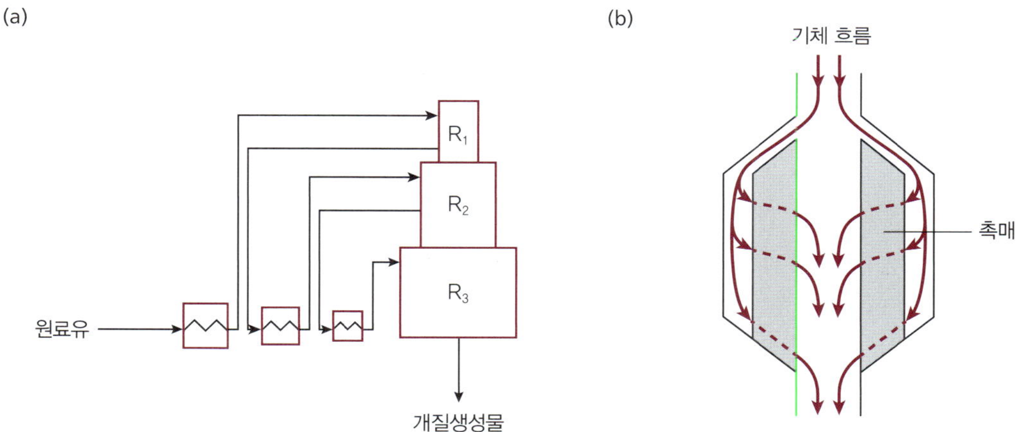

그림 6.12 (a) 개질공정의 연속 재생 이동층 반응기, (b) 반응물의 방사형 흐름(radial flow).

이와 같은 형태의 반응기에서는 반응물이 통과하는 촉매층의 두께가 고정층의 경우보다 얇기 때문에 이로 인한 압력강하가 작아서 공정압력을 비교적 낮게 유지하며 조업할 수가 있다. 그 대신 촉매층을 통과하는 반응물의 흐름 형태가 복잡하기 때문에 이를 정확히 해석하고 제어해야 하는데, 오늘날의 유체역학 해석과 공정제어 기술로서 이것은 가능한 일이다. 한편, 촉매는 각 반응기 내에 고정되어 있지 않고 위에서 아래쪽으로 서서히 이동을 하여 맨 밑에서 배출된다. 아래로 갈수록 반응조건이 가혹해지면서 코킹이 심하게 일어나므로 밑에서 회수된 촉매는 별도의 재생기에서 처리되어 다시 반응기의 상부로 순환이 된다. 이런 식으로 운전을 하면, 활성이 떨어진 촉매를 계속해서 재생하여 사용할 수 있으므로, 고정층 반응공정의 경우보다도 훨씬 더 연속적으로 조업할 수가 있다.

이동층 반응공정은 우수한 촉매들의 개발에 힘입어서 비로소 실현되었다. 즉, 활성이 매우 커서 비교적 짧은 시간의 반응으로도 높은 수율을 얻고, 낮은 압력에서도 코킹이 심하게 일어나지 않는 촉매들이 개발되었기 때문에 이 같은 공정이 가능해진 것이다. 촉매가 고정되지 않고 항상 움직이기 때문에 이로 인하여 마모가 일어나서 일정량의 촉매를 연속적으로 보충해 주어야 하는데, 이 문제도 촉매 기술의 발전과 더불어 해결될 것이다. 이 공정은 특히 경질유분을 낮은 압력에서 개질하여 고옥탄가의 휘발유를 얻는 데 적합하다.

연습 문제

1. 원유를 직접 증류하여 얻은 직류 휘발유의 옥탄가는 80 이하인 반면, 접촉분해공정에서 얻은 휘발유의 옥탄가는 100 근처이고, 개질공정에서 얻은 휘발유의 옥탄가는 최대 110에 이른다. 각 휘발유의 옥탄가가 크게 다른 이유는 무엇인가? (3장 내용 참조)

2. 개질공정의 기본 반응으로 탈수소, 이성화, 수소화분해를 들 수 있다. 개별 기본 반응의 반응속도와 반응열을 비교하라.

3. 아래의 표는 산성을 띤 SiO_2-Al_2O_3, 수소화 활성을 가진 Pt/SiO_2, 그리고 Pt/SiO_2-Al_2O_3를 사용했을 때 얻은 methylcyclopentane 전환반응의 결과이다. 만일 Pt/SiO_2-Al_2O_3 대신에 Pt/zeolite 촉매를 사용하였다면, 생성물 분포가 어떻게 변화할지를 예측하라(**힌트**: zeolite는 SiO_2-Al_2O_3보다 약 두 배의 강한 산 기능을 가지며, Pt의 수소화 기능은 담체의 영향을 받지 않는다).

다양한 촉매를 사용하여 얻은 methylcyclopentane 전환반응의 결과

촉매	생성물 분포(몰%)			
	methylcyclopentane ⇄	methylcyclopentene ⇄	methylcyclopentadiene →	benzene
SiO_2-Al_2O_3	100	0	0	0
Pt/SiO_2	60	20	20	0
Pt/SiO_2-Al_2O_3	55	15	15	15
Pt/zeolite				

4. 분산도는 촉매에 포함된 금속 중에서 표면에 노출된 금속의 분율을 말한다. 만약, 촉매가 반구형(hemispherical) 입자라고 가정하면, 분산도(D)는 아래와 같은 식으로 정리된다. 이를 유도하라. (N은 반구형 입자의 반지름에 있는 원자의 수, N_T는 반구형 입자에 함유된 모든 원자의 수, N_S는 반구형 입자 표면에 존재하는 원자의 수)

$$D(\%) = \frac{N_S}{N_T} \times 100 = \frac{3}{N} \times 100$$

5. 개질공정에서 공정 반응 압력의 증가가 각 기본 반응(탈수소, 이성화, 수소화분해)의 반응속도에 어떠한 영향을 주는지 서술하라.

제 7 장

청정한 미래 사회

Clean Future Society

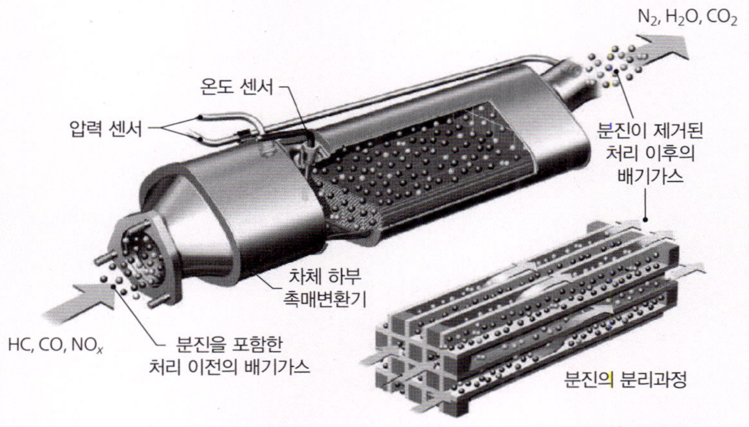

자동차 배기 정화 장치

학습 차례

› 개요

제6장까지는 이미 개발되어 산업 현장에서 널리 사용되고 있는 대표적인 촉매 기술들을 소개하였으나, 제7장에서는 아직 실용화가 이루어지지 않았거나 일부만이 실용화되었더라도, 앞으로 기술이 완성되면 미래 사회에 큰 영향을 줄 수 있는 촉매 기술들을 소개하겠다.

석유의 탈황 기술은 이미 상당한 수준의 촉매 개발을 토대로 산업적인 실용화가 이루어졌다. 그러나 앞으로 원유가 점차 중질화되고, 환경 오염에 대한 우려가 커지면서 더욱 중요해질 것이다. 마찬가지로 자동차 배출가스의 정화와 연료전지 자동차를 위한 촉매 기술도 머지않아 대규모의 실용화가 이루어질 전망이다. 우리는 지금 인공지능(AI)이 폭발적으로 실용화되는 시기에 살고 있다. 이 기술은 촉매 연구에서도 예기치 못했던 성과를 보이게 될 것으로 기대가 된다. 한편, 태양 에너지를 활용하는 촉매는 아직 우리에게 "꿈의 기술"로 보이지만, 어느 날 우리 앞에 완성된 모습으로 갑자기 나타날는지도 모른다. 마치 100여 년 전에 홀연히 Haber 교수가 "암모니아 합성 기술"을 가지고 나타난 것처럼...

› 핵심 지식

입체적 장애(steric hindrance), 심도 탈황(deep desulfurization), 삼원 촉매(three-way catalyst), 산소 저장 능력(oxygen storage capacity), NOx 흡장 환원 촉매(NOx storage reduction catalyst), 산화극(anode), 환원극(cathode), 전해질(electrolyte), 막-전극 집합체(MEA: membrane-electrode assembly), 과전위(overpotential), 활성화 저항(activation loss), 오믹 저항(ohmic loss), 농도 저항(concentration loss)

7.1 화석 원료의 한계

인류는 그동안 주로 석탄, 석유, 천연가스 등의 화석 원료를 토대로 산업화를 이루면서 현재와 같은 풍요로운 사회를 건설하였다. 그 결과로 화석 원료는 우리 사회에서 매일 사용하는 자동차, 비행기, 선박 등의 동력용 에너지만이 아니라, 섬유, 플라스틱, 고무, 의약품 등과 같은 생활필수품의 기초 원료로 광범위하게 이용되고 있다. 그러나 이처럼 화석 원료의 사용량이 늘어나면서 그 자원이 조만간 고갈될 것이라는 우려도 점차 커지고 있다. 아래의 표 7.1에는 각 에너지 원별로 매장량과 함께 가채년수(현재의 생산량이 지속될 경우에 매장량이 소진되는 기간)를 수록하였는데, 석유는 50년, 석탄 134년, 천연가스는 53년 후에 각각 소진될 것으로 예상된다. 더구나 각 에너지의 사용량은 앞으로 계속 증가할 전망(그림 7.1)이므로, 위의 가채년수는 더 짧아질 것이다. 따라서 앞으로 인류가 지속적으로 발전을 하려면, 지금처럼 매장량이 한정된 화석 원료(석유, 석탄, 천연가스)에 의존하지 말고, 그 양이 충분하여 거의 무제한으로 사용할 수 있는 새로운 자원을 찾아야 한다.

화석연료는 머지않아 고갈이 된다는 문제만이 아니라 이를 사용함에 따라 지구 온난화, 산성비, 대기오염 등과 같은 환경 문제가 생기는 또 다른 약점을 가지고 있다. 따라서 미래 사회에서는 이런 문제들이 없는 청정에너지와 원료가 절실히 요구된다.

청정에너지란 환경을 오염시키지 않는 자연 에너지를 말하는데, 태양광, 태양열, 풍력, 조력, 수소 등이 여기에 속한다. 태양에너지는 지구에 도달하는 태양열과 빛을 집열판 또는 집광판을 이용하여 열이나 전기에너지로 변환한 후 사용할 수 있다. 한편, 수소는 물을 분해하면 얻을 수 있는데, 이때 생긴 수소를 산소와 반응하여 열을 얻거나 또는 연료전지를 이용해 전기를 생산할 수 있기 때문에, 최근에는 깨끗한 에너지 매개체(carrier)로서 관심을 끌고 있다. 그러나 태양

표 7.1 전세계 에너지원별 매장량과 사용 가능 기간

구분	석유	석탄	천연가스
가채 매장확인량(reserves)	16,966억 배럴	10,350억 톤	193.5조 m^3
년생산량(production)	338억 배럴	77억 톤	3.7조 m^3
가채년수*(R/P 비)	50년	134년	53년

*가채년수: 확인매장량(R: reserves)을 그 해의 생산량(P: production)으로 나눈 값
출처: BP statistical review of world energy, 2018

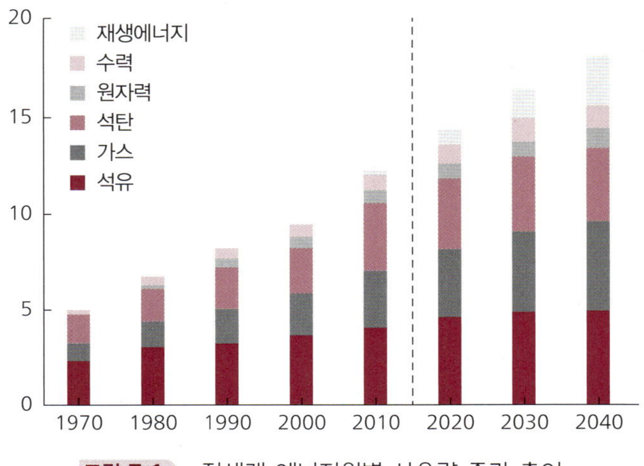

그림 7.1 전세계 에너지원별 사용량 증가 추이.

에너지는 단위 면적당 에너지 밀도가 낮아서 이를 채취하는 데 넓은 면적이 필요하고, 수소는 물을 분해하기 위하여 또 다른 에너지를 써야 하므로, 이들은 아직 대규모의 실용화 단계에 이르지 못하고 있다.

촉매는 청정에너지를 이용하는 것만이 아니라 환경오염을 방지하는 분야에서도 그 역할이 점점 중요해지고 있다. 예를 들어, 화석연료가 연소되면서 그중에 포함된 황과 질소 성분이 대기 중에 방출되어 스모그나 산성비를 만들면, 공기의 질이 나빠지고 결국 육지와 물의 생태계도 더러워진다. 자동차의 배기가스와 함께 배출되는 각종 오염물질은 대기 환경을 훼손하므로, 이를 줄이거나 근본적으로 없애는 기술이 필요하다.

제7장에는 깨끗한 미래 사회를 만들기 위하여 현재 진행되고 있는 몇 개의 촉매 연구 사례를 소개하겠다. 우선, 대기 오염을 막기 위하여 원유 중에 포함된 황 성분을 제거하는 기술(탈황, desulfurization)과 자동차 배출가스에 포함된 오염물을 줄이는 연구를 소개하고, 다음에 수소를 동력 에너지로 사용하는 자동차의 연료전지 기술, 그리고 태양광을 이용하여 물을 직접 분해함으로써 수소를 생산하는 연구에 대하여 설명하겠다.

7.2 깨끗한 공기를 위한 촉매 기술

1. 석유의 탈황

원유는 이를 채취하는 유전에 따라서 그 조성이 조금씩 다르지만, 대개 탄소가 82~87%, 수소가 11~15%, 황이 0.1~5%, 산소가 0~1%, 질소가 0~1% 포함되어 있고, 그밖에 바나듐(V), 니켈(Ni)과 같은 금속이 소량 들어 있다. 특히 황 화합물은 50여 가지에 이르는데. 그 종류는 끓는점이 높은 중질유분(heavy distillate)일수록 많고, 함량도 더욱 크다. 끓는점이 100°C 이하인 유분 속에 포함된 황 화합물은 주로 머캡탄(mercaptan, R−SH)이나 지방족 황 화합물(R_2S)이며, 100~150°C의 유분 중에는 티오펜(thiophene), 이황화물, 환상 황화물이 있다. 250°C 이상에서 얻은 중질유분 중에는 티오펜 유도체(예: dibenzothiophene, DBT)가 많이 포함되었다(표 7.2 참조).

황 화합물은 연소 후에 SO_x(SO_2와 SO_3의 혼합물)를 발생하는데 이는 산성비의 가장 큰 원인이다. 디젤유 중에 유황 성분이 많으면 이를 연소할 때 미세입자(particulate matter, PM)가 많이 생겨서 역시 대기 오염의 원인이 된다. 따라서 주요 선진국에서는 디젤의 황 함량을 2010년부터 10~15 ppm 수준으로 강화하였고, 우리나라도 2009년 이래로 10 ppm 이하의 초저유황 디젤(ultra-low sulfur diesel, ULSD)을 생산하고 있다.

표 7.2 원유에 포함된 대표적인 황 화합물

이름	구조	이름	구조
hydrogen sulfide	H−S−H	sulfoxide	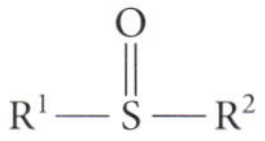 $R^1-S(=O)-R^2$
mercaptan	H−S−R	thiophene	 S
sulfide	R_1-S-R_2	dibenzothiophene (DBT)	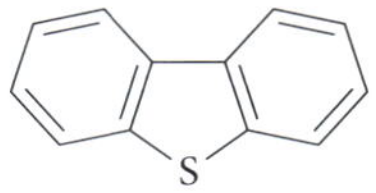 S
disulfide	$R_1-S-S-R_2$	4,6-dimethyldibenzothiophene (4,6-DMDBT)	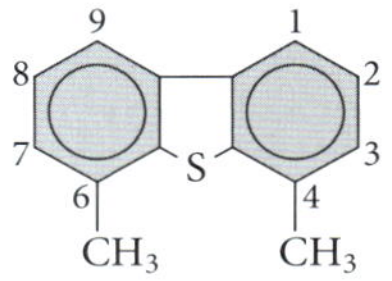 9, 1, 8, 2, 7, S, 3, 6, 4, CH_3, CH_3
cyclic sulfide	 S		

원유 중에 포함된 황 화합물을 제거하는 방법은, 이를 수소화하여 기체인 황화수소(H_2S)를 얻은 후 원유의 주성분에서 분리하는 것인데, 이를 수소첨가탈황(hydrodesulfurization, HDS)이라고 한다. 이 공정은 전형적인 수소화 반응이므로 Pt나 Ni와 같은 전이금속을 촉매로 사용할 수 있지만, 그럴 경우에 금속이 황성분에 의하여 쉽게 피독이 되므로 적합하지가 않다. 따라서 수소화 활성을 가지면서 피독이 되지 않는 황화 몰리브덴(MoS_2)을 주촉매 성분으로 하고, 여기에 코발트(Co), 니켈(Ni) 또는 텅스텐(W)을 증진제로 첨가한 촉매가 현재 사용되고 있다. 일반적으로 수소첨가 탈황공정은 촉매가 채워진 고정층 반응기 내에서, 300~400°C의 고온과 30~130 atm의 고압(수소 압력)의 조건으로 진행된다.

최근 몇 십 년 동안에 석유자원의 사용량이 늘어나면서 원유는 점차로 중질화(重質化)되어 가고 있으며, 이에 따라 원유에 포함된 황의 함량도 거의 두 배 가까이 늘었다. 황 화합물 중에는 특히 입체적 장애(steric hindrance) 특성을 가진 난분해성 황화물들이 많은데, 이들은 수소화 반응성이 낮기 때문에 지금까지 사용해 온 촉매를 사용해서는 쉽게 분해가 되지 않는다. 입체적 장애란, 예를 들어 4,6-DMDBT(4,6-dimethyldibenzothiophene)의 경우처럼 메틸기가 C−S 결합과 인접한 위치(4번과 6번 탄소)에 있기 때문에, C−S 결합이 촉매 활성점에 접근하기가 힘든 환경을 말한다(표 7.2 중의 4,6-DMDBT 구조 참조). 따라서 이와 같은 입체적 장애를 가진 황 화합물을 수소화하려면, 새로운 아이디어가 들어간 촉매를 설계해야 한다. 반응성이 작은 난분해성 황 화합물을 적은 양까지 제거하는 공정을 심도탈황(deep desulfurization)이라고 하는데, 아래에는 이를 위한 연구의 한 사례를 소개하겠다.[31]

이 연구에 사용된 반응물들(DBT, 4-MDBT, 4,6-DMDBT)은 대표적인 난분해성 황화물이며, 그 구조와 탈황 반응의 경로는 그림 7.2에 표시되었다. 탈황 반응은 크게 두 가지 경로를 따라 일어난다. 하나는 반응물 중의 C−S 결합이 선택적으로 수소화 분해되는 직접탈황(direct desulfurization, DDS) 경로이고, 다른 것은 반응물 중의 불포화 고리가 먼저 수소화되고, 이어서 C−S 결합이 수소화 분해되는 수소화(hydrogenation, HYD) 경로이다.

표 7.3은 불소(F)를 첨가한 $CoMo/Al_2O_3$ 촉매를 사용하여 황 화합물을 수첨탈황했을 때 얻은 결과이다. 여기서 보면, 촉매의 불소 함량이 늘어남에 따라 두 반응 경로(DDS, HYD)는 세 반응물의 경우에 모두 증가한다. 특이한 점은 DBT 탈황의 경우에 HYD 경로가 더 많이 증가하는 데 비해, 4-MDBT는 DDS 경로가 더욱 증가하고, 4,6-DMDBT는 두 경로가 거의 비슷하게 증가하는 사실이다. 이 결과는 각 반응물의 구조와 불소가 촉매에 미치는 영향을 함께 고려할 때, 다

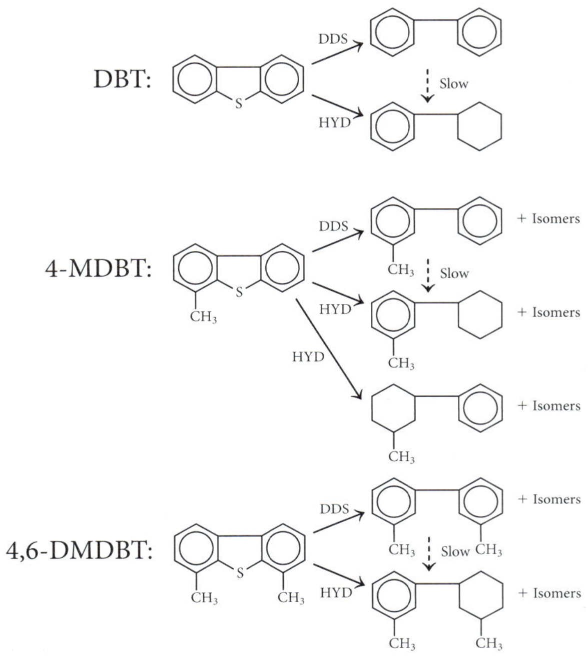

그림 7.2 난분해성 황화물의 수첨탈황 경로.

표 7.3 불소가 첨가된 $CoMo/Al_2O_3$ 촉매를 사용한 난분해성 황화물의 수첨탈황[31]

반응: DBT HDS		생성물 농도(상대값)	
촉매*	전환율(상대값)	BP-DDS 경로	CHB-HYD 경로
FCoMo 00	0.55(1.00)	2.46(1.00)	0.39(1.00)
FCoMo 25	0.67(1.22)	3.04(1.18)	0.60(1.53)
반응: 4-MDBT HDS		**생성물 농도(상대값)**	
촉매*	전환율(상대값)	MBP-DDS 경로	CHT, MCHB-HYD 경로
FCoMo 00	0.39(1.00)	1.26(1.00)	0.70(1.00)
FCoMo 25	0.51(1.30)	1.73(1.37)	0.81(1.16)
반응: 4,6-DMDBT HDS		**생성물 농도(상대값)**	
촉매*	전환율(상대값)	DMBP-DDS 경로	MCHT-HYD 경로
FCoMo 00	0.39(1.00)	0.32(1.00)	1.21(1.00)
FCoMo 25	0.59(1.51)	0.54(1.69)	1.77(1.46)

*FCoMo *xy*: CoMo 촉매에 불소(F)를 *xy*% 첨가한 후 열 처리함.

음과 같이 설명할 수 있다.

불소를 첨가하면 촉매 표면의 산성도와 CoMo 활성 물질의 분산도가 증가한다. 촉매의 산성도가 증가하면, 4-MDBT와 4,6-DMDBT 중의 메틸기가 처음의 위치(4번과 6번 탄소)에서 다른 위치로 이동하기 쉽고, 그러면 C−S 결합에 대한 메틸기의 입체적 장애가 해소되어, 결국 DDS 반응이 촉진된다. 그러나 이 현상은 메틸기가 없는 DBT의 경우에는 일어나지 않는다. 한편, 불소가 촉매의 분산도를 높이면 CoMo 활성점이 증가하여 HYD 반응이 촉진되는데, 이 현상은 메틸기에 의한 입체적 장애가 없는 DBT의 경우에 더욱 크게 일어난다. 4,6-DMDBT는 위의 두 효과가 비슷하게 일어나서 DDS와 HYD 경로가 함께 촉진되며, 그 결과로 전체 탈황속도가 가장 크게 증가한다. 불소가 촉매의 산성도와 분산도를 높이고 또한 반응물 내에서 메틸기의 이동을 촉진한다는 사실은, 이 연구에서 행한 별도의 실험으로 확인하였다.[31]

중질유분의 심도탈황을 위한 연구는 지금도 계속되고 있는데, 그 내용을 크게 나누면 아래와 같다.[32]

(1) **활성 물질**: 현재 사용 중인 Co, Mo, Ni, W 성분의 다양한 조합을 통한 활성 개선

(2) **첨가제**: B, F, P, Ga, La, Mg, Zn 등과 같은 첨가제의 영향

(3) **지지체**: Al_2O_3, SiO_2-Al_2O_3, TiO_2, ZrO_2, 탄소, 제올라이트, SBA-15 등의 효과

(4) **제조 방법**: 착화합물 또는 화학기상증착법(CVD)을 사용하여 제조한 촉매의 성능, 촉매 후처리의 효과

2. 자동차 배출 가스의 정화

오늘날 자동차가 널리 보급되면서 사람들은 빠르게 이동할 수 있게 되었고, 그만큼 생활도 풍요로워졌다. 그러나 자동차의 연료인 가솔린은 연소한 후 일산화탄소(CO), 탄화수소(hydrocarbon, HC), 산화질소(NO_x: NO와 NO_2의 혼합물)와 같이 대기를 오염하고 우리의 건강을 해치는 물질을 배출하기 때문에, 이 문제를 해결하지 못하면 미래 사회의 지속적인 발전이 힘들며, 따라서 세계 각국에서는 이들 오염물질의 배출량을 엄격히 규제하고 있다. 예를 들어, 별도의 정화 장치를 갖추지 않은 가솔린 자동차에서는 CO가 0.15~5.0%, HC가 0.03~0.9%, NO_x가 0.005~0.25%만큼 각각 배출되는데, 2025년까지 가솔린 자동차의 주행거리당 배출량을 HC(메탄 제외)와 NO_x를 합하여 0.019 g/km로

낮추어야 한다. 디젤 자동차의 경우에는 위의 오염물질 외에도 수μm 크기의 미연소 입자상 물질(particular matter, PM)들이 배출되는 것도 규제의 대상이다.

위의 문제를 해결하려면 배출 가스 중에 포함된 유해성 오염물질을 깨끗하고 안전한 것으로 바꿔주는 정화 장치가 필요하다. 즉, 오염물 중의 CO와 HC는 산화하여 CO_2와 H_2O로 만들고, NO_x는 환원하여 인체에 무해한 N_2로 바꾸는 촉매 반응기가 필요하다. 그러나 이것은 결코 쉬운 일이 아니다. 일반적인 화학공장에서는 사용하는 원료가 일정하고 온도와 압력도 큰 변화가 없기 때문에 비교적 안정적으로 조업이 이루어진다. 그러나 자동차 배출 가스의 경우에는 엔진을 시동한 초기에 온도가 상온에서 약 200°C까지 급상승하고, 이어서 공회전 시기에 300~400°C를 유지하다가, 최대 부하 시에는 900°C까지 상승을 한다.

더구나 배출가스가 촉매층의 온도를 높이는 데 상당한 시간이 소요되므로, 시동 초기에는 정화기의 온도가 비교적 낮은 상태에서(즉, 정화기가 제 기능을 발휘하기 힘든 조건에서) 가스가 배출된다. 그 결과로, 예를 들어 HC의 경우에는 자동차를 시동한 지 2분 내에 전체 배출량의 약 80%가 정화되지 않은 채로 배출되는 것으로 관찰되었다. 이밖에도 자동차 배기 정화 장치가 화학공장의 일반적인 반응기와 달리 정상 조업이 힘든 여건은 더 있다. 즉, 배출 가스의 압력이 낮고(대기압) 유속이 빠른 점, 엔진과 가까운 위치에 정화 장치를 설치할 공간이 제한된 점, 배출 가스에 포함된 오염물이 많고(3종 이상) 이들을 정화하는 반응이 상반된 점(CO와 HC는 산화, NO_x는 환원) 등을 들 수 있다. 그럼에도 불구하고 좋은 촉매를 개발하여 자동차의 배출가스를 정화하려는 연구는 계속되고 있다. 그 노력은 깨끗한 미래 사회를 만들기 위한 것만이 아니라, 계속 늘어나는 자동차 시장에서 촉매 기술의 역할을 넓히는 사업전략 면에서도 중요하다.

자동차의 운전에서 중요한 조건인 공연비(air/fuel ratio, A/F)란 엔진의 실린더에 유입되는 공기와 연료의 무게비를 나타내는 것으로, 이 조건에 따라서 연료의 연소 효율과 생성물의 조성이 결정된다. 한편, 양론 공연비(stoichiometric A/F)란 연료를 완전 연소시키는 데 필요한 이론적인 공기와 연료의 비를 뜻한다. 이 값은 연료의 화학적 조성에 따라 조금씩 다르지만, 가솔린의 경우에 14.6~14.8의 범위에 있다. 따라서 공연비가 양론 값보다 낮을 때는(산소 결핍) 주입된 산소가 모두 반응하여 소진되고 과잉으로 들어간 연료가 미반응물로 남아 있는 상태이며, 반대로 양론 값보다 높을 때는(산소 과잉) 주입된 연료가 모두 소진되고 과잉으로 들어간 산소가 남아 있는 상태이다.

› 예제 7.1

(1) 가솔린과 공기의 조성이 각각 아래와 같다고 할 때, 엔진의 양론 공연비(stoichiometric A/F)를 구하라.

› **data**

- 가솔린: C_7H_{13}, 공기 조성: 21% O_2, 78% N_2, 1% Ar

(2) 엔진의 연소효율이 90%라면 연료를 완전 연소시키는 데 필요한 공연비는 얼마인가?

› **풀이**

(1) 양론 공연비란 연료를 완전 연소시키는 데 필요한 이론적인 공기와 연료의 비를 뜻한다. 따라서 아래의 반응에 필요한 공기의 양(x)을 구하면, x = 48.8이다.

$$C_7H_{13} + x(0.21O_2 + 0.78N_2 + 0.01Ar) \longrightarrow 7CO_2 + 6.5H_2O + x(0.78N_2 + 0.01Ar)$$

공연비는 공기/가솔린 무게 비이므로,

$$\frac{A}{F}(1) = 48.8 \times \frac{0.21 \times 32 + 0.78 \times 28 + 0.01 \times 40}{7 \times 12 + 13 \times 1} = 14.57 \quad [답].$$

(2) 연소 효율이 90%이므로, 반응에 필요한 공기는 1번 경우보다 10/9배 더 많다.

$$\frac{A}{F}(2) = \frac{10}{9} \times 48.8 \times \frac{0.21 \times 32 + 0.78 \times 28 + 0.01 \times 40}{7 \times 12 + 13 \times 1} = 16.19 \quad [답].$$

› **보충 설명**

(2)의 경우처럼 엔진의 연소효율이 나쁘면 연료를 완전 연소시키기 위하여 공기를 많이 주입하게 된다. 그러면 미반응 연료는 줄일 수 있지만 대신 과잉의 공기 주입으로 인하여 배기 중 NO_x의 함량이 증가하기 때문에, 새로운 공해 문제가 생긴다. 따라서 엔진의 연소효율을 높게 유지하는 것이 중요하다.

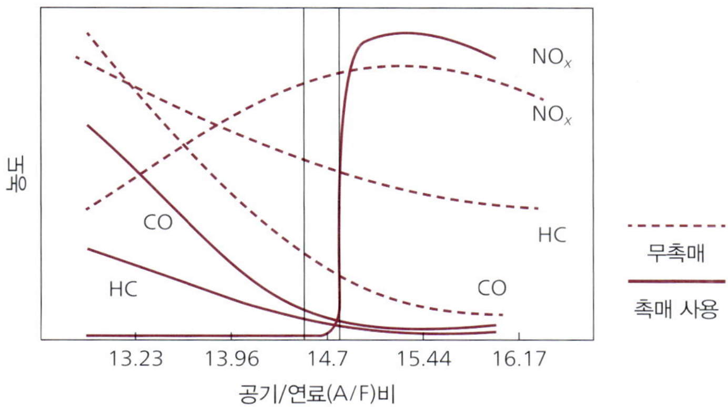

그림 7.3 공연비(A/F)에 따른 배출 성분의 농도 변화.

그림 7.3은 가솔린 엔진에서 배출되는 세 오염물의 농도가 공연비에 따라 변하는 특성을 보인다. CO와 HC는 공연비가 작을 때는 농도가 높다가, 공연비가 커지면서 함께 감소한다. 한편, NO_x는 공연비가 작을 때는 적게 배출되지만, 공연비가 커지면서 함께 증가하고, 급기야 공연비가 매우 커지면 다시 감소한다. 각 오염물이 이처럼 상반된 특성을 보이는 까닭은 CO와 HC가 제거되는 반응이 산소 과잉 조건에서 잘 일어나는 산화 반응(CO_2, H_2O 생성)인 데 비해, NO_x가 제거되는 반응은 산소 결핍 조건에서 잘 일어나는 환원 반응(N_2 생성)이기 때문이다. NO_x가 매우 큰 공연비에서 다시 감소하는 까닭은, 이 영역에서 연료의 양이 적어 반응 온도가 크게 오르지 않은 탓이다.

이와 같은 각 오염물의 반응 특성을 감안하여, 실제의 자동차 주행에서는 엔진의 공연비를 양론 값에 고정함으로써, 오염물이 비교적 낮은 농도로 일정하게 배출되도록 하고 있다. 엔진에서 배출된 가스는 엔진과 가까운 위치에 설치된 정화 장치에 유입되고, 여기서 촉매 반응에 의하여 깨끗한 물질로 전환이 된 후, 머플러를 통해 차 밖으로 나간다. 정화 장치에 채워진 촉매는 세 오염물(CO, HC, NO_x)을 동시에 제거하는 마지막 역할을 하는데, 이를 삼원촉매(three-way catalyst, TWC)라고 부른다. 여기서 각 오염물은 아래의 반응에 의하여 깨끗한 물질로 전환된다.

(1) CO 제거 반응:

$$CO + \frac{1}{2}O_2 \rightleftharpoons CO_2 \tag{7.1}$$

$$CO + H_2O \rightleftharpoons CO_2 + H_2 \tag{7.2}$$

(2) HC 제거 반응:

$$C_mH_n + (\frac{n}{4} + m)O_2 \rightleftharpoons mCO_2 + \frac{n}{2}H_2O \tag{7.3}$$

$$C_mH_n + 2mH_2O \rightleftharpoons mCO_2 + (\frac{n}{2} + 2m)H_2 \tag{7.4}$$

(3) NO 환원 반응:

$$NO + CO \rightleftharpoons \frac{1}{2}N_2 + CO_2 \tag{7.5}$$

$$(2m + \frac{n}{2})NO + C_mH_n \rightleftharpoons (m + \frac{n}{4})N_2 + \frac{n}{2}H_2O + mCO_2 \tag{7.6}$$

$$NO + H_2 \rightleftharpoons \frac{1}{2}N_2 + H_2O \tag{7.7}$$

$$NO + \frac{2}{3}NH_3 \rightleftharpoons \frac{5}{6}N_2 + H_2O \tag{7.8}$$

위의 반응들을 요약하면, CO와 HC는 산소 또는 수분과 반응하여 인체에 무해한 CO_2와 H_2O로 산화되고, NO는 CO, HC, H_2, NH_3와 반응하여 역시 무해한 N_2로 환원된다. 마지막 반응식에 있는 NH_3는 반응물 중의 NO와 H_2가 서로 반응하여 소량 생기는 것으로 밝혀졌다.

앞에서도 지적한 바와 같이, 위의 반응들(산화와 환원이 함께 진행)이 비교적 낮은 온도와 압력에서 동시에 빨리 진행되도록 하는 촉매는 설계하기가 쉽지 않다. 그러나 그동안 많은 연구자들의 노력으로 다성분계의 촉매가 개발되어 현재 실용화가 이루어졌다. 즉, CO와 HC의 산화 반응을 위하여 Pt를, 그리고 NO_x의 환원을 위하여 Rh을 5 : 1의 비율로 섞어 다공성 알루미나(Al_2O_3)에 담지한다. Rh이 고가인 점을 고려하여 대신 Pd를 추가한 Pt/Pd/Rh 촉매를 사용하는 경우도 있다. 또한, 촉매의 내열성을 개선하기 위하여 ZrO_2와 La_2O_3를 첨가하거나, 산소 저장 능력(oxygen storage capacity, OSC)을 높이기 위하여 CeO_2를 첨가하기도 한다. 촉매를 구성하는 금속 성분과 이들의 구체적인 제조 방법은 촉매 회사들의 산업비밀로 보호되어 있다.

알루미나에 담지된 금속 촉매를 내열성이 좋은 벌집형 세라믹 틀의 내부 표면에 도포하고 이를 건조하면, 정화 장치에 들어갈 촉매가 완성이 된다. 금속 촉매를 벌집형 세라믹 틀의 내부에 도포하는 까닭은, 배출 가스가 큰 압력 강하 없이 비교적 넓은 면적의 촉매와 접촉하도록 하기 위해서이다. 그림 7.4는 벌집형 세라믹과 완성된 정화기를 보인다. 자동차에 배기 정화 장치를 설치했을 때와 그렇지 않은 경우에 배출되는 세 오염물의 농도를 앞의 그림 7.3에서 비교했는데, 촉매를 사용할 때 특히 양론 공연비의 조건에서 모든 오염물이 현저히 감소함을 알 수 있다.

근래에는 위의 방식처럼 양론 공연비에서 세 오염물을 동시에 제거하는 대신에, 공연비가 매우 높은 조건(예: A/F = 20, 이를 lean-burn 조건이라고 함)에서 CO와 HC를 산화시키고, 이때 발생하는 NO_x를 촉매 표면에 저장했다가 공연비가 낮아졌을 때 이를 탈착시켜 환원하는 NO_x 흡장환원 촉매(NO_x storage reduction catalyst)가 개발되었다. 엔진을 lean-burn 조건에서 운전하면 세 오염물의 발생량이 대폭 낮아지기 때문에(그림 7.3에서 무촉매인 경우 참조), 이를 제거하는 부담도 함께 경감되는 이점이 있다. 여기에 쓰이는 촉매는 Pt와 함께 BaO를 포함하는데, BaO는 높은 공연비에서 발생한 NO_x를 질산염의 형태로 보관했다가 공연비가 낮아졌을 때 NO_2로 내어 놓고, 이 NO_2는 Pt 표면에서 HC와 반응하여 N_2로 환원된다. 이 방법은 특히 lean-burn 조건에서 조업하는 자동차의 NO_x 배출을 막는 데 효과적이지만, 연료 중에 미량 포함된 황에 의하여 BaO가 피독되는 문제가 있어 이를 개선하는 연구가 진행 중이다.

또한 과잉 산소 분위기에서 배출되는 NO_x를 효과적으로 제거하기 위하여

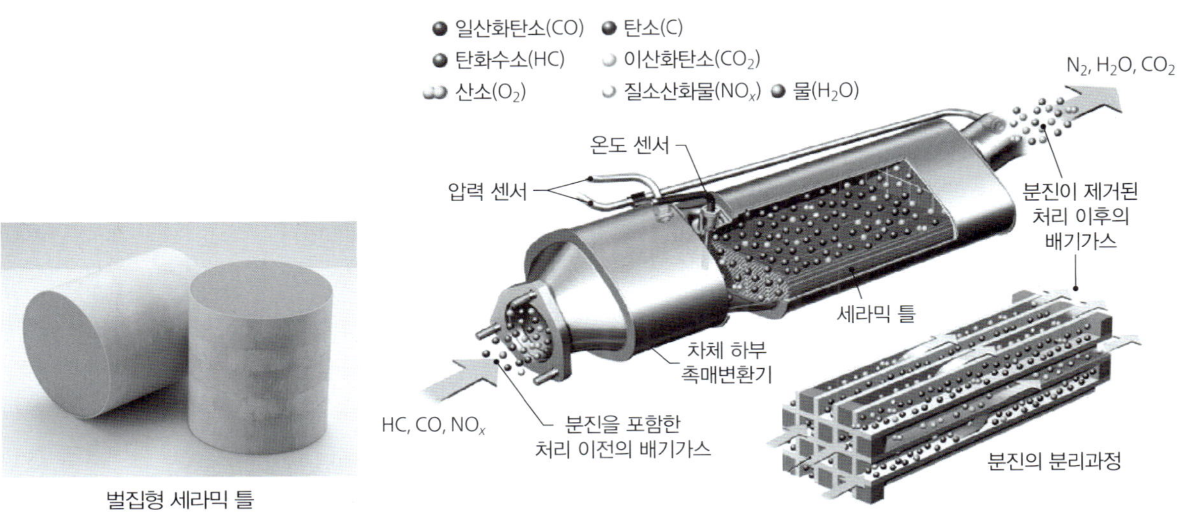

그림 7.4 벌집형 세라믹 틀과 완성된 배기 정화 장치[(주)희성촉매 제공].

선택적 촉매 환원(selective catalytic reduction, SCR) 방법이 이용되고 있다. 이 경우에는 요소수($(NH_2)_2CO$)를 분사함으로써 환원제인 NH_3를 생성하고, 이어서 다음 반응을 통해 NO_x가 제거된다.

$$NO + NH_3 + \frac{1}{4}O_2 \longrightarrow N_2 + \frac{3}{2}H_2O$$

현재 SCR 반응용 촉매로 구리(Cu) 이온이 교환된 SSZ-13 제올라이트가 상용화되었다.

자동차의 배기가스로 인한 대기 오염의 문제는 발전소나 공장과 같은 고정원에서 배출되는 폐가스에 의하여도 그대로 일어나므로, 이 분야에서도 유사한 연구가 이루어지고 있다.[33]

7.3 연료전지 자동차

1. 수소에서 전기를 얻다

화학 반응을 일으키기 위하여 가장 흔히 사용하는 방법은 반응물의 온도를 높여주는 것이다. 이때 공급된 열에너지는 반응물이 에너지 고개를 넘는 데 필요한 에너지로 쓰이고, 그 결과로 반응이 진행된다. 촉매란 이때 넘어야 할 에너지 고개의 높이를 낮추어 줌으로써 낮은 온도에서도 반응이 잘 일어나게 해주는 물질이다.

화학 반응을 유도하기 위하여 열을 가해 주는 대신 다른 방법을 사용할 수도 있다. 예를 들어, 반응물에 전기를 통하면 공급된 전자(electron)가 반응물과 결합하여 화학 반응을 일으킨다. 이처럼 전기에너지를 써서 원하는 화학물질을 만드는 장치를 전기분해 전지(electrolytic cell)라 부르고, 반대로 화학물질에서 전기를 얻는 장치를 볼타 전지(voltaic cell)라고 한다.

대표적인 전기분해 전지는 물의 전기분해 장치이다. 수소 양이온과 수산화 음이온이 녹아 있는 수용액에 전기를 통하면, 수소 양이온이 전자와 결합하여 환원이 되면서 수소 기체가 발생하고, 수산화 음이온이 산화가 되면서 산소가 발생한다. 화학물질에서 전기를 얻는 볼타 전지도 이미 실용화가 되었는데, 우리의 생활에 널리 쓰이는 건전지(battery)가 바로 그것이다. 건전지란 이온화 경향이 큰 금속을 산화시켜 전자를 얻는 장치로서, 산화된 금속은 다시 환원하기가 힘들기 때문에 대개의 건전지는 일회용 제품(이를 “1차 전지”라 부름)으로 쓰인다. 이와는 달리 연료를 지속적으로 소모하면서 전기를 생산하는 장치를 연료전지(fuel cell)라 부른다. 연료전지는 특히 최근에 큰 관심을 끌고 있는데, 그 까닭은 현재 휘발유나 디젤을 연료로 사용하는 자동차가 앞으로는 석유자원의 한계와 환경오염 문제 때문에 점차 전기나 수소를 연료로 사용하는 자동차로 대체되리라고 예측하기 때문이다.

전기 자동차는 축전 배터리를 실은 차이고, 수소 자동차는 차에 수소를 싣고 여기서 전기를 생산하는 장치까지 갖춘 것을 말한다. 전기 자동차는 축전 기술의 한계 때문에 비교적 짧은 거리를 주행한 후에 배터리를 다시 충전해야 하는데 비해, 수소 자동차는 연료 탱크에 수소가 있는 한 얼마든지 장거리 운행이 가능하고, 또한 배기가스에 의한 환경오염 문제가 없기 때문에 미래사회의 자동차로 적합하다. 문제는 수소에서 전기를 효율적으로 생산하는 연료전지를 개발하는 것인데, 이를 위하여 오늘날 많은 연구가 진행되고 있다. 따라서 아래에서는 수소 연료전지(hydrogen fuel cell)를 소개하고, 여기서 핵심 역할을 하는 촉매 기술에 대하여 설명하겠다.

2. 수소 연료전지의 원리

그림 7.5는 수소 연료전지의 원리를 나타내는 모식도이다. 이 장치는 기본적으로 산화극(anode), 환원극(cathode), 전해질(electrolyte), 그리고 전기도선으로 구성되었다[더 알아보기 7.1]. 연료전지가 정상 운전할 때, 산화극에서는 수소가 전자를 내어놓으며 양이온으로 산화되고, 환원극에서는 양이온이 다시 전자와 반응하여 환원된다. 수소 양이온과 전자는 함께 있으면 곧 재결합하여 중성의 수

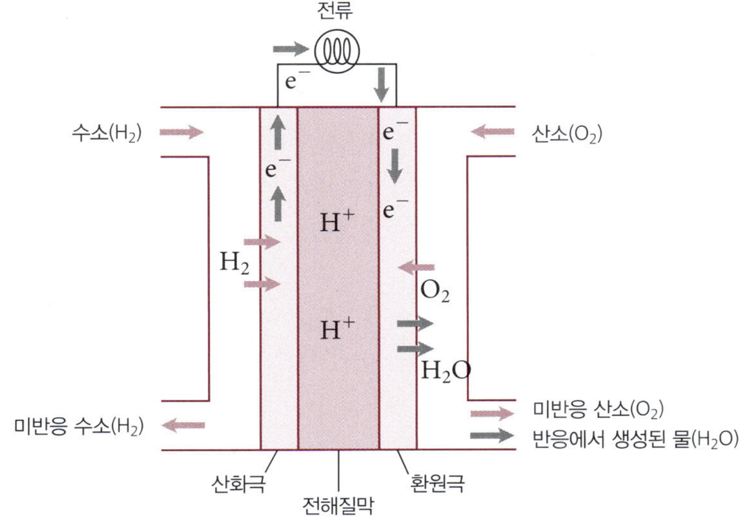

그림 7.5 수소 연료전지의 모식도.

소로 되돌아가기 때문에, 이들은 생기는 즉시 서로 떼어 놓아야 한다. 따라서 전지에는 수소 양이온이 이동할 수 있는 길(ionic conductor)인 전해질과 전자가 이동할 수 있는 길(electric conductor)인 전기도선이 별도로 설치되었다. 그 결과로 산화극에서 생성된 수소 양이온은 전해질에 녹아 환원극 쪽으로 이동하고, 전자는 전기도선을 따라 역시 환원극으로 흐른다. 이는 마치 사람과 자동차가 한 길에 서로 뒤엉켜 있으면 사람도 자동차도 이동이 어렵기 때문에 사람이 다니는 인도와 자동차용 차도를 구분하여 설치하는 것과 같은 이치이다.

▶ 더 알아보기 7.1

전극의 명칭

"산화극"과 "환원극"은 각 전극에서 일어나는 반응이 산화 또는 환원 과정인지에 따라서 그렇게 부르는데, 이와는 달리 각 전극에서 소모되는 반응물을 기준으로 하여 "연료극" 또는 "공기극"이라고 부르기도 한다.

한편, 연료전지의 환원극에는 산소가 주입되는데, 이 산소는 도선을 통하여 흘러온 전자와 결합하여 산소 음이온이 되고 이는 곧 전해질 속에서 수소 양이온과 반응하여 물을 생성한다. 아래에는 각 전극에서 일어나는 반응과 그 결과로 얻은 전체 반응을 표시하였다.

산화극(anode): $$2H_2 \longrightarrow 4H^+ + 4e^- \tag{7.9}$$

환원극(cathode): $$O_2 + 4H^+ + 4e^- \longrightarrow 2H_2O \tag{7.10}$$

전체 반응: $$2H_2 + O_2 \longrightarrow 2H_2O \quad \Delta G < 0 \tag{7.11}$$

따라서 연료전지에서는 수소와 산소가 결합하여 물을 생성하는 화학 반응이 일어나고, 그 과정에서 장치의 외부로 연결된 도선을 통하여 전자가 산화극에서 환원극으로 이동하면서 전류가 얻어진다. 이는 전기를 써서 물을 전기분해하는 것과 정반대의 경우이다.

여기서 환원극에 주입되는 산소의 중요한 역할에 대하여 언급할 필요가 있다. 연료전지의 작동에 대한 앞의 설명에서, 연료전지가 정상으로 작동할 때 산화극에서 "수소가 양이온과 전자로 분리된다"고 하였다. 그러나 이와 같은 양이온-전자의 분리 반응은 환원극에 산소가 주입될 때 비로소 일어난다. 만일 산소의 공급이 없이 수소가 산화극에만 공급된다면, 수소는 전극에 흡착하여 원자 상태로 분리될 수는 있을지언정, 그렇게 생긴 수소 원자가 양이온과 전자로 분리되는 일은 생기지 않는다. 수소가 전자를 내놓으려면 근처에 강력한 전자받기(electron acceptor) 특성을 가진 물질이 있어야 하는데, 그 역할을 하는 것이 바로 환원극에 공급되는 산소이다. 산소는 전자받기 능력이 매우 강하기 때문에, 수소에서 전자를 빼앗으며 이를 양이온으로 산화시킬 수 있다. 일반적으로 원자의 전자받기 능력은 수소의 경우와 비교한 상대적인 이온화 잠재력(ionization potential), 전기화학 퍼텐셜(electrochemical potential), 전기음성도(electro-negativity) 등으로 불리는데, 이 책에서는 이온화 잠재력이라고 통일하여 부르겠다. 산소는 수소보다 이온화 잠재력이 1.23 volt 크기 때문에, 이 값은 수소 연료전지에서 얻을 수 있는 최대의 전압이 된다.

3. 수소 연료전지의 구성

이처럼 수소 연료전지의 원리는 비교적 간단하지만, 실제의 장치는 그림 7.6에 보인 것처럼 다소 복잡하다.

연료전지의 전극은 탄소섬유로 제조한 탄소 종이(carbon paper), 탄소에 담지된 백금 촉매(Pt/C), 그리고 전해질 용액(proton conducting liquid)으로 구성이 되어 있다. 전해질 용액은 "이온이 있는 액체"를 뜻하는 "이오노머(ionomer)"라고 부르기도 하는데, 구체적으로 수소 연료전지에 사용되는 이오노머는 수소 양이온 전달체인 나피온(Nafion) 고분자(Dupont사 제품)가 약 5 *wt*%의 중량비로 알코올과 물에 혼합된 용액이다. 전지를 구성하는 산화극과 환원극은 다공성의 투과막(membrane)을 사이에 두고 서로 마주보고 있으며, 투과막

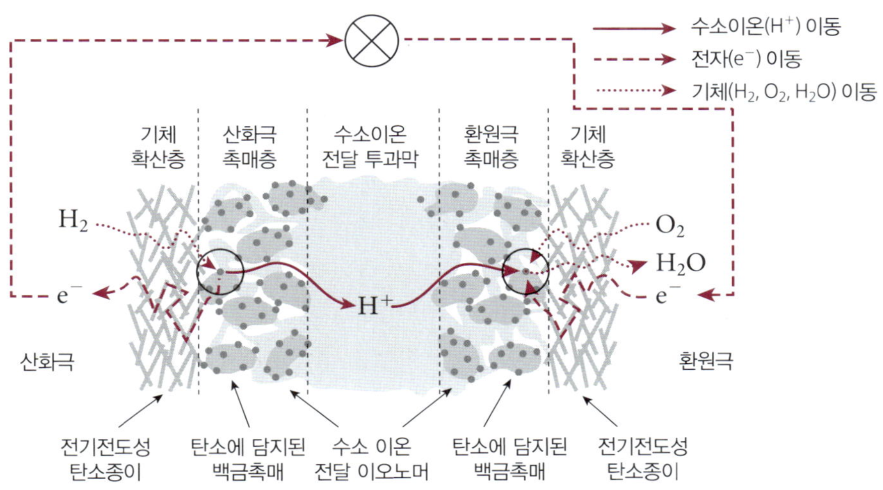

그림 7.6 막-전극 집합체(MEA) 내부에서 이온과 전자의 흐름.

은 이오노머를 품고 있어 이온이 막 안에서 액체 경로를 따라 이동할 수 있다. 두 전극은 또한 외부 도선으로 연결되어 전지에서 발생한 전기가 이를 통하여 흐른다. 이처럼 연료전지를 구성하는 투과막과 전극의 접합체를 MEA (membrane-electrode assembly)라 부른다.

탄소 종이의 역할은 두 가지이다. 첫째는, 주입되는 연료가 이 막을 통하여 흐를 때 위치에 상관없이 균일한 속도로 흐르도록 해주는 것이고, 둘째는 전극에서 생성(또는 소모)되는 전자가 이동저항이 거의 없이 외부 도선에 이르도록 하는 것이다. 따라서 탄소 종이의 재질은 전기전도도가 좋은 탄소섬유를 사용한다. 한편, 전극에서 전기화학 반응에 의하여 생성된 이온은 액체인 이오노머를 통하여 이동하고, 결국 나피온 투과막을 지나 반대쪽 전극에 다다른다. 따라서 전극의 내부는 Pt/C 촉매와 이오노머가 균일하게 섞여 있고 그 사이에 연료 기체가 이동할 수 있는 작은 기공이 있는 형태이다. 전기화학 반응은 이처럼 기체(반응물)−액체(이오노머)−고체(촉매)가 공존하는 삼상계면(three-phase boundary)에서 진행이 되므로, 전지의 성능은 이 삼상계면이 얼마나 잘 형성되었는지에 따라 크게 영향을 받는다.

4. 백금 전극 촉매와 과전위 현상

촉매의 활성물질로 백금(Pt)을 사용하는 까닭은 백금이 수소와 산소를 원자 상태로 분리 흡착(dissociative adsorption)하는 기능을 갖기 때문이다. 또한 백금은 귀금속이어서 이들 기체와 흡착 이상의 격렬한 반응을 일으키지 않기 때문에, 촉매로 오래 사용해도 활성이 크게 떨어지지 않는 장점이 있다. 촉매의 담체로 탄소를 사용하는 까닭은 역시 전자의 이동저항을 줄이기 위해서이다. 표면적이 큰(기공 크기가 작은) 탄소 담체는 촉매 입자를 작고 균일하게 담지할 수 있는 장점이 있지만, 삼상계면의 형성이 어렵고 전극의 두께가 두꺼워져 물질전달 저항이 높게 걸리는 단점이 있다. 반면에 표면적이 작은(기공 크기가 큰) 탄소 담체는 백금을 비교적 큰 덩어리로 담지하기 때문에 촉매의 활성 표면적이 낮아지는 문제가 있다. 전기전도도가 높은 탄소는 흑연과 유사한 육각형의 고리구조를 많이 갖는데, 이 경우에는 백금을 균일한 크기로 담지하기가 힘들어서 이것도 최적의 조건을 찾아야 한다. 연료전지에 많이 사용되는 탄소 담체는 Cabot사의 Vulcan XC-72R로, 약 220 m^2/g의 비표면적, 6.4 nm의 평균 기공 크기, 그리고 약 10 S/cm의 전기전도도를 갖는다.

그림 7.7은 수소 연료전지의 전형적인 전기특성(I-V 곡선)을 보인다. 연료전지는 산화극과 환원극에 각각 수소와 산소가 공급되기 때문에, 연료전지 셀의

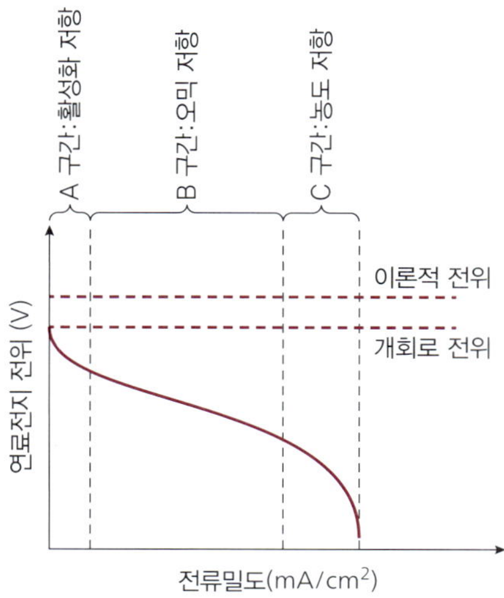

그림 7.7 수소 연료전지의 전형적인 전기 특성(I-V) 곡선.

이론적 전위는 1.23 V (셀 전위 = 환원극 전위 – 산화극 전위)이다. 연료전지의 전해질 용액에서 나피온이 수소 양이온의 전달체 역할을 하려면 물을 함유하고 있어야 하는데, 이 때 전지로 공급된 수소와 산소도 이 물을 통하여 일부가 반대편 전극으로 확산된다. 그 결과로 두 전극 사이의 셀 전위는 이론적 전위인 1.23 V보다 낮아져서(그 까닭인 "과전위 현상"에 대해 아래에 설명함) 약 1.0 V에 머무른다.

전극에서의 전기화학 반응은 이론적 전위보다 조금 더 높거나(산화극), 낮은(환원극) 전위에서 진행된다. 이를 과전위(overpotential)이라고 하는데, 이로 인하여 연료전지에서 실제로 얻는 전위는 이론적인 값(1.23 V)보다 낮아진다. 이와 같은 과전위 현상은 크게 아래의 세 구간에서 일어난다. 첫 번째 구간은 낮은 전류밀도(그림 7.7, A 구간)에서 활성화 저항(activation loss)으로 인해 전위가 급격하게 감소하는 부분이다. 환원극에서 일어나는 산소의 환원 반응은 산화극에서 일어나는 수소의 산화 반응보다 반응속도가 약 3배 느리기 때문에, 낮은 전류밀도에서 환원극에 큰 과전위가 발생하여([더 알아보기 7.2], [더 알아보기 7.3] 참조) 연료전지 셀의 전위가 크게 낮아진다.

두 번째 구간(그림 7.7, B 구간)은 중간 전류밀도에서 선형적으로 전위가 내려가는 오믹 저항(ohmic loss) 부분이다. 오믹 저항이란 연료전지 전극에서 발생되는 수소 양이온과 전자가 각각 전해질과 도선을 따라 흐를 때, 각 전달매체가 갖고 있는 저항으로 인해 생기는 전위 감소이다. 마지막 세 번째 구간(그림 7.7,

C 구간)은 고전류 밀도에서 전위가 급격히 내려가는 농도 저항(concentration loss) 부분이다. 반응이 활발히 일어나 많은 수의 전자와 수소 양이온이 발생하는 고전류 밀도 구간에서는, 반응물인 수소와 산소가 전극 표면에 공급되는 속도가 이들이 표면 반응으로 없어지는 속도를 따라가지 못하기 때문에, 결국 연료전지 셀의 전위가 감소하게 된다.

연료전지에서 발생되는 과전위를 낮추려면 촉매의 적절한 설계가 중요하다. 연료전지 촉매의 활성을 높이고 내구성을 증대시키기 위해서는 4개의 전자가 참여하는 반응으로의 선택도를 높이고[더 알아보기 7.3], 흡착된 분자가 쉽게 분리될 수 있도록 적당한 흡착 세기를 갖는 촉매를 설계해야 한다. 또한 오믹 저항을 낮추기 위해서는 전기전도도가 높은 결정성 탄소 소재를 사용해야 한다. 하지만 결정성이 높은 탄소 소재는 비표면적이 작고 표면이 매끈하기 때문에, 백금이 큰 입자로 얹어지고 또한 반응이 진행되면서 입자가 크게 성장할 가능성이 있다. 따라서 표면적이 작은 탄소 담지체를 사용하더라도 백금 입자를 작고 균일하게 분산시킬 수 있는 방법이 필요하다.

전기화학 촉매는 전자가 반응에 직접 참여하는 조건에서 사용하기 때문에 이 책에서 소개된 다른 유형의 촉매들과는 차별화된 설계 전략이 필요하다. 그럼에도 불구하고 일반 촉매들의 경우에 사용했던 활성점 증가, 반응물의 흡착과 생성물의 탈착 에너지 조절, 금속 입자와 담체 간의 상호작용, 담체의 표면 및 기공 특성 등을 토대로 전기화학 촉매의 성능을 개선할 여지가 많기 때문에, 현재 많은 연구가 진행되고 있다.[34]

▶ 더 알아보기 7.2

전기화학 촉매의 이해, 전극 반응

전기분해 전지와 볼타 전지의 대표적인 예는 각각 물분해 전지와 연료전지이다. 수전해 반응은 물을 전기분해하여 수소와 산소를 발생시키고, 연료전지에서의 반응은 수소와 산소를 주입하여 전기를 발생시킨다. 즉, 두 전지에서의 반응은 전기화학적으로 역반응 관계로, 전자의 경우 수소의 환원과 산소의 산화 반응이 진행되고, 후자의 경우에서는 수소의 산화와 산소의 환원 반응이 진행된다.

그림 7.8은 위에서 언급한 네 종류의 반응을 전압-전류 곡선에 나타낸 것이다. 수소발생 반응(hydrogen evolution reaction, HER)은 0 V를 기준으로 음의 값의 전위를 나타내는 반면, 수소산화 반응(hydrogen oxidation reaction, HOR)은 0 V를 기준으로 양의 값을 나타낸다. 산소발생 반응(oxygen evolution reaction, OER)은 1.23 V를 기준으로 높은 전위에서 전압을 형성하며, 산소환원 반응(oxygen reduction reaction, ORR)은 이 기준 전위에서 낮은 쪽에 전압을 형성한다. y축의 전류값이 0보다 큰 반응은 산화극에서 일어나는 반응을 나타내며, 반대는 환원극을 나타낸다.

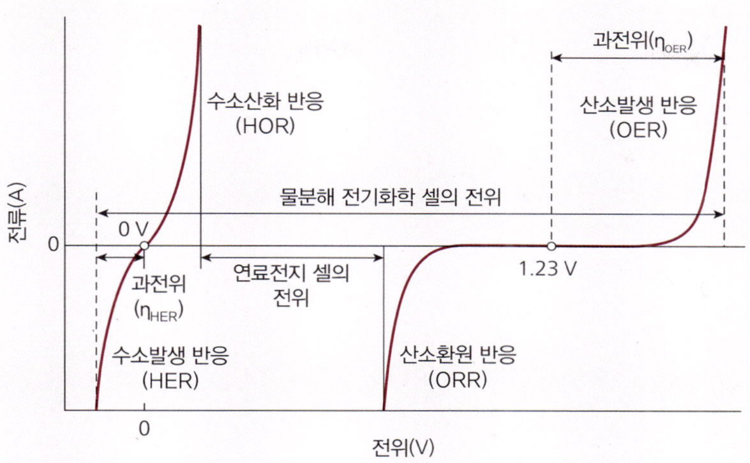

그림 7.8 대표적인 전기화학 촉매 반응의 전압-전류 곡선.

수소의 전기화학 반응식

수소발생 반응(HER): $$4H^+ + 4e^- \longrightarrow 2H_2 \quad (7.12)$$

수소산화 반응(HOR): $$2H_2 \longrightarrow 4H^+ + 4e^- \quad (7.13)$$

산소의 전기화학 반응식

산소발생 반응(OER): $$2H_2O \longrightarrow O_2 + 4H^+ + 4e^- \quad (7.14)$$

산소환원 반응(ORR): $$O_2 + 4H^+ + 4e^- \longrightarrow 2H_2O \quad (7.15)$$

수소의 전기화학 반응은 0 V를 기준으로 작은 전위의 변화에도 전류가 급격히 상승하는 반면, 산소의 전기화학 반응은 1.23 V를 기준으로 일정한 전위 이상 변화가 있어야 전자의 발생이 관찰된다. 각 반응의 기준 전위에서 전압의 변화가 크다는 것은 반응을 일으키기 위해 전위(열역학적으로 일을 뜻함)를 더 크게 변화시켜야 함을 의미하며, 이는 산소의 전기화학 반응이 수소의 반응보다 더 일어나기 어렵다는 것을 의미한다. 따라서 수소의 전기화학 반응에 사용하는 촉매의 양보다 산소의 전기화학 반응에 더 많은 촉매가 사용된다. 한편, 탄소 담지체는 1.5 V에서 일산화탄소 또는 이산화탄소로 부식되기 때문에, 산소발생 반응에는 탄소 담지체를 사용하지 못하고, 금속산화물 입자를 직접 집전체에 도포하여 사용한다.

▶ 더 알아보기 7.3

산소환원 반응(ORR)의 이해, 과전위

연료전지에서 발생되는 과전위의 원인은 (1) 활성화 저항, (2) 오믹저항, (3) 농도저항이다. 활성화 저항은 앞서 설명한 바와 같이 주로 산소의 환원 반응(ORR)에 의해 발생된다. 열역학적으로 산소환원 반응은 1.23 V에서 발생해야 하지만, 최소 0.2 V 이상의 과전위가 더 걸린 0.95~1.02 V 사이에서

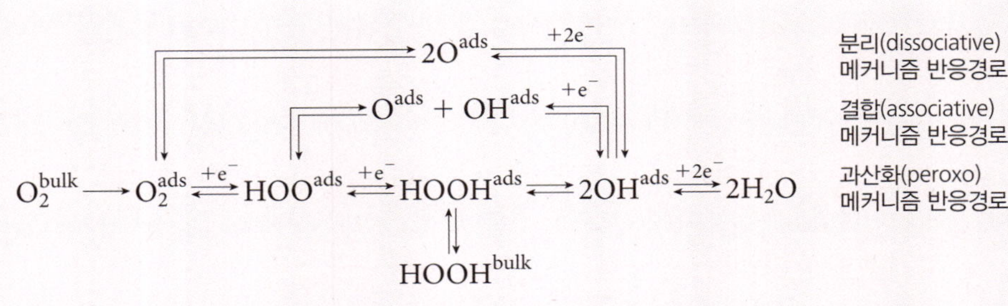

그림 7.9 산소환원 반응 메커니즘.

반응이 시작된다. 이러한 과전위는 산소의 반응 메커니즘에 따라 달라지기 때문에 이를 이해할 필요가 있다.

상용 백금 촉매 표면에서 일어나는 산소환원 반응은 다음과 같이 세 가지 메커니즘을 따르는 것으로 알려져 있다. 첫 번째는 분리 메커니즘(dissociative mechanism)으로 산소 분자가 백금 표면에 흡착한 후에 산소 원자로 분리되어 물을 생성하는 반응 경로를 따른다. 이 반응 경로에서는 산소 분자가 원자로 분리되는 단계가 율속단계(RDS)이며, 높은 과전위의 원인이 된다.

두 번째는 백금 표면에 흡착한 분자가 공기극에서 생성된 수소 이온과 전자와 반응하여 과수산화기(hydroperoxyl)를 형성한 후에 산소 원자와 수산화이온으로 해리되고 최종적으로 물을 생성하는 결합 메커니즘(associative mechanism)이다. 이 경로에서는 산소 분자에 수소 이온이 결합하고 수산화기와 산소 원자로 분리되는 단계가 율속단계로 알려져 있다. 두 반응 경로 모두 4개의 전자가 반응에 참여하며, 성능이 높은 촉매에서 관찰된다.

세 번째는 과산화 메커니즘(peroxo-mechanism)으로 두 번째 메커니즘에서 과수산화기가 산소 원자와 수산화 이온으로 분리되지 못하고 수소 이온과 반응하여 과산화 수소를 형성하는 경로이다. 이 반응은 2개의 전자가 참여하기 때문에 앞서 설명한 두 가지 경로에 비해 산소환원 반응의 효율이 낮다. 이 반응 경로의 또 다른 문제점은 생성된 과산화 수소가 연료전지 전극과 전해질 막의 비활성화를 유발하는 요인으로 작용한다는 것이다.

따라서 연료전지 촉매의 활성을 높이고 내구성을 증대시키기 위해서는 4개의 전자가 참여하는 반응으로의 선택도를 높이고 흡착한 분자가 쉽게 분리될 수 있도록 적당한 흡착세기를 갖는 촉매의 설계가 필요하다.

산소환원 반응용 촉매의 특성을 향상시키는 방법은 백금과 다른 금속을 합금하는 것이다. 1990년대부터 연구되어 온 백금 기반 합금 촉매는 Pt-M의 형태로 표시하는데, 백금과 이종 금속의 원자비가 3 : 1인 경우에 가장 높은 활성이 나오는 것으로 알려져 있다. 백금 촉매에 이종 금속이 도입되면 구조적인 효과와 전자적 효과로 인해 산소환원 반응의 촉매 특성을 향상시킨다. 구조적인 효과는 백금 원자 사이에 이종 원자가 도입되면 백금 원자 간의 거리를 감소시켜 산소 분자의 분리 흡착이 용이한 활성점을 제공하는 것이다.

백금 단결정에 Ni를 합금한 촉매의 연구에서 Pt_3Ni (111)은 Pt (111)에 비해 약 10배 높은 비활성(specific activity)을 나타내었으며, 상용 다결정 백금 촉매에 비해 약 90배 높은 활성을 나타냈다. 전자적 효과는 백금의 *d*-band 결함(vacancy)의 수를 증가시켜 산소 분자와 반응 중간체들의 흡착 세기를 좀 더 적절한 세기로 변화시켜 주는 것이다. 즉, 산소 분자는 합금 촉매 표면에서 백금 촉매에 비해 좀 더 강한 결합을 갖게 되고, 반응 중간체는 좀 더 약한 결합을 갖게 된다.

7.4 새로운 연구 방법: 전산화학

1. 촉매 연구의 새로운 지평

오늘날 촉매는 환경 보호에서 에너지 생산에 이르기까지 다양한 분야에 걸쳐 중요한 역할을 하고 있다. 그러나 특정 반응에 적합한 촉매를 찾는 일은 언제나 큰 도전이었다. 왜 탈황 반응에는 몰리브데넘이, 메탄 개질 반응에는 니켈이, Fischer–Tropsch 반응에는 코발트가, 그리고 산소 환원 반응에는 백금이 각각 최적의 촉매로 선택되었을까?

전통적으로, 촉매의 효율성은 대부분 경험적 지식과 끊임없는 실험을 통해 밝혀졌다. 이 과정은 시간이 많이 소요되며, 때로는 희귀한 재료를 촉매 성분으로 선택하여 사용한 경우도 있다. 하지만 최근 들어 "전산화학(computational chemistry)"의 발전은 이러한 과정을 획기적으로 변화시켜 놓았다. 특히, 밀도범함수 이론(Density Functional Theory, DFT)과 같은 계산 기법은 촉매 연구의 새로운 지평을 열었다. DFT 계산은 원자 수준에서 촉매 표면과 화학 반응의 상호작용을 정밀하게 예측함으로써, 우리가 촉매 반응이 일어나는 단계를 정확히 이해하고, 이를 토대로 새로운 촉매를 설계할 수 있게 해준다.

이 절에서는 전산화학, 특히 DFT 계산을 활용하여 촉매 소재 및 반응을 연구하는 최신 방법을 소개하고, 이를 통해 새로운 촉매의 개발뿐만 아니라 기존 촉매의 개선이 어떻게 이루어지고 있는지 설명하겠다. 전산화학을 통한 촉매 물질의 탐색과 설계 과정부터, 자연 과학의 이론이 실제 촉매 개발에 어떻게 적용되는지에 대한 구체적인 예까지 보일 예정이다.

2. DFT 소개

먼저 DFT에 대해 간략히 알아보도록 하자. DFT는 양자물리학의 한 방법으로, 이를 사용하면 전자의 복잡한 거동을 좀 더 쉽게 이해할 수 있다. 촉매화학이나 재료과학에서 매우 유용하게 사용되는 이 이론은 전자들이 어떻게 상호작용하며, 그 상호작용이 물질의 성질에 어떤 영향을 미치는지를 설명해준다.

우리는 원자가 원자핵과 전자로 이루어져 있다는 것을 알고 있다. 원자핵은 무거워서 그 위치가 잘 변하지 않지만, 전자들은 상대적으로 가볍고 움직임

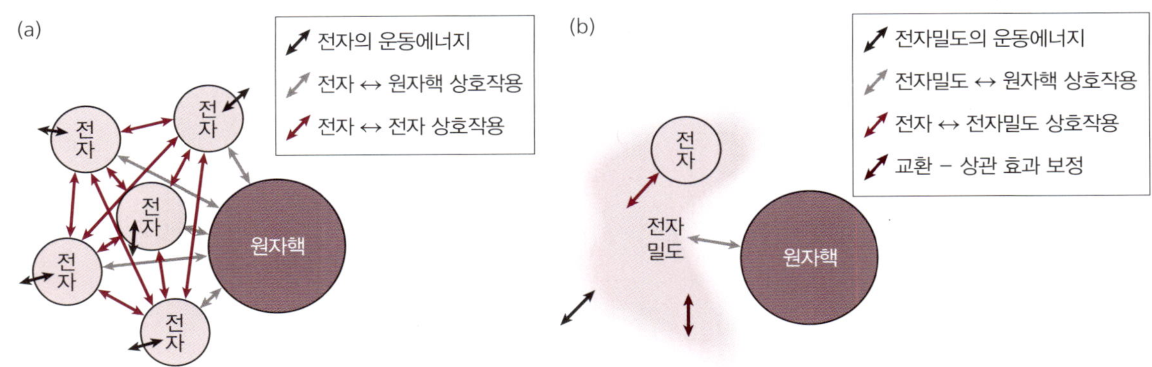

그림 7.10 여러 개의 전자가 포함된 원자에서 전자의 움직임과 에너지를 기술하려는 두 가지 방식을 개괄적으로 나타내었다. (a) 슈뢰딩거 방정식은 모든 전자가 서로 영향을 주고받는 것을 포함한다. (b) 콘–샴 방정식은 하나의 전자가 전자밀도 안에서 움직이는 것으로 가정한다.

이 많다. 따라서, 물질의 성질은 이 움직이는 전자들이 어떻게 서로 작용하는지에 따라 크게 좌우된다. 전자의 거동을 설명하는 기본 방정식은 슈뢰딩거 방정식(Schrödinger equation)이다. 이 방정식을 사용하면 전자들의 운동에너지, 전자와 원자핵 사이의 상호작용, 전자들 사이의 상호작용을 각각 계산하여 전자의 위치와 에너지를 구할 수 있다(그림 7.10a)

그러나 슈뢰딩거 방정식은 전자 수가 많은 상황에서는 다양한 상호작용, 특히 전자 간의 상호작용을 정확하게 기술하기 위한 계산량이 기하급수적으로 많아지기 때문에, 실질적으로는 전자 수가 적은 간단한 시스템에 대해서만 적용할 수 있다.

이러한 한계를 극복하기 위해 DFT에서는 각 전자들이 서로 영향을 주지 않고 독립적으로 움직인다고 먼저 가정한다. 전자 하나의 관점에서는 다른 전자들 각각이 아닌, 이들이 이루는 전자밀도와 상호작용한다고 볼 수 있다(그림 7.10b). Walter Kohn과 Lu Jeu Sham은 이러한 가상의 시스템을 통해 실제 시스템의 전자 상태와 에너지를 예측할 수 있다고 제안했는데, 이를 콘–샴 방정식(Kohn–Sham equation)이라고 한다.[35] 그림 7.10b에서 보다시피 이와 같은 DFT는 슈뢰딩거 방정식의 복잡성을 크게 줄여준다.

그러나 이런 식으로 시스템을 단순화하면 양자역학적인 현상에서 기인하는 몇 가지 오차가 발생할 수 있다. 대표적으로는, 같은 스핀을 가진 전자들이 서로의 위치를 교환할 때 발생하는 교환 효과와 함께, 전자들이 서로의 반발력을 최소화하기 위해 움직임을 조정하는 현상인 상관 효과에서 발생하는 오차이다.

DFT에서는 이러한 오차를 보정하기 위해 교환 및 상관 효과[더 알아보기 7.4]를 추가적으로 기술해줘야 하는데, 그 방법에 따라 계산의 정확도와 효율성이 큰 영향을 받는다. 따라서 시스템의 특성과 계산 목적에 따라 적합한 교환-상관 함수를 선택해야 한다.

정리하자면, 슈뢰딩거 방정식은 시스템의 모든 전자 간의 상호작용을 직접 고려하려고 시도하는 반면, 콘–샴 방정식을 기반으로 하는 DFT는 서로 독립적으로 움직이는 전자 시스템을 통해 전자 간의 상호작용을 모델링한다. 콘–샴 방정식은 실제 전자 구조를 계산하는 데 있어서 슈뢰딩거 방정식에 비해 계산 복잡성을 크게 줄여주는데, 이는 DFT가 복잡한 시스템의 전자 구조를 연구하는 데 널리 사용되는 이유 중 하나이다.

촉매 연구에서도 DFT 계산을 활용하여 촉매의 작용 메커니즘을 이해하고, 새로운 촉매를 설계하는 데 필수적인 정보를 얻을 수 있다. 예를 들어, 연구자는 촉매 표면에서의 반응 경로, 활성점에서의 전자 구조 변화, 반응 에너지 장벽을 정밀하게 예측할 수 있다. 이러한 정보는 촉매의 활성과 선택성을 최적화하고, 새로운 촉매 시스템을 비교적 쉽게 개발하는 데 크게 기여한다.

▶ 더 알아보기 7.4

교환 및 상관 효과란?

교환 및 상관 효과는 전자가 특히 많은 양자역학 시스템에서 중요한 역할을 한다. 이 효과들은 전자 간의 상호작용을 나타내며, 특히 전자의 반발력과 전자들이 같은 공간을 차지하려는 경향(교환 효과) 및 전자들의 상대적 위치와 운동 상태에 따른 상호작용(상관 효과)을 설명해준다. 이러한 효과들은 DFT의 전자 구조와 분자의 화학적 성질을 정확하게 이해하기 위해 반드시 알아야할 특성이다.

교환 효과: 교환 효과는 같은 스핀을 가진 전자들 사이에서 발생하는 특별한 종류의 상호작용이다. 양자역학의 원리에 따르면, 두 전자가 서로 교환될 때 전체 시스템의 파동 함수는 그 성질을 유지해야 한다. 페르미온(Fermion)인 전자는 반대칭 파동 함수(Antisymmetric wave function)를 가지며, 이로 인해 두 전자가 같은 양자 상태를 공유할 수 없게 된다(Pauli's exclusion principle). 교환 효과는 이러한 파동 함수의 반대칭성에서 비롯되며, 같은 스핀을 가진 전자들이 서로 가까이 있을 때 전자 간의 반발을 감소시키는 역할을 한다. 이는 에너지가 낮은 상태를 선호하게 만들어, 전자 구조에 영향을 미친다.

상관 효과: 상관 효과는 전자들이 서로의 존재를 인식하고, 상호 반발력을 최소화하기 위해 서로의 위치와 운동을 조정하는 현상을 말한다. 이는 전자들이 서로 독립적으로 움직이지 않고, 한 전자의 운동이 다른 전자의 운동에 영향을 미친다는 것을 의미한다. 이는 슈뢰딩거 방정식에는 포함됐었지만, DFT로 단순화하며 배제된 효과이다. 상관 효과는 계산상 매우 복잡한 문제를 일으키기 때문에, 실제 DFT 계산에서는 활용하려는 시스템의 정확성과 효율성을 고려하여, 단순하지만 정확성이 낮거나 복잡하지만 정확성이 높은 형태 중에서 선택하여 포함시킨다.

이와 같은 교환 및 상관 효과는 분자의 결합 에너지, 전자 밀도 분포, 이온화 에너지, 전자 친화력 등 많은 물리적, 화학적 성질을 결정짓는 데 중요한 역할을 한다. DFT에서는 이러한 효과를 교환 상관 함수(exchange-correlation function)라는 추가적인 항을 도입함으로써 모델링한다. 교환 상관 함수의 선택은 밀도 범함수 이론 계산의 속도와 정확도에 큰 영향을 미치며, 지금까지 다양한 시스템과 조건에 맞는 여러 가지 함수가 개발되어 왔다.

3. 전산화학을 이용한 촉매 개발

전산 화학을 활용한 촉매 개발은 일반적으로 다음과 같은 단계를 따라 진행된다. (1) 실험 결과로부터 촉매 모델 정립, (2) 원자 단위 반응 모사를 통한 메커니즘 분석, (3) 미시반응 동역학(microkinetics)[더 알아보기 7.5]을 바탕으로 한 반응 속도 연구, (4) 촉매 성능을 예측할 수 있는 중요한 특징(표현자, descriptor) 도출 및 후보 촉매 선별, (5) 신규 촉매 합성 및 실험적 검증. 그림 7.11에 나타낸 이 과정들은 이론과 실험을 총체적으로 활용하여 촉매 연구의 복잡성을 관리 가능한

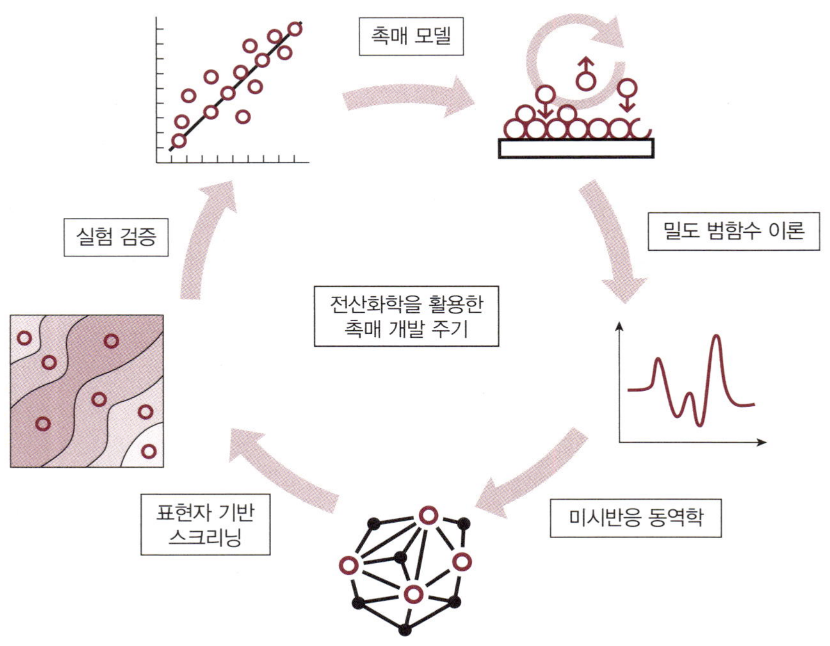

그림 7.11 전산화학을 이용한 촉매 개발 단계 모식도.

단계로 나누는 데에 의미가 있다. 즉, 위에서 언급한 모든 단계를 엄격하게 순서대로 진행할 필요는 없으며, 각 단계에서 얻은 통찰을 바탕으로 촉매 개발의 최종 목표를 효과적으로 달성할 수 있다. 아래에서는 각 단계에 대하여 추가의 설명을 하겠다.

(1) 전산 화학을 통한 촉매 개발의 첫 번째 단계는 실험 결과를 바탕으로 촉매 활성점에 대한 정보를 수집하고 초기 촉매 반응 모델을 구축하는 것이다. 이 과정에서는 촉매가 어떻게 반응을 촉진하는지, 어떤 부위가 반응에 가장 중요한 역할을 하는지를 이해하는 것이 목표이다. 활성점은 촉매의 성능을 결정짓는 핵심적인 요소이며, 이를 파악하는 것은 효과적인 촉매 설계의 출발점이 된다.

(2) 다음 단계에서는 실험적 방법과 함께 DFT와 같은 계산 기법을 사용하여 활성점에서의 전자 구조와 가능한 반응 경로를 모델링한다. 이를 통해 촉매 반응의 메커니즘을 규명하고, 초기에 설정한 모델의 유효성을 검증할 수 있다. 이 정보는 촉매가 특정 반응을 어떻게 촉진하는지를 정확하게 이해하는 데 필수적이며, 이는 다음 단계인 미시반응 동역학 및 표현자 모델 정립의 기반이 된다.

(3) 미시반응 동역학은 가능한 모든 개별 반응 경로의 반응속도식을 포함하여 촉매 반응을 모사하고, 이를 통해 촉매 반응에 대한 깊은 이해를 추구한다. 그러나 이 기법을 정밀하게 구현하기 위해서는 상당한 노력과 시간이 소요되기 때문에, 모든 개별 반응에 대한 정보가 필수적이지 않거나 신속한 결과가 요구되는 연구에서는 미시반응 동역학이 항상 사용되는 것은 아니다. 이러한 점을 고려해서 연구의 목적과 요구에 따라 모든 개별 반응을 포함할 것인지, 중요한 반응만을 선별할 것인지 선택하는 것이 중요하다.

(4) 표현자(descriptor) 모델 정립 단계로 넘어가면서, 이전 단계들에서 얻은 정보는 촉매의 성능을 예측하고 최적화하는 데 중요한 변수, 즉 표현자를 정의하는 데 사용된다. 표현자는 촉매의 활성, 선택성, 안정성과 같은 중요한 특성을 충분히 대변할 수 있는 동시에, 대량 스크리닝을 통해 유망한 촉매 후보를 신속하게 식별할 수 있도록 해주는 간결한 지표이다. 이 지표를 활용함으로써 대규모 데이터베이스에서 유망한 촉매 후보를 신속하고 효율적으로 선별할 수 있으며, 예측된 후보들만을 실험적으로 검증함으로써 실험에 필요한 시간과 비용을 크게 줄일 수 있다. 따라

서 목적에 맞는 정확하고 간결한 표현자의 도출은 전산화학을 이용한 촉매 개발의 여러 단계 중에서도 특히 중요하다.

네 번째 단계에서는 정립된 표현자 모델을 기반으로 대량 스크리닝을 수행한다. 이 단계는 컴퓨터의 계산 능력을 활용하여 수천, 수만 가지의 촉매 후보 중에서 가장 유망한 후보를 신속하게 식별하는 것을 목표로 한다. 최근에는 인공지능과 같은 기술을 활용하여 이 과정의 효율성을 더욱 향상시키고 있다.

(5) 마지막 단계에서는 스크리닝을 통해 선별된 촉매 후보를 실제로 합성하고, 실험을 통해 그 성능을 검증한다. 이 단계는 전산 모델을 넘어 실제 화학 반응에서 촉매의 효율성을 평가하는 결정적인 단계다. 이 과정에서 예상치 못한 문제가 발생할 수 있으며, 실험 결과를 바탕으로 전산 모델을 수정하고 개선하는 반복적인 과정이 필요하다.

위에서 설명한 접근 방식은 전산 화학의 힘을 활용하여 촉매 개발 과정을 혁신하고 있다. 이 방법을 통해 연구자들은 전에는 불가능했던 새로운 방식으로 촉매의 설계와 최적화를 진행할 수 있게 되었다. 아래에서는 미시반응 동역학을 제외한, 촉매 모델의 정립, DFT를 사용한 메커니즘 분석, 표현자 모델을 통한 촉매 설계에 초점을 맞춰 구체적인 사례를 살펴보겠다.

▶ 더 알아보기 7.5

미시반응 동역학(microkinetics)이란?

미시반응 동역학은 화학 반응을 원자와 분자 수준에서 이해하는 학문 분야이다. 여기서는 화학 반응이 어떻게 일어나는지, 그리고 반응 속도에 영향을 미치는 요인들을 근본적인 수준에서 분석하는 것을 목표로 한다.

전산화학을 이용한 미시반응 동역학은 반응 속도를 결정하는 미세한 요소들을 깊이 있게 분석한다. 이 과정에서는 반응을 원자 수준까지 세분화하여 각 반응 과정에서의 전지수 인자(pre-exponential factor)와 전이 상태 에너지 (transition-state energy)를 DFT를 통해 도출한다. 반응 과정이 명확히 정의되면, 이를 기반으로 반응물, 중간체, 생성물 간의 네트워크를 구성하여 생성물의 생성 속도와 선택도를 예측할 수 있다. 이 과정에서, 촉매의 영향으로 인해 반응물, 중간체, 생성물의 흡착 에너지와 반응의 전이 상태 에너지가 변화하는 것을 관찰하고, 이를 토대로 다양한 촉매 조건하에서 목표 반응의 성능을 예측할 수 있다. 결국, 이러한 분석을 통해 전체 반응 과정에서 중요한 역할을 하는 특정 반응이나 중간체에 대한 정보를 얻을 수 있다.

› 예제 7.2

DFT 계산 결과와 기계 학습을 결합하여 새로운 촉매 발견 방법을 개발하고자 한다. DFT 계산으로 얻을 수 있는 어떤 특성들이 기계 학습 모델의 입력 데이터로 유용할 수 있을지 제안하고, 이 방법의 장단점을 논의하라.

› 풀이

가능한 입력 데이터로는 *d*-밴드 중심 에너지, 표면 원자의 배위수, 표면 에너지, 주요 반응물과 생성물의 흡착 에너지, 격자 상수, 표면 원자의 전하 분포 등이 있을 수 있다.

장점은 대규모 데이터셋을 빠르게 분석하여 유망한 후보 촉매를 식별할 수 있거나, 복잡한 비선형 관계를 포착하여 예상치 못한 촉매 조합을 발견함으로써 실험 비용과 시간을 절약할 수 있다. 단, 이러한 결과는 학습 데이터의 품질과 다양성에 크게 의존한다. 또한 DFT 계산의 한계(예: 교환-상관 함수 선택)로 인한 오차 가능성이 존재하며, 기계 학습 모델의 내부 의사결정 과정을 명확히 이해하기 어렵다는 한계가 있다. 따라서 이러한 방법은 초기 스크리닝 단계에서 매우 유용할 수 있으나, 최종 후보 선정과 실제 응용에는 여전히 다양한 전문가의 판단과 실험적 검증이 필요하다.

4. 아세틸렌의 선택적 수소화 반응 촉매 설계

촉매 반응의 메커니즘을 밝히고 촉매 성능을 나타낼 수 있는 표현자를 정립한 후, 스크리닝을 통해 신규 촉매를 설계하는 구체적인 사례를 제4장에서 살펴본 아세틸렌의 선택적 수소화 반응에 대하여 살펴보겠다.

아세틸렌은 나프타 크래킹 과정에서 생성되는 에틸렌 기류 중 소량(1% 미만)으로 존재하지만, 이는 후속 고분자 합성 공정에 부정적 영향을 미치므로, 추가적인 수소화 공정을 통해 에틸렌으로 전환해야 한다. 아세틸렌의 선택적 수소화 반응에서는 아세틸렌이 흡착되어 수소화를 통해 에틸렌으로 전환하고, 이후 에틸렌은 더 이상 수소화되지 않고 탈착하는 것을 목표로 한다(4장 그림 4.2 참조). 이 과정에서 촉매의 활성을 조절하는 것이 중요한데, 너무 강하게 흡착하면 에틸렌마저 에탄으로 전환될 수 있기 때문에, 촉매 활성을 적절히 조절할 필요가 있다. 이는 다시 Sabatier의 원리(4.3절 86p.)에 기반하여 설명할 수 있다. 일반적으로 Pd 또는 PdAg 합금 촉매가 쓰이는데, 비싼 가격 때문에 저렴한 물질로 대체하려는 연구가 진행되어왔다.

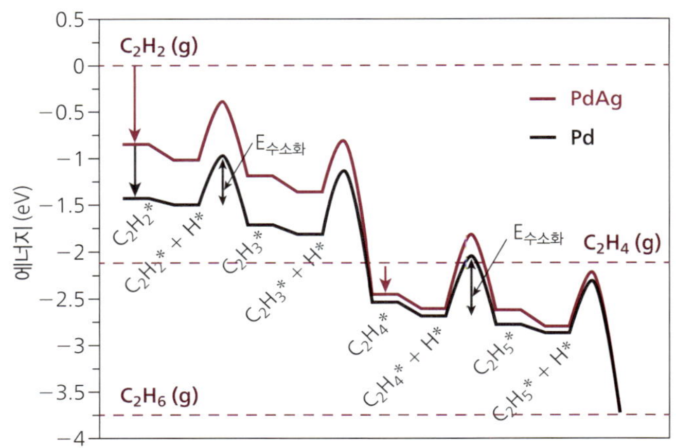

그림 7.12 Pd와 PdAg 합금 표면에서 아세틸렌 수소화 메커니즘.[36]

DFT를 사용하면 반응물과 촉매 표면 사이의 흡착 에너지를 계산할 수 있다. 이를 더 확장하면, 흡착된 상태의 분자가 옆에 흡착한 다른 분자와 반응하는 에너지 역시 모사할 수 있다. 예를 들어, 아세틸렌과 수소가 Pd 또는 PdAg 촉매 표면에 흡착한 후 서로 반응하여 에틸렌과 에탄으로 전환되는 과정을 DFT로 모사하고 에너지 다이어그램으로 나타내면, 그림 7.12와 같다. 이 그림에서는 기체 상태의 아세틸렌, 에틸렌, 에탄의 에너지 레벨도 가로선으로 함께 표시했다.

에너지 다이어그램을 통해 볼 때, Pd는 PdAg에 비해 아세틸렌을 포함한 모든 탄화수소 중간체를 더 강하게 흡착한다. 특히 주목할 점은 Pd의 경우 에틸렌이 에탄으로 수소화되는 에너지와 에틸렌이 기체로 탈착하는 에너지가 비슷하다는 것이다. 반면, PdAg는 에틸렌이 탈착하는 에너지가 수소화되는 에너지보다 낮아 에틸렌 선택도 측면에서 유리하다. 이는 Pd에서 아세틸렌의 강한 흡착이 전환율을 높일 수는 있지만, 수소화 중간체들도 강하게 흡착되어 에틸렌의 선택도가 떨어질 수 있음을 의미한다. 반면, Pd에 Ag를 첨가하면 탄화수소 중간체들의 전체적인 흡착 에너지가 낮아져 에틸렌의 선택도가 증진될 수 있음을 DFT 분석으로 확인할 수 있다.

이처럼 아세틸렌 수소화 반응 메커니즘을 연구한 후, 신규 촉매를 찾기 위한 다음 단계에서는 표현자를 정립하는 것이 중요하다. 그림 7.13에서 보듯 아세틸렌을 강하게 흡착하는 촉매는 에틸렌이나 부분적으로 수소화된 중간체 또한 강하게 흡착한다. 이러한 현상은 금속 촉매에서 발견되는 흡착 에너지 간의 비례 관계(scaling relation)[더 알아보기 7.6]가 존재함을 나타낸다. 이 관계를 이해하는 것은 촉매 설계와 최적화에 매우 중요하다.

▶ 더 알아보기 7.6

흡착 에너지 간의 비례관계(scaling relation)란?

서로 비슷한 화학적 성질을 가진 물질들은 촉매 표면에 흡착하는 강도가 일정한 비율로 연관되어 있다는 것이다. 예를 들어, 산소(O)가 잘 달라붙는 금속 표면에는 수산화기(OH)도 잘 달라붙는데, 이는 둘의 전자적 특성과 구조가 비슷하기 때문이다. 이러한 관계를 아는 것이 중요한 이유는, 좋은 촉매를 만들기 위해서는 여러 물질의 흡착 강도가 적절한 균형을 이뤄야 하기 때문이다. 이런 흡착 에너지 간의 비례관계를 알면, 마치 요리 레시피처럼 이상적인 '비율'을 찾아 새로운 촉매를 설계할 때 시행착오를 줄일 수 있고, 실험이나 계산에 들어가는 시간과 비용을 크게 줄일 수 있다.

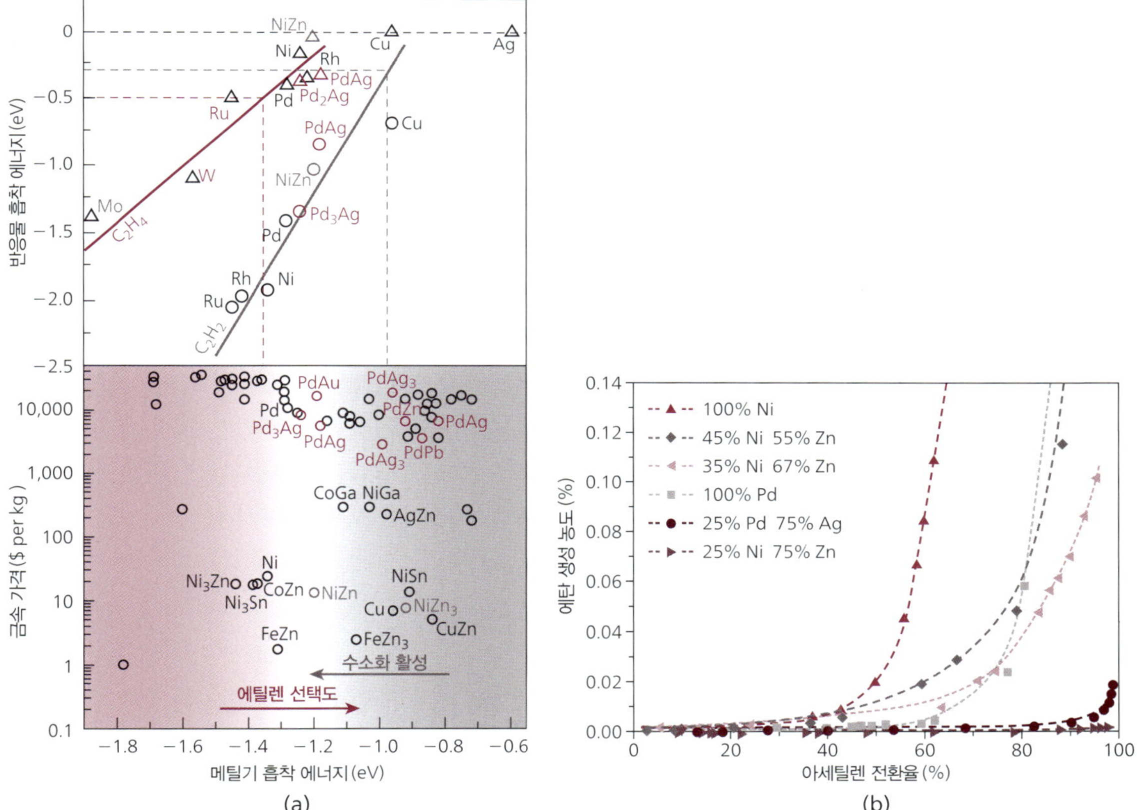

그림 7.13 (a, 상) CH_3의 흡착 에너지에 대한 아세틸렌, 에틸렌 흡착 에너지의 비례관계, (a, 하) 금속 가격을 추가 표현자로 스크리닝한 결과. CH_3의 흡착 에너지가 최적이 구간에서 NiZn 합금을 확인할 수 있다. (b) 일련의 NiZn 합금들을 아세틸렌 전환 반응에 사용한 결과, $NiZn_3$ 촉매가 아세틸렌 전환율이 높은 구간에서도 에탄의 생성이 매우 억제되는 성능을 확인할 수 있다.[36]

예시된 연구에서 쓰인 표현자는 메틸(CH_3)기의 흡착 에너지로, 이 표현자 모델을 이해하려면 흡착종 간의 흡착 에너지 비례관계(scaling relation)를 먼저 이해할 필요가 있다. 흡착 에너지 비례관계란, 서로 다른 금속들의 표면에서 한 분자의 흡착 에너지 경향성이 다른 유사한 분자의 경우에도 동일하게 나타나는 현상을 말한다. 이를테면, 메틸의 흡착 에너지가 Ru > Ni > Cu 순으로 약해진다면, 탄소가 하나 더 많은 탄화수소인 아세틸렌(C_2H_2) 및 에틸렌(C_2H_4) 또한 Ru > Ni > Cu 순으로 흡착 에너지가 약해진다. 이는 금속 표면에 따라 메틸, 아세틸렌, 에틸렌의 흡착 에너지가 선형적 비례관계에 있다는 것을 의미한다.

흥미로운 점은, 메틸과 아세틸렌의 비례관계와 메틸과 에틸렌의 비례관계의 민감도(기울기)가 다르다는 것이다. 그림 7.13a의 상단에서 볼 수 있는 연한 색과 진한 색 선은 각각 메틸과 에틸렌, 그리고 메틸와 아세틸렌의 흡착 에너지 비례관계를 나타낸다. 메틸의 흡착 에너지에 따라 두 비례관계는 선형적이지만, 기울기가 서로 다르며, 메틸의 흡착 에너지가 약해질수록 둘 사이의 간격이 좁아져 에틸렌 선택도 측면에서 유리하게 작용한다. 그러나 너무 약하게 흡착하면 아세틸렌의 전환 자체가 어려워져 활성에 부정적 영향을 미칠 수 있다. 이에 따라 메틸의 흡착 에너지를 기준으로 최적의 구간을 설정할 필요가 있으며, 이 구간은 그림 7.13a의 하단에 밝은 색 구간으로 표시되어 있다. 여기서 메틸은 반응 경로상 직접적으로 존재하는 중간체는 아니지만 아세틸렌과 에틸렌 같은 다른 분자들의 흡착 에너지를 비교하는데 유용한 표현자로 사용되었다. 이는 모든 반응 중간체의 흡착 에너지를 직접 계산하지 않고도 메틸의 흡착 에너지만으로 촉매 성능을 어느 정도 예측할 수 있다는 의미이다.

이 연구에서는 귀금속인 Pd를 대체할 새로운 촉매를 찾기 위해 전산 대량 스크리닝을 활용하였고, 금속 가격을 추가적인 지표로 사용했다(그림 7.13a 하단). 스크리닝 결과로 도출된 NiZn 합금 촉매를 실제 합성하였고, 아세틸렌 선택적 수소화 반응에서의 뛰어난 성능을 그림 7.13b에 나타내었다.

› 예제 7.3

아세틸렌 수소화 반응에서 메틸 흡착 에너지와 촉매 가격을 표현자로 사용한 스크리닝 결과가 주어졌다. 최적 영역에 있는 세 가지 촉매 A, B, C의 특성은 다음과 같다:

A: (메틸 흡착 에너지 = -1.8 eV, 가격 = 50 $/kg)

B: (메틸 흡착 에너지 = -2.0 eV, 가격 = 30 $/kg)

C: (메틸 흡착 에너지 = −1.6 eV, 가격 = 80 $/kg)

각 촉매의 장단점을 분석하고, 어떤 상황에서 어떤 촉매를 선택할지 제안하라.

› 풀이

각 촉매의 특성을 분석해 보자면 아래와 같다.

A: 중간 정도의 흡착 에너지와 가격을 가짐. 균형 잡힌 성능과 경제성 예상됨.

B: 가장 강한 흡착 에너지와 가장 낮은 가격. 높은 활성과 경제성 예상되나, 에틸렌 선택성에 주의가 필요함.

C: 가장 약한 흡착 에너지와 가장 높은 가격. 높은 에틸렌 선택성 예상되나, 활성과 경제성에서 불리함.

이를 근거로 대량 생산이 필요한 산업 현장에서는 B 촉매(높은 활성과 낮은 가격이 장점), 고순도 에틸렌 생산이 필요한 경우엔 C 촉매(높은 선택성 예상), 활성과 선택성의 균형이 필요한 경우엔 A 촉매(중간적 특성으로 안정적 성능 예상)를 선택하는 것이 합리적이다.

이 절에서는 촉매 반응을 이해하고 새로운 촉매를 설계하기 위해 흡착과 반응 에너지를 분석하는 데 전산 화학을 활용하는 방법에 대해 집중적으로 살펴보았다. 그러나 촉매의 효과적인 설계와 개발에는 단순히 흡착 에너지만이 아니라 촉매 재료의 안정성과 전자적, 물리적 특성을 종합적으로 이해하는 것이 중요하다. 이러한 종합적인 분석에는 DFT를 포함한 다양한 전산 화학 기법이 널리 사용되고 있다. 또한 최근 인공지능 기술이 발전하면서 전산 화학 방법을 통한 촉매 개발의 잠재력이 커지고 있다. 이러한 기술의 진보는 촉매 연구와 산업에 혁신적인 변화를 가져오고 있으며, 앞으로도 지속적인 연구와 개발이 기대된다.

7.5 멀고도 가까운 태양

태양에너지는 무한정 공급이 가능하고 또한 사용에 따른 환경오염이 없기 때문에 미래의 에너지로서 가장 바람직하다. 그러나 태양에너지는 단위 면적당의 에너지 밀도가 낮아서 이를 효과적으로 사용하려면 열, 전기 또는 반응성이 높은 화합물과 같이 에너지 밀도가 높은 형태로 전환해야 한다. 예를 들어, 태양에너

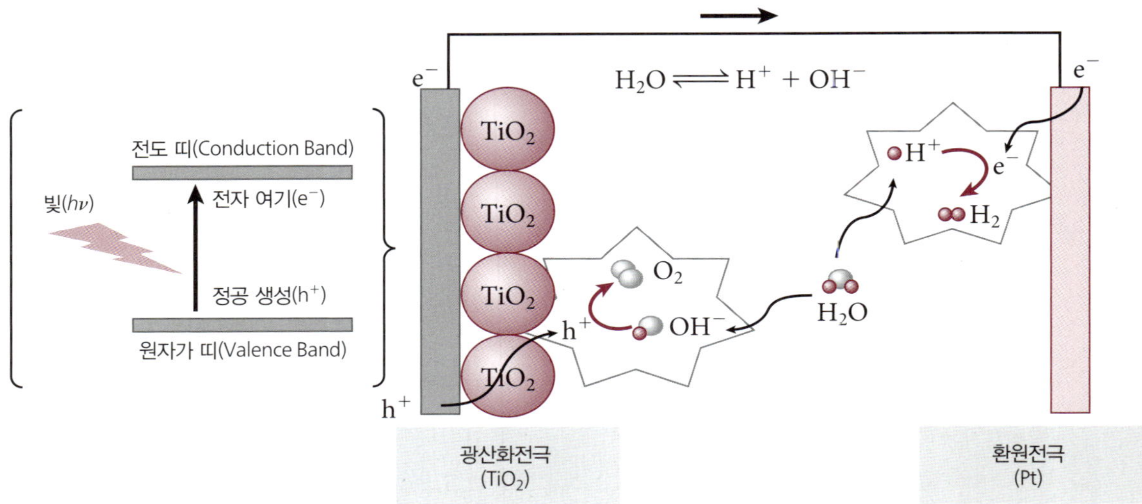

그림 7.14 광전극에서 물분해 반응의 메커니즘.

지 중의 열을 채집하여 온수난방에 쓰거나, 태양광을 흡수하는 전지판을 이용하여 전기를 생산하거나, 또는 태양광으로 물을 분해하여 수소를 생산하는 경우가 그렇다. 그중에서 특히 태양광을 이용하여 수소를 만드는 기술이 실용화가 된다면, 연료전지 자동차의 연료를 확보함은 물론이고 현재 우리가 사용하는 화석연료를 청정에너지인 수소로 대체할 수 있기 때문에 새로운 미래사회를 여는 획기적인 성과가 될 것이다. 물을 광(光)분해하려면 햇빛을 흡수하여 반응성이 높은 전자(electron, e^-)와 정공(hole, h^+)을 생산할 수 있는 광촉매를 사용해야 한다. 아래에서는 이와 같은 광촉매 공정에 의하여 물이 분해되는 원리와 함께 현재 진행되는 연구의 내용을 소개하겠다.

일반적인 촉매 반응과 광촉매 반응(photocatalytic reaction)의 차이점은 후자의 경우에 "빛"이 반응의 진행에 필요한 에너지를 제공한다는 점이다(그림 7.14 참조). 광촉매는 대부분 반도체 물질로서, 이를 구성하는 전자가 가질 수 있는 에너지 범위인 원자가 띠(valence band)와 전도 띠(conduction band)가 1.2~3.4 eV의 띠 간격(band gap)만큼 떨어져 있다[더 알아보기 7.7].

▶ 더 알아보기 7.7

고체의 에너지 띠 이론(energy band theory)

앞서 언급한 것처럼 광촉매로 활용되는 물질은 대부분 반도체이다. 왜 그럴까? 반도체는 도체와 부도체의 중간물질로서 전자의 이동이 자유로운 도체의 특성과 전류의 흐름이 없는 부도체의 특성을 함께 가지고 있다. 즉, 반도체는 평시에는 부도체이지만 적당한 에너지를 흡수하면 도체로 바뀌는 물질이다. 이러한 반도체의 특성을 이해하는 데 핵심적인 이론이 바로 고체 에너지 띠 이론이다. 아울러, 이 이론은 광촉매의 작용 원리를 이해하는 데에도 도움이 된다.

물질 내의 전자는 원자핵과의 상호작용으로 인해 핵 주위의 전자 궤도(orbital)를 돌고 있으며, 이때 해당 궤도에 따라 특정한 에너지 준위(energy level)를 가진다. 원자핵에 가까운 전자들은 원자핵과 강하게 상호작용하고 있어서 쉽게 떨어지지 않지만, 전자가 원자핵에서 멀어질수록 에너지 준위가 높아지면서 궤도에서 쉽게 이탈하여 급기야는 특정한 원자핵에 구속되지 않은 자유 전자(free electron)가 될 수 있다. 원자 중에서 가장 단순한 수소의 경우에는, 보어(Bohr) 모형을 통해 전자의 개별 에너지 준위를 계산할 수 있지만, 금속과 같이 여러 개의 원자로 이루어진 고체의 경우에는, 많은 원자들이 조밀하게 결합되어 있고 전자의 수가 많기 때문에 전자의 에너지 준위는 폭이 넓은 띠(band)의 형태로 나타나게 된다(그림 7.15). 특히, 에너지 준위 간의 차이가 작은 외각 궤도의 경우에는 개별 에너지 준위가 연속적인 띠를 이루게 되는데, 이러한 연속적인 에너지 준위 영역을 에너지 띠(energy band)라고 한다. 기본적으로 고체 결정의 전자 에너지 준위는 띠의 형태로 나타난다.

고체 내의 자유 전자의 생성은 원자핵과의 상호작용이 약할수록 유리하기 때문에 최외각 궤도에 있는 전자(원자가 전자, valence electron)의 에너지 준위 위주로 고려하면 된다. 원자가 전자의 에너지 띠를 원자가 띠(valence band)라고 하고, 원자가 전자가 에너지를 흡수하여 들뜸 상태의 자유 전자가 된 후 갖게 되는 에너지 준위 영역을 전도 띠(conduction band)라고 한다(그림 7.16). 전도 띠와 원자가 띠의 에너지 간격을 띠 간격(band gap)이라고 부르는데, 이 띠 간격의 크기에 따라 도체, 반도체, 부도체를 구분할 수 있다. 도체는 전도 띠와 원자가 띠가 겹쳐 있어 띠 간격이 제로인 상태이다. 이 경우 원자가 전자는 추가적인 에너지 공급이 없어도 쉽게 자유 전자가 되며, 따라서 작은 전압 차이에 따라 전자가 쉽게 이동하는 도체의 성질을 갖는다. 반면에 부도체의 경우에는 띠 간격이 매우 크기 때문에 평상시에는 전자의 들뜸 현상이 불가능하여 자유 전자 발생이 어렵고, 따라서 전자의 흐름이 일어나지 않는다. 반도체는 이 띠 간격이 중간 정도인 물질이다. 그래서 평상시에는 전자의 들뜸 현상이 없어서 부도체이지만, 외부에서 작은 에너지가 공급되면 쉽게 전자의 들뜸 현상이 일어나고, 그 결과로 자유 전자가 생성되면서 도체가

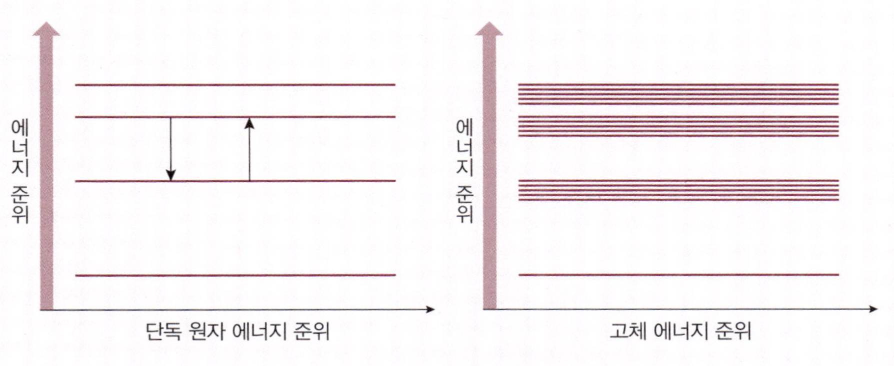

그림 7.15 단독 원자 및 고체의 에너지 준위도.

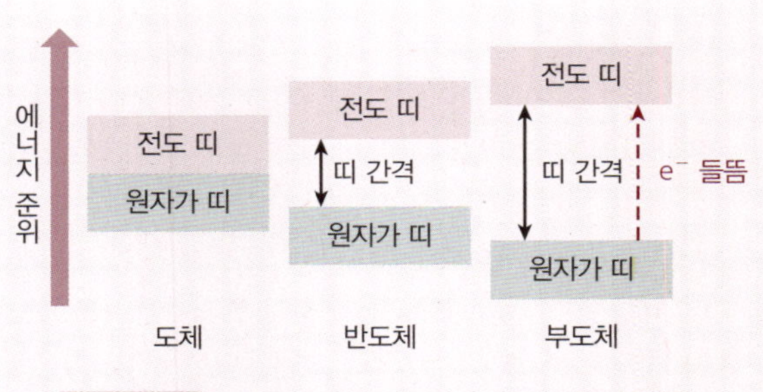

그림 7.16 도체, 반도체 및 부도체와 띠 간격.

된다. 광촉매로 사용되는 물질은 띠 간격이 가시광선이나 자외선의 에너지와 같기 때문에, 빛을 쪼여 주면 전자가 들뜨면서 도체로 변한다.

화학 반응이 진행되기 위해서는 반응의 활성화 에너지를 극복해야 하는데, 일반 공정의 경우에는 반응 온도를 높여 열에너지를 제공함으로써 반응에 필요한 활성화 에너지를 공급한다. 그러나 광촉매의 경우에는 촉매가 빛에너지를 흡수하여 반응성이 높은 자유 전자와 정공을 만들어 냄으로써 필요한 활성화 에너지를 공급한다. 이제, 원래의 질문을 상기해 보자. 왜 반도체 물질이 광촉매로 사용되는가? 그 이유는 우리가 사용하는 빛에너지인 자외선 및 가시광선의 에너지 크기가 반도체 물질의 띠 간격과 일치하기 때문이다. 즉, 반도체의 띠 간격과 같은 에너지를 갖는 빛을 쪼여 줌으로써 반도체에서 전자의 들뜸 현상이 일어나고, 이를 통하여 반응에 필요한 활성화 에너지를 제공하게 된다.

이 물질의 전자는 평상시에는 상대적으로 낮은 에너지인 원자가 띠에 머무르고 있으나, 빛을 흡수하여 추가의 에너지를 얻으면 상대적으로 높은 에너지인 전도 띠의 범위로 이동하게 된다. 이처럼 전자가 외부에서 에너지를 얻어 낮은 원자가 띠의 범위에서 높은 전도 띠의 범위로 이동하는 현상을 물리학에서는 "여기(excitation 또는 들뜸)"라고 한다.

전자의 "여기 현상"은 비추어 주는 빛의 에너지가 띠 간격의 크기와 일치할 때만 일어난다. 앞에서 광촉매로 쓰이는 물질은 대개가 반도체라고 했는데, 그 까닭은 반도체의 띠 간격인 1.2~3.4 eV가 햇빛의 에너지 범위와 일치하기 때문이다. 다시 말해서 광촉매는 햇빛의 에너지와 같은 크기의 띠 간격을 갖기 때문에 햇빛을 흡수할 수 있고, 그 결과로 전자가 여기되면서 반응성이 높은 전자가 만들어진다. 한편, 전자의 여기와 동시에 촉매의 원자가 띠에는 전자가 빠진 자리인 정공(hole)이 생성되는데, 이 정공도 역시 반응성이 높다. 따라서 물의 광분해에서는 반응성이 큰 전자와 정공이 촉매 표면에 있는 수분(엄밀히 말해서

H^+와 OH^- 이온들)과 결합하여 결국 수소와 산소를 생산하게 된다.

1972년에 일본의 Fujishima와 Honda는 광촉매 분야에서 획기적인 이정표 역할을 하는 논문을 발표하였다.[37] 그들은 물에 잠긴 이산화 티타늄(TiO_2) 전극에 자외선을 쪼여 주면 미량의 수소와 산소가 발생하는 사실을 관찰하였다. 이 현상은 그 후 "Fujishima–Honda 효과"라고 명명되었는데, 처음으로 광촉매 기능에 의하여 물에서 수소와 산소를 얻은 사례이다. 물의 광분해 과정을 반응식으로 표시하면 아래와 같다. 물속에는 미량의 수소 양이온(proton, H^+)과 수산화 음이온(hydroxyl, OH^-)이 있는데, 그 중의 수소 양이온은 광촉매에서 여기된 전자와 결합하여 수소 분자(H_2)를 생산하고, 수산화 음이온은 정공과 결합하여 산소 분자(O_2)를 생산한다. 따라서 이 반응들을 종합하면 물이 수소와 산소로 분해하는 반응이 된다.

$$2H_2O \longrightarrow 2H^+ + 2OH^- \quad (7.16)$$

$$2H^+ + 2e^- \longrightarrow H_2 \quad (7.17)$$

$$2OH^- + 2h^+ \longrightarrow H_2O + \frac{1}{2}O_2 \quad (7.18)$$

$$H_2O + 2e^- + 2h^+ \longrightarrow H_2 + \frac{1}{2}O_2 \ (\text{종합}) \quad (7.19)$$

그러나 Fujishima와 Honda가 광촉매 반응으로 얻은 수소의 양은 공정의 경제성을 보장하기에는 크게 부족한 수준이었다. 태양에너지를 최대한 활용하려면 햇빛의 대부분(40~50%)을 차지하는 가시광선을 이용해야 하는데, 그들은 자외선을 흡수하는 이산화 티타늄을 광촉매로 사용함으로써 태양에너지의 자외선 부분(4%)만을 이용한 셈이다. 따라서 연구의 궁극적인 목표는 띠 간격이 가시광선의 에너지 영역에 있는 물질을 촉매로 사용하여 물을 분해하는 것이다. 현재 촉매의 조성, 구조, 전후처리 조건, 첨가제의 종류와 양 등을 바꾸어 띠 간격을 조절하고, 이를 사용하여 가시광선 영역에서 물을 분해하는 연구들이 진행되고 있다.[38]

광촉매의 성능을 높이는 또 다른 방법은 반응 도중에 일어나는 전자와 정공의 재결합(recombination)을 억제하는 것이다. 빛의 흡수로 생성된 전자와 정공은 반응성이 매우 높기 때문에 촉매 표면의 화합물과 반응하기 전에 자기들끼리 쉽게 재결합하여 반응성을 잃어버리는 경우가 있다. 이렇게 되면 흡수된 태양에너지가 물 분해 반응에 기여하는 비율이 낮아져, 결국 광촉매의 효율이 떨어진다. 따라서 반응 중에 전자와 정공의 재결합을 막기 위해 촉매의 물성을 바꾸는 여러 방법들이 시도되고 있다.[39] 현재까지 알려진 고체 광촉매로는 TiO_2, ZnO, Nb_2O_5, WO_3, SnO_2, ZrO_2, $SrTiO_3$, $NiTiO_3$ 등의 금속산화물, CdS, ZnS, MoS_2 등의 금속황화물, CdSe, $MoSe_2$ 등의 금속 칼코겐나이트, 탄소 나노튜브, 그래핀 산화물, g-C_3N_4 등의 탄소기반 물질, 그리고 이들의 변형 물질과 이들을 조합한 복합물이 있다.

산소와 수분이 있을 때 광촉매 표면에 생성되는 활성산소와 수산화 라디칼은 유기물을 분해하는 데에도 탁월한 성능을 보인다. 따라서 광촉매는 물속에서 쉽게 분해되지 않는 난분해성 유기 오염물을 제거하는 폐수처리 공정에도 이용이 된다.

광촉매는 또한 태양광 하에서 이산화탄소를 메탄올 등의 화합물로 전환하기 위하여 사용할 수 있다.[40] 이 반응은 미래 핵심 기술로 손꼽히는 인공광합성(자연계의 광합성을 흉내 내어 이산화탄소와 물로부터 수소, 탄소 및 산소로 구성된 화합물을 제조하는 것)의 첫 단계이기 때문에 특별히 관심을 끈다. 인공광합성 연구는 1970년대 UC-Berkeley 대학에서 처음으로 시작한 후 여러 곳에서 수행하고 있다.[41] 이 연구의 한 예로서 이산화 티타늄(TiO_2)을 이용한 결과를 아래에 소개한다.

이산화티타늄 광촉매에 다양한 금속 나노 입자를 첨가하면 이산화탄소 환원반응으로 얻을 수 있는 메탄올, 메탄 등의 선택도가 증가한다. 예를 들어, Cu를 첨가하면 메탄올의 선택도가 증가하고, Pd나 Pt을 첨가하면 메탄 혹은 일산화탄소의 생성이 늘어난다. 또한 Pt-TiO_2 광촉매에 CdSe를 추가로 증착하면, 가시광 하에서 메탄과 메탄올의 생성이 촉진된다. 반면에 Cu-TiO_2에 PbS 양자점을 첨가하면, 반응활성은 증가하나 촉매의 안정성이 낮아진다.[42] 태양광을 이용한 인공광합성은 매우 중요한 연구과제이지만, 이 기술의 실용화까지는 아직 가야 할 길이 멀다. 따라서 광촉매의 원리를 잘 이해하고 이를 토대로 우수한 성능의 촉매를 개발하는 꾸준한 노력이 필요하다.

연습 문제

1. 자동차 엔진에서 배출된 환경오염 가스는 크게 세 종류가 있다. 이들은 삼원촉매(three-way catalyst, TWC)를 통해 깨끗한 물질로 전환되는데, 이 세 가지 반응식은 무엇인가?

2. 원유 중에 포함된 황 화합물을 제거하기 위하여 수소첨가탈황법을 사용한다. 그러나 이때 사용되는 주 촉매는 일반적인 수소화 반응용 촉매인 전이금속 촉매(Pt 등)가 아닌 황화몰리브덴이다. 그 이유는 무엇인가?

3. 원유의 중질화로 인해 심도탈황에 대한 필요성이 증가하고 있다. 심도탈황용 촉매의 특징에 대해 설명하라.

4. 탈황 반응의 주요 2가지 반응 경로에 대해 설명하라.

5. 앞 장들에서 설명한 다양한 종류의 촉매들과 달리 전기화학 반응 촉매는 반드시 탄소 담지체를 사용해야 한다. 그 이유를 설명하라.

6. DFT에서 전자들의 거동을 어떻게 단순화하여 계산하는지 설명하라.

7. 아세틸렌의 선택적 수소화 반응에서 메틸(CH_3) 기의 흡착 에너지를 표현자로 사용하는 이유를 설명하라.

8. 전산화학을 이용한 촉매 개발의 주요 단계를 순서대로 나열하라.

9. DFT 계산 결과가 실험 결과와 크게 차이 나는 상황을 가정해보자. 어떤 요인들이 이러한 불일치를 야기할 수 있는지 나열하고, 이를 해결하기 위한 단계별 접근 방법을 제시하라.

10. 광촉매의 촉매 효율을 낮추는 주요 원인은 무엇인가?

11. 광촉매로 널리 사용되고 있는 TiO_2의 띠 간격(band gap)은 약 3.2 eV으로 자외선응답형 광촉매이다. 만약 520 nm 가시광선에 효율적인 광촉매를 개발하고자 한다면, 신규 광촉매의 띠 간격은 얼마여야 하는가?

    힌트: 띠 간격에 대한 빛에너지 파장을 계산하는 식은 아래와 같다(h는 플랑크 상수, c는 빛의 속도, λ는 파장).

    $$E_g = h\frac{c}{\lambda}$$

제 8 장

촉매의 활성저하와 재생

Deactivation and Regeneration of Catalyst

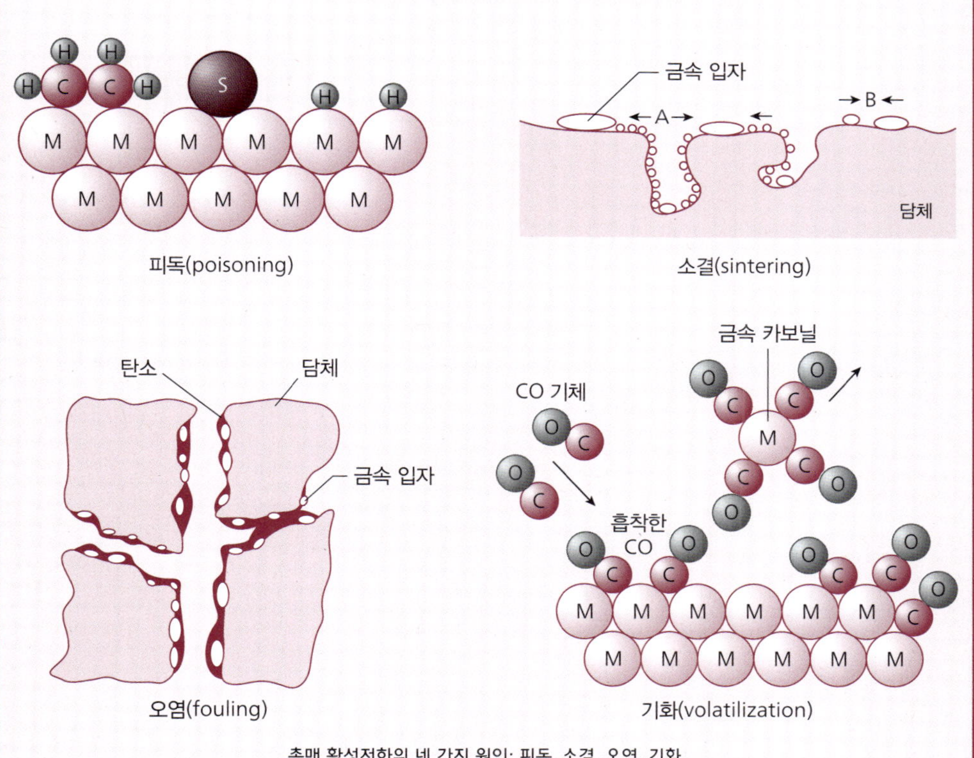

촉매 활성저하의 네 가지 원인: 피독, 소결, 오염, 기화

학습 차례

› 개요

촉매는 자신은 변하지 않으면서 반응속도를 빠르게 하는 물질로 정의되었으나, 실제로는 사용 도중에 활성을 잃어 못쓰게 된다. 이 세상에 변하지 않는 것은 없다. (諸行無常, 석가) 촉매도 그 수명이 서로 달라서, 예를 들어 나프타의 접촉분해용 제올라이트 촉매는 수명이 수 초인 데 반해 암모니아 합성용 철 촉매는 수명이 거의 10년에 이른다. 따라서 실제의 공정에서는 촉매의 수명을 가능한 한 오래 유지하다가, 결국 못쓰게 되면 이를 재생하여 다시 사용하거나 폐기해 버린다. 이 장에서는 촉매가 활성을 잃게 되는 원인과 함께 폐촉매의 재생 방법, 공정 해석을 통하여 촉매의 수명을 예측하는 법을 설명한다.

› 핵심 지식

촉매 활성 저하의 원인: 촉매독, 오염, 소결
촉매 피독의 선택도(selectivity in catalyst poisoning), 산화/염화 처리(oxychlorination), 백금 입자의 재분산(redispersion of Pt particles), 비활성화 원인에 따른 전환율 곡선의 차이.

8.1 촉매의 수명

촉매는 자신은 변하지 않으면서 반응속도를 빨리해주는 것으로 알려졌으나, 실제의 공정에서는 사용 도중에 서서히 활성을 잃어버려 못쓰게 된다. 따라서 대개의 촉매는 주기적으로 재생을 하여 다시 사용하게 되는데 그렇게 해도 결국은 못쓰게 된다. 촉매는 이를 사용하는 공정의 종류와 조건에 따라 그 수명이 다양하다. 예를 들어, 암모니아의 합성에 쓰이는 철 촉매는 수년간 사용해도 비교적 높은 활성을 유지하는 데 비해, 접촉분해용 제올라이트(zeolite) 촉매는 반응기에 투입된 지 몇 초만에 활성을 잃어버리기 때문에 이를 계속해서 재생하며 써야 한다. 표 8.1에는 이 책에서 다룬 몇 가지 촉매들의 수명과 그들의 비활성화 원인을 정리하였다. 표에서 보면 탈황공정에 쓰이는 Co-Mo 황화물 촉매는 수명이 비교적 길어서 2~8년간 쓸 수 있고, 벤젠의 부분산화용 V-Mo 산화물 촉매도 1년 이상 사용이 가능하다. 반면에 아세틸렌 수소화용 Pd/SiO_2 촉매는 1개월~반 년 정도의 수명을 가지고, 휘발유 개질반응용 Pt/Al_2O_3 촉매는 공정에 따라 불과 며칠에서 반 년 정도의 수명을 가진다.

이처럼 촉매는 해당 반응에 따라 그 수명도 크게 다르기 때문에, 이를 고려하여 공정을 설계하고 또한 못쓰게 된 촉매는 적절한 재생 과정을 거쳐 다시 사용한다. 아래에서는 촉매의 활성이 저하되는 원인을 설명하고, 또한 촉매를 재생하고 그 수명을 예측하는 방법을 소개하겠다.

표 8.1 몇 가지 상용 촉매의 수명

반응	공정조건	촉매	촉매수명(년)	활성저하 원인
암모니아 합성	450~550°C 200~500기압	$Fe-K_2O-Al_2O_3$	5~10	소결
수첨 탈황	300~400°C 30기압	Co−Mo−S	2~8	코킹, 금속불순물 누적
벤젠산화에 의한 무수말레 인산 제조	350°C 1기압	$V-Mo-O/Al_2O_3$	1~2	V 성분의 활성저하
아세틸렌 수소화	30~100°C 50기압	Pd/SiO_2 또는 Pd/Al_2O_3	0.1~0.5	코킹, 그린오일 누적
탄화수소 개질	460~525°C 8~50기압	Pt/Al_2O_3	0.01~0.5	코킹, 소결
탄화수소 분해	500~550°C 2~3기압	Zeolite	0.000002	코킹

8.2 활성저하의 원인

촉매는 그림 8.1에 보인 것처럼 크게 네 가지 원인에 의하여 활성을 잃어버린다.[43] 즉, 촉매 표면에 이물질이 강하게 흡착하는 피독현상(poisoning), 촉매 표면에 반응 생성물이 많이 쌓여서 표면을 덮어버리는 오염현상(fouling), 촉매 입자가 고온에서 덩어리지면서 표면적이 감소하는 소결현상(sintering), 촉매 성분이 반응물의 일부와 반응하여 기체로 소실되는 기화현상(volatilization)을 들 수 있다. 이들을 좀 더 상세히 살펴보면 다음과 같다.

1. 피독 *Poisoning*

촉매는 대개 금속이나 금속산화물의 작은 고체 입자로 이루어졌는데, 그 표면에 반응물보다 더 강하게 흡착하는 물질이 달라붙으면, 촉매는 더 이상 반응물을 흡착할 수 없어 결국 활성을 잃어버린다. 이처럼 반응물보다 강하게 흡착하

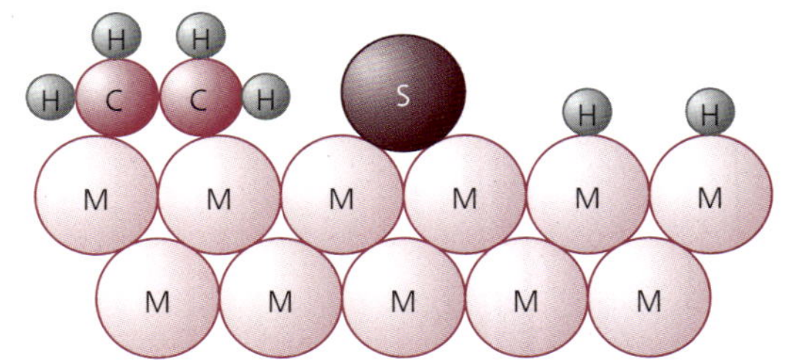

피독(poisoning). S 원자가 촉매 활성점을 막아 버림

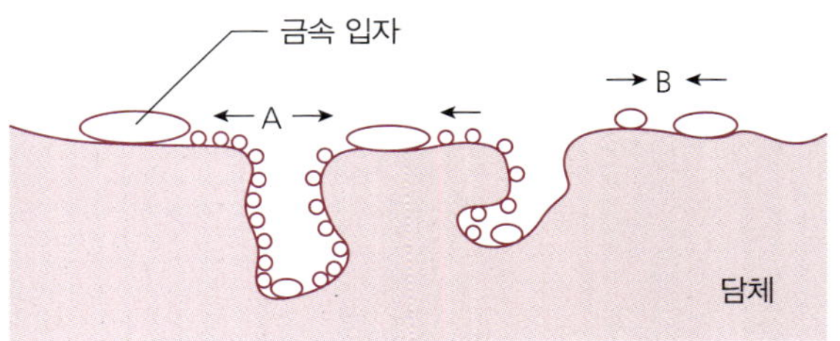

소결(sintering). 금속 입자가 커져서 표면적이 줄어듦

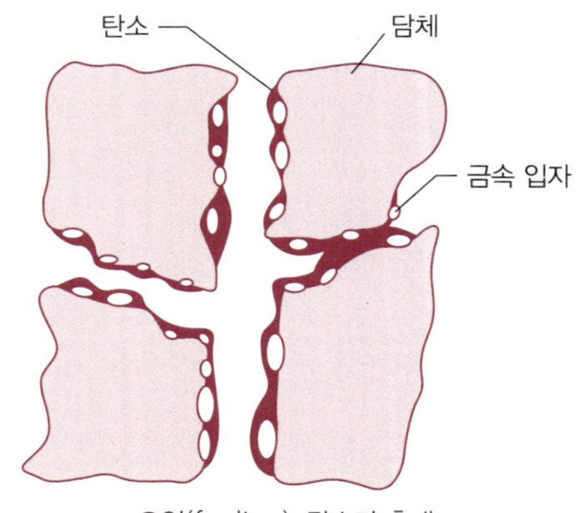

오염(fouling). 탄소가 촉매 입자를 덮고, 기공을 막음

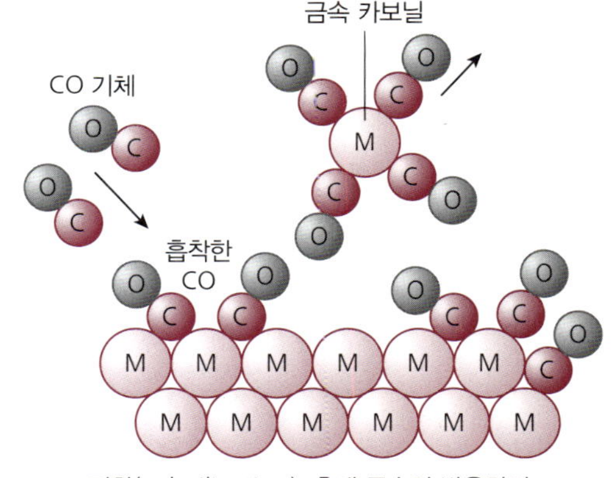

기화(volatilization). 촉매 금속이 반응하여 카보닐 기가 되고, 이는 곧 증발하여 소멸됨

그림 8.1 촉매 활성저하의 네 가지 원인: 피독, 소결, 오염, 기화.

는 물질을 "촉매독(poison)"이라 한다. 촉매독은 촉매의 표면을 물리적으로 덮을 뿐만 아니라 표면의 전자적인 성질도 바꾸기 때문에, 매우 적은 양이 있어도 촉매가 쉽게 활성을 잃는다.[44] 가장 잘 알려진 촉매독은 유황 성분(S)이다. 예를 들어, 정유공장에서는 나프타 개질용 백금 촉매의 유황 피독을 막기 위하여 수소 중의 H_2S 함량을 0.1~10 ppm 이하로 낮추어야 하며, 이를 위하여 여러 단계의 분리공정들이 필요하다.

촉매독은 크게 세 가지 종류가 있다. 첫째는 5족(예: N, P, As, Sb)과 6족(예: O, S, Se, Te)의 원소들인데, 이들은 촉매 금속 성분과 전자궤도를 통하여 강하게 결합함으로써 반응물이 촉매 표면에 흡착하는 것을 막는다. 예를 들어, 유황(S)이나 비소(As) 화합물이 수소화, 탈수소화, 수증기개질용 금속 촉매를 피독시키는 경우를 들 수 있다. 그러나 같은 원소라 해도 아래 표 8.2에 보인 것처럼 해당 원소의 전자가 이미 다른 원소와 결합하여 더 이상 촉매 금속에게 줄 여분의

표 8.2 금속 촉매의 독

족	원소	독성이 있는 경우	독성이 없는 경우
Vb	N	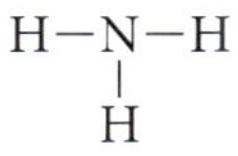 $\begin{matrix} H- & N & -H \\ & H & \end{matrix}$	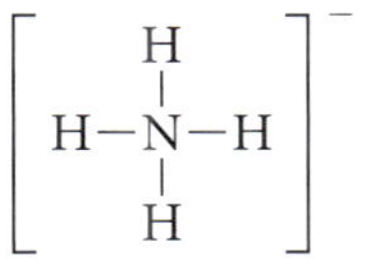 $\left[\begin{matrix} & H & \\ H- & N & -H \\ & H & \end{matrix}\right]^{-}$
	P	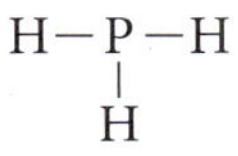 $\begin{matrix} H- & P & -H \\ & H & \end{matrix}$	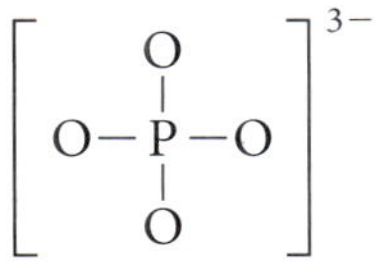 $\left[\begin{matrix} & O & \\ O- & P & -O \\ & O & \end{matrix}\right]^{3-}$
	As	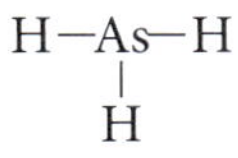 $\begin{matrix} H- & As & -H \\ & H & \end{matrix}$	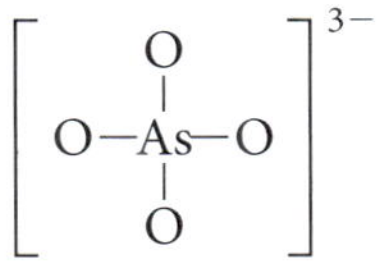 $\left[\begin{matrix} & O & \\ O- & As & -O \\ & O & \end{matrix}\right]^{3-}$
Vlb	S	$H-S-H$	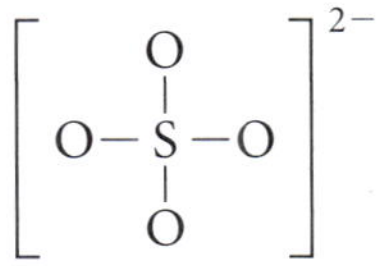 $\left[\begin{matrix} & O & \\ O- & S & -O \\ & O & \end{matrix}\right]^{2-}$
		$R-S-R'$	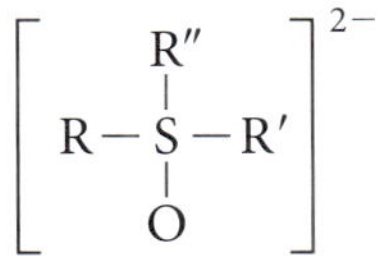 $\left[\begin{matrix} & R'' & \\ R- & S & -R' \\ & O & \end{matrix}\right]^{2-}$

전자가 없는 경우에는 촉매독이 되지 않는다. 다시 말해서, 해당 원자(예: S)가 다른 원자와 결합하지 않은 전자쌍(고립쌍 전자, lone-pair electron)을 가지지 않을 때(예: SO_4^{2-})는 촉매독이 되지 않는다.

둘째는 Pb, Hg, Bi, Sn, Zn, Cd, Cu, V, Fe 등과 같은 중금속인데, 이들은 촉매 금속과 합금을 형성함으로써 촉매의 흡착 기능을 무력화시킨다. 중질유(heavy oil) 중에 다량으로 포함된 V, Fe 등이 정유공정의 촉매를 쉽게 비활성화시키는 것이 좋은 예이다. 셋째는 CO, NO, HCN, 벤젠 등과 같이 불포화 전자구조를 가진 분자들인데, 이들은 촉매의 표면과 다중결합을 함으로써 표면을 피독시킨다. 구체적인 예로서 유기염기나 암모니아 등이 분해 및 수소화 분해반응용 산 촉매의 활성을 막는 경우를 들 수 있다. 표 8.3에는 촉매독에 의한 대표적인 비활성화 사례를 수록하였다.

촉매독은 또한 촉매의 선택도를 낮추는 특성에 따라 선택적(selective), 비선택적(non-selective) 또는 반선택적(anti-selective)인 피독 물질로 구분된다. 선택적 피독이란 촉매의 활성 중에서 특정한 반응(대개, 가장 빠르게 진행되는 주반응)의 활성만이 낮아지는 경우를 말하는데, CO가 백금 촉매의 수소화 활성을 우선적으로 피독시키는 예가 이에 해당한다. 이와는 달리 대개의 중금속은 촉매 표면을 비선택적이고 무차별하게 무력화시킨다. 한편, Pb는 CO 산화반응용 백금촉매의 표면에서 활성이 가장 낮은 부분을 먼저 피독시키는데, 이를 반선택적 촉매독이라고 한다. 이처럼 촉매독들이 서로 다른 특성을 보이며 활성을 저하시

표 8.3 촉매독에 의한 대표적인 촉매 활성저하의 사례

촉매	반응	촉매독
SiO_2-Al_2O_3	분해	유기염기, 탄화수소, 중금속
Ni, Pt, Cu	수소화, 탈수소화	S, Se, Te, P, As, Zn, Hg 화합물, 할로겐 화합물, Pb, 암모니아, 아세틸렌
Ni	메탄, 나프타의 수증기 개질	H_2S
Ni, Co, Fe	CO 수소화	H_2S, As, HCl
Co	수소화 분해	암모니아, S, Se, Te, P
Ag	에틸렌 → 산화에틸렌	아세틸렌
VO_x	산화	As
Fe	암모니아 합성, 수소화, 산화	O_2, H_2O, CO, S, C_2H_2, Bi, Se, Te, P, VSO_4
Pt, Pd	자동차 배기 중 CO와 탄화수소의 산화	Pb, P, Zn
$CoMoS_x$	잔사유의 수소 처리	아스팔텐, 질소화합물, Ni, V

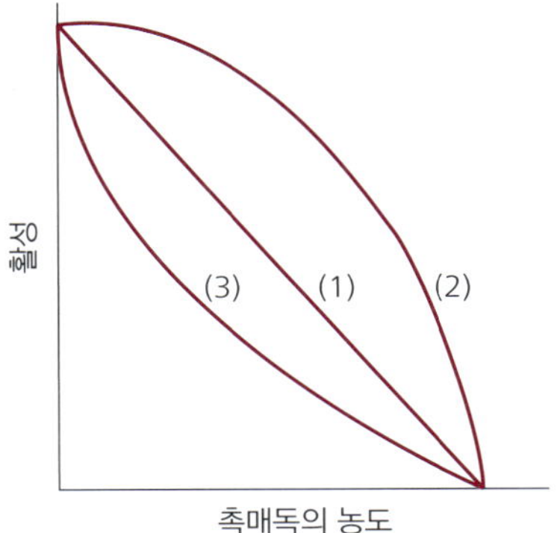

그림 8.2 촉매의 피독 형태: (1) 비선택적인 피독(non-selective poisoning), (2) 반선택적인 피독(anti-selective poisoning), (3) 선택적인 피독(selective poisoning).

키는 것을 그림 8.2에 비교하였다. 비선택적 피독에서는 활성이 촉매독의 양에 비례하여 감소하는 데 비해 선택적 피독의 경우에는 초기에 활성이 크게 낮아지고, 반면에 반선택적 피독에서는 활성이 초기에는 완만하게 감소하다가 후기에 들어 급속히 떨어진다.

여기서 특기할 것은 촉매독이 표면을 선택적으로 무력화시키는 현상을 잘 이용하면 원하는 최종 제품의 수율을 개선할 수 있다는 점이다. 그림 8.3은 이와 같은 시도의 한 예를 보여준다.[45] Ni/faujasite 촉매를 사용하여 *n*-hexane과 수소를 반응시키면, 작은 분자량의 탄화수소가 생성되는 수소화 분해 반응과 가지

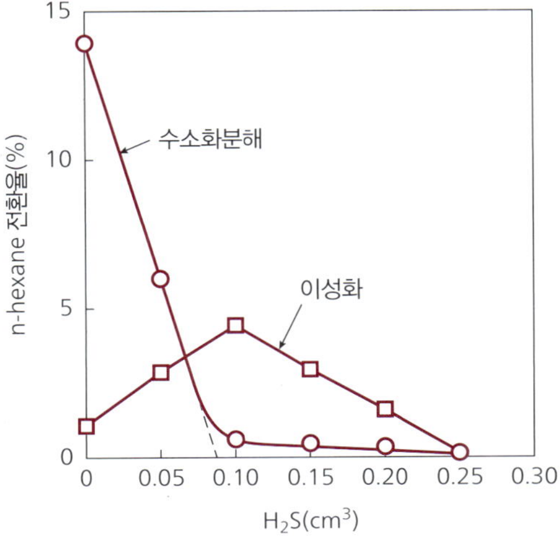

그림 8.3 선택적 피독을 이용한 촉매 선택도의 개선.[45]

가 달린 iso-hexane(고옥탄가의 원하는 제품)이 생성되는 이성화 반응이 동시에 진행된다. 이때 반응물 중에 소량의 H_2S를 첨가하면, 촉매의 수소화 분해 활성이 선택적으로 낮아지고, 결국 원하는 이성화 반응의 생성물이 높은 수율로 얻어진다. 이처럼 촉매의 피독은 항상 나쁜 것만이 아니고, 이를 잘 이용하면 원하는 반응의 선택도를 높이거나 또는 촉매의 활성저하 속도를 낮추는 좋은 결과를 얻을 수 있다.

2. 오염 *Fouling*

촉매 오염은 반응에 의하여 생긴 고체 물질이 촉매의 표면이나 세공 입구를 막아서 생기는 물리적인 현상으로서, 그 정도가 심하면 촉매 입자가 깨지거나 또는 반응기가 막혀버리는 경우도 있다. 대표적인 오염 물질은 탄소나 코크인데, 경우에 따라서는 촉매독이 여기에 섞이기도 한다. 탄소는 CO의 불균일 반응(disproportionation)으로 생성되는 데 비해, 코크는 탄화수소의 분해나 축합 반응으로 생긴다. 그러나 코크의 조성은 분자량이 높은 탄화수소에서 탄소 덩어리까지 변하므로, 실제로 코크와 탄소의 구별은 명확치가 않다.

CO나 탄화수소에 노출된 금속의 표면에서 코크가 생성되는 과정은 아래와 같다. 비교적 낮은 반응 온도(200~400°C)에서는 반응성이 매우 큰 탄소 원자가 생기는데, 이것은 온도가 높아짐에 따라(300~500°C) 고분자량의 탄소로 전환되었다가, 650°C 이상에서 흑연 구조의 탄소가 되면서 금속의 표면을 덮어버린다. 한편, 300~500°C에서 생기는 고분자량의 탄소는 금속 입자의 밑 부분에서 가늘고 긴 필라멘트로 성장해서, 결국 금속 입자가 담체에서 떨어지도록 한다. 이렇게 되면 금속의 표면적은 감소하지 않지만, 표면에 생긴 탄소 필라멘트가 촉매

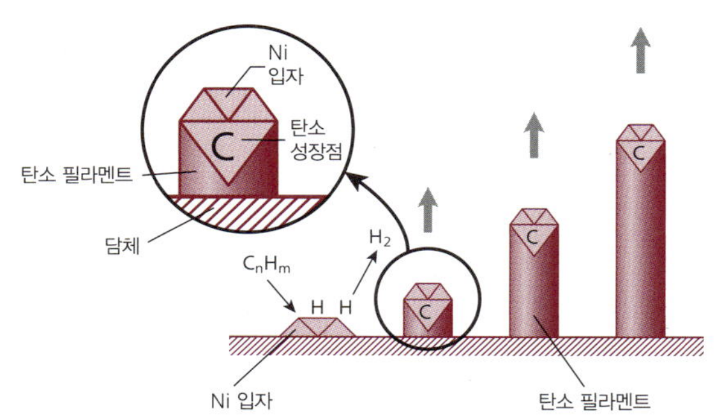

담지된 Ni 입자 표면에서
탄소 필라멘트의 성장

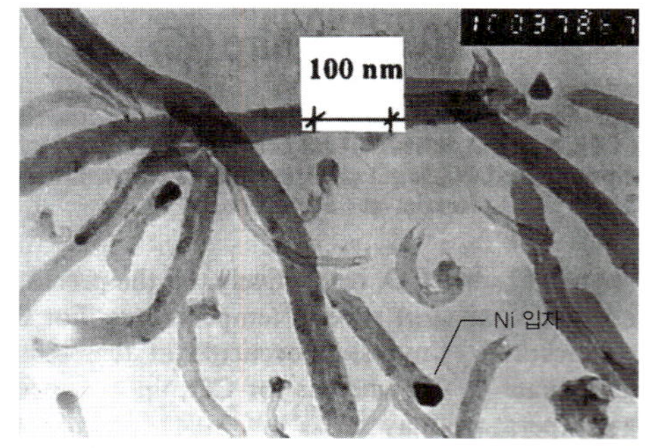

온도가 873 K인 Ni/CaO 촉매 위에서
메탄분해 반응으로 생성되는 탄소 필라멘트

그림 8.4 (a) Ni 촉매에서 탄소 필라멘트의 생성 과정, (b) TEM 사진.[46]

의 세공 입구를 막아버려 반응을 방해하게 된다. 그림 8.4에는 Ni 촉매에서 탄소 필라멘트가 생성되는 과정을 나타낸 그림과 함께, 실제로 관찰한 필라멘트의 사진을 보여준다.[46]

산성 촉매의 표면에서 생기는 코크는 반응 중에 생성된 올레핀이나 방향족 화합물이 계속해서 큰 분자로 자라면서 형성된다. 즉, 올레핀은 촉매의 산점에서 카보늄(carbonium) 이온을 형성하고, 이것이 다른 올레핀과 결합하여 더 크게 성장한다. 길어진 올레핀은 다시 산점과 반응하여 오각형이나 육각형의 고리화합물을 형성하고, 이 고리화합물들은 계속해서 축합 반응을 일으키면서 다중고리화합물(polycyclic aromatics)로 성장을 하는데, 이것이 바로 코크이다.

금속촉매의 표면에서 코크의 생성을 억제하는 방법은 그림 8.5에 보인 것처럼 반응물 중의 수소와 산소 농도를 높게 유지함으로써, 코크가 생기지 않도록 하거나 또는 코크의 가스화를 촉진하는 것이다. 특히, 산촉매의 경우에는 강한 산점을 줄여서 카보늄 이온의 생성을 억제할 수 있다. 그러나 이 방법들은 코크 생성만이 아니라 다른 반응에도 영향을 주게 되므로 임의로 선택할 수가 없다.

따라서 다른 방법을 강구해야 하는데, 촉매에 제2의 성분을 첨가하거나 구조를 바꾸는 것이 가장 많이 쓰이는 방법이다. 구체적인 예로서, Ni에 Pt를 소량 첨가하여 탄소가 Ni 금속의 내부로 용해되는 것을 억제하는 방법이 있다.[47] 수증기 개질용 Ni 촉매에 MgO, K_2O, U_3O_8과 같은 성분을 첨가하여 수증기에 의한 코크의 가스화를 촉진하기도 한다.[48] 또 다른 방법으로, 촉매의 세공구조를 적절히 설계함으로써 코크가 촉매 입자의 특정 부위에만 생기도록 하여 반응속도가 급격히 떨어지는 것을 방지할 수도 있다.[49]

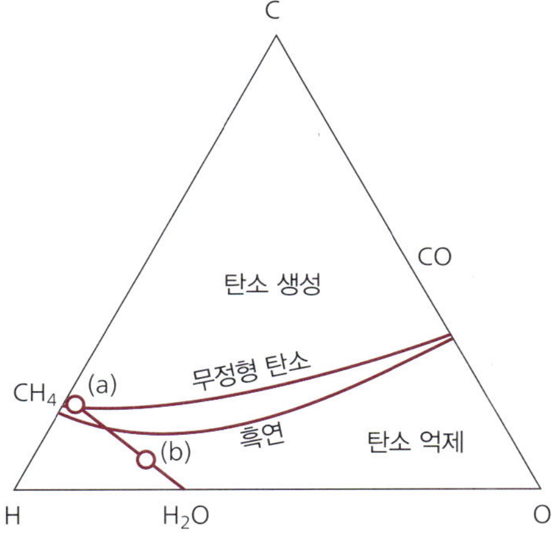

그림 8.5 C, H, O 조성에 따른 코크의 생성: (a) H_2O/CH_4 = 0.1 (b) H_2O/CH_4 = 2.

3. 소결 *Sintering*

높은 반응열로 인하여 촉매 표면의 온도가 높아지면, 담체 위의 금속 또는 금속 산화물 입자들이 서로 달라붙으면서 커다란 덩어리를 이루고, 그 결과로 촉매의 표면적이 줄어들어 활성이 감소한다. 이와 같은 소결(sintering) 현상은 특히 금속 촉매의 경우에 심각하다. 예를 들어, 금속 촉매로 많이 쓰이는 백금은 녹는 온도(T_m)가 1,774°C로 통상적인 촉매공정의 온도보다 훨씬 높지만, 담체 위에 1~10 nm의 작은 크기로 분산이 된 입자는 표면의 자유에너지가 크게 증가하여, 400~500°C의 비교적 낮은 온도에서도 쉽게 소결이 일어난다. 실제로, 크기가 50 nm인 백금 입자를 400°C에서 6개월간 방치한 결과, 그 크기가 2000 nm로 성장한 것이 관찰되었다. 이처럼 작은 고체 입자가 소결이 일어나는 온도를 Tamman 온도(T_T)라고 하는데, 그 값은 대개 녹는 온도(T_m)의 50% 수준이다. 즉, $T_T = 0.5\ T_m$로 표시된다.

입자가 소결하는 현상에 대하여 "결정이동설(crystallite migration)"과 "원자이동설(atomic migration)"의 두 가지 모델이 제시되었다. 결정이동설은 고온에서 작은 입자가 담체의 표면에서 움직이다가 서로 만나 한 덩어리로 뭉치는 경우를 말하고, 원자이동설은 원자가 작은 입자의 표면에서 증발하여 큰 입자의 표면에 증착하는 경우를 말한다(그림 8.6 참조). 두 가지 모델은 모두 소결에 의

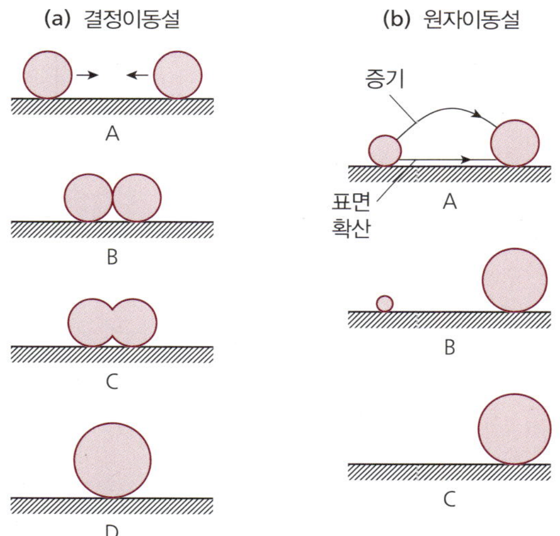

그림 8.6 입자 소결을 설명하는 두 모델: (a) 결정이동설(n = 2~13), (b) 원자이동설(n = 3~5).

한 표면적(S)의 감소 속도를 아래의 식으로 표시했는데, 표면적에 대한 지수 n 값이 원자이동설은 3~5이지만 결정이동설에서는 2~13으로 그 폭이 매우 크다.

$$-dS/dt = kS^n \tag{8.1}$$

실제의 소결 현상이 위의 두 모델 중에서 어느 것을 따르는지는 소결이 진행되면서 입자의 크기 분포가 변하는 양상을 보면 알 수 있다. 입자의 크기가 시간에 따라 모두 증가하면 결정이동설을 따르는 경우이고, 시간에 따라 초기의 크기보다 더 작거나 큰 입자들이 동시에 생기면 이는 원자이동설을 따르기 때문이다. 결정이동설은 작은 입자들이 촉매 표면에서 이동하다가 서로 만나 뭉치는 경우이므로, 시간에 따라 더욱 큰 입자들이 얻어지는 것은 당연하다. 반면에, 원자이동설은 입자를 구성하는 원자의 표면 증기압이 입자 크기에 반비례하여 증가한다는 자연현상(Kelvin 식)에 근거를 두고 있기 때문에, 원자가 작은 입자의 표면에서 증발하여 큰 입자의 표면에 증착하는 것으로 설명하고 있다. 따라서 이 모델에 의하면 작은 입자는 시간에 따라 점점 작아지고, 큰 입자는 더욱 커지게 된다. 급기야 작은 입자의 원자가 모두 증발을 하면, 그 원자들이 옮겨가서 증착한 큰 입자만이 남게 된다. 위의 두 가지 모델 중에서 과연 어느 것을 따라 소결이 이루어지는지는 해당 금속의 증기압, 금속과 담체 간의 결합 세기, 소결 온도 등에 의하여 결정된다.

촉매의 소결을 방지하려면 반응 온도를 Tamman 온도 이하로 유지해야 한다. 그러나 반응 온도는 공정의 가장 중요한 변수로서 쉽게 바꿀 수가 없기 때문에, 대신 촉매의 개선을 통하여 소결을 억제하는 방법이 많이 쓰인다. 예를 들어, Ni 촉매는 α-Al_2O_3나 SiO_2보다 표면의 반응성이 강한 γ-Al_2O_3에 담지함으로써 소결을 억제할 수 있고, 여기에 Rh, Ru, MgO, NiO를 첨가하면 Ni 입자의 표면 증기압과 이동성을 낮추어 개선이 된다.[49]

4. 기화 *Volatilization*

촉매로 사용되는 금속은 대개 녹는 온도가 1,000°C 이상으로 매우 높기 때문에, 반응 도중에 금속 성분이 직접 증발해서 없어지는 경우는 거의 없다. 그러나 일부 금속은 반응물 중에 포함된 CO, NO, O_2, H_2S, 할로겐 등과 반응하여 휘발성 물질을 생성하면서 손실될 수가 있다. 예를 들어, Ni, Fe, Ru는 300°C 이하에서 CO와 반응하여 기체인 카보닐 화합물을 형성하고(표 8.4 참조), Ru와 Pb는 산소가 있을 때 휘발성의 RuO_3와 PbO가 각각 생긴다. Pd와 Pt는 할로겐 분위기

표 8.4 금속 카보닐 화합물

화합물	물리적 형태 (25°C에서)	녹는점 (°C)	증기압 (mm Hg)	분해온도 (°C)
휘발성				
$NI(CO)_4$	액체	−25	261(15°C)	60
$Fe(CO)_5$	액체	−21	15(25°C)	150
$Ru(CO)_5$	액체	−22	휘발성 큼	−15
$Cr(CO)_6$	고체	소결온도 90	1(48°C)	130
$Mo(CO)_6$	고체	소결온도 120	2.3(55°C)	150
$W(CO)_6$	고체	소결온도 125	1.2(67°C)	150
$CO_2(CO)_8$	고체	소결온도 60	0.07(15°C)	53
비휘발성				
$Fe_3(CO)_{12}$	고체	승화온도 80		140
$CO_4(CO)_{12}$	고체	비휘발성		60
$Ru_3(CO)_{12}$	고체	승화온도 80		150

에서 $PdBr_2$, $PtCl_4$, PtF_4를 생성하며 손실이 된다. 이처럼 손실이 일어나면 더 이상 대책이 없어서 촉매는 결국 폐기된다. 따라서 공정 중에 위의 반응이 일어나지 않도록 유의해야 한다.

위의 예 중에서, 특히 Ni, Fe 등의 비귀금속(non-noble metal)이 CO와 반응하여 휘발성이고 아울러 인체에 "맹독성"인 카보닐 화합물을 형성하는 경우에 대하여 추가로 설명하겠다. 이 현상은 CO를 반응물로 사용하는 공정(예: methanation, Fischer−Tropsch 반응)에서 자주 관찰된다. 공정을 운전하는 도중만이 아니라, 공정을 끝내고 촉매를 교체하기 위하여 반응기를 열었을 때도 일어날 수 있다. 즉, 공정이 끝났을 때 촉매 표면에는 상당량의 코크가 생겼을 것으로 예상되는데, 이 상태에서 반응기를 열면 반응기 안으로 유입된 공기가 코크와 반응하여 CO를 생성하고, 이 CO가 다시 촉매 금속과 반응하여 카보닐 화합물을 생성하게 된다. 이 경우에 촉매 금속의 손실만이 아니라 맹독성 기체로 인한 인명 사고가 일어날 수 있다. 따라서 공정 종료 후에는 반응기를 충분히 냉각하고, 질소와 같은 무반응성(inert) 기체로 충분히 환기를 한 다음 열어야 한다. 앞에서 언급한 $PdBr_2$, $PtCl_4$, PtF_4 등의 금속 할로겐 화합물은 수분과 결합하여 강산성을 띠므로, 이 경우에도 역시 안전성 문제가 있다.

› 예제 8.1

수증기 개질용 Ni/Al_2O_3 촉매를 네 개의 서로 다른 공정에 사용한 결과, 활성저하가 일어났다. 아래의 그림 8.7은 각 촉매의 기공과 금속 입자의 크기가 사용 전후에 변화한 것을 보인다. 이로부터 각 공정에서 활성저하가 일어난 원인을 판단하고 그 근거를 설명하라.

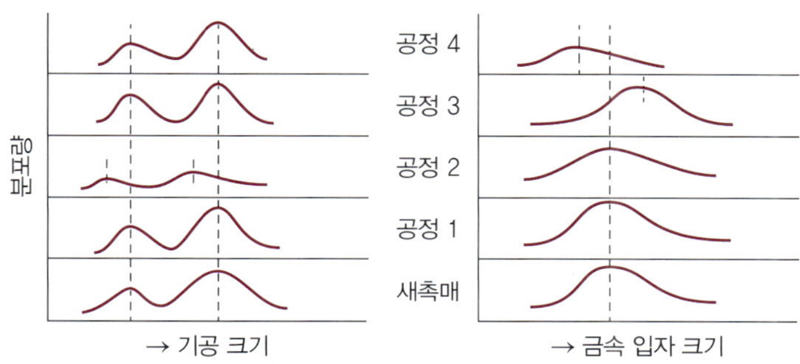

그림 8.7 촉매 사용 전후의 기공 및 금속 입자 크기 변화.

› 풀이

공정 1에 사용한 후, 기공과 금속 입자 크기의 변화가 없다. 따라서 촉매는 불순물에 의한 피독 현상으로 활성저하가 일어났다.

공정 2에서는 금속 입자 크기의 변화는 없고, 기공 크기와 부피가 모두 작아졌다. 따라서 코크 등에 의한 기공 막힘으로 활성저하가 일어났다.

공정 3에서는 기공 크기와 부피의 변화는 없고, 금속 입자의 크기가 증가하였다. 따라서 소결에 의한 금속 표면적의 감소로 활성저하가 일어났다.

공정 4에서는 기공 크기와 부피의 변화는 없고, 금속의 양과 입자의 크기가 감소하였다. 따라서 금속 성분의 휘발에 의한 손실로 활성저하가 일어났다.

8.3 촉매 재생 *Regeneration*

1. 재생 방법

촉매의 재생은 공업적으로 중요한 기술 분야이지만 문헌에서 찾아볼 수 있는 연구 결과나 자료가 매우 부족하다. 오염이나 일부 피독 현상과 같이 비활성화가 가역적인 경우에는 촉매를 적절히 후처리하여 재생할 수 있으나, 소결과 기화처럼 촉매가 비가역적으로 변질된 경우에는 재생이 불가능하여 결국 새로운 촉매로 대체해야 한다. 예를 들어, 제3장에서 다룬 나프타 분해용 제올라이트 촉매는 표면에 누적된 코크를 제거한 후에도 활성이 거의 변하지 않기 때문에, 이를 유동층 반응기에서 연속적으로 재생하여 다시 쓴다. 그러나 근래에 들어 점차 중질유의 분해가 늘어나면서 원료 중에 포함된 금속 성분(예: V, Fe)의 누적으로 인한 활성저하가 심해지는데, 이 경우에는 오염물을 분리하는 대신 촉매를 폐기한다. 아세틸렌 수소화용 Pd 촉매는 사용 도중에 그린오일(green oil)이 표면을 덮으면서 활성이 저하된다. 다행히 그린오일은 비교적 낮은 분자량의 고분자 물질이므로, 공정 도중에 주기적으로 반응 기체를 빨리 흘려보냄으로써 이를 제거할 수 있다. 부분산화 공정용 산화물 촉매는 운전 중 반응기 내에 국소 고온점(hot spot)이 생겨서 촉매의 활성을 잃는 수가 있는데, 이 경우에 촉매를 재생하지 않고 폐기한다.

유황에 피독된 Ni, Cu, Pt, Co 촉매를 산소/공기, 수증기, 수소 또는 무기 산화제 등으로 재생하는 방법에 관한 연구가 일부 보고되었다. Mg나 Ca가 첨가된 개질용 Ni 촉매가 유황 피독이 일어났을 때, 이를 700°C에서 수증기로 처리함으로써 유황을 80%까지 제거한 연구가 있는데, 이 방법은 표면적이 작은 경우에는 비교적 성공적이었으나 높은 표면적의 촉매에서는 담체의 안정성이 깨져서 크게 효과적이지 못하였다. 이와 같이 수증기를 재생용 기체로 사용하는 경우에는 특히 담체의 안정성에 유의해야 한다.

탄소 누적으로 표면이 오염된 촉매는 산소, 수증기, 수소를 사용한 탄소의 가스화 반응으로 재생할 수 있다. 여기서 중요한 것은 가스화 반응속도인데, 이것은 반응 기체의 종류와 탄소의 형태에 따라 결정된다. 예를 들어 10기압, 800°C의 조건에서 표면 탄소의 가스화 속도는 산소(105) > 수증기(3) > 이산화탄소(1) > 수소(0.003)의 크기로 감소하지만, 촉매 금속의 활성이 남아 있는 경우에는 수소의 반응속도가 크게 증가한다. 일반적으로 산소에 의한 가스화 반응은 매우 빠르기 때문에 산소/공기의 혼합물이 많이 사용되며 이때의 온도는 400~600°C이다. 산소에 의한 촉매 재생에서 유의할 점은 국부적인 온도 상승으로 고온점이 생기지 않도록 하는 것이다. 이를 위하여 재생 초기에는 산소의 양을 낮게 유지하다가 탄소 제거가 어느 정도 이루어진 후에 산소 주입량을 높게 해주는 것이 좋다. 촉매의 소결은 거의 비가역적 현상이므로 재생하기가 힘들어서 활성이 저하된 촉매는 버리는 것이 통례이다.

2. 휘발유 개질촉매의 재생

아래에서는 앞(제3~6장)에서 소개한 네 개의 대표적 촉매들(접촉분해용 제올라이트, 아세틸렌 수소화용 Pd, 부분산화용 Bi-Mo, 휘발유 개질용 Pt) 중에서, 개질용 Pt 촉매의 경우에 활성이 저하되는 원인과 이를 재생하는 방법에 대하여 집중적으로 설명하겠다. 특히 개질촉매의 재생을 다루는 까닭은, 이 촉매가 다른 촉매들의 특성을 종합적으로 갖추고 있어서 이 촉매의 재생 방법이 다른 촉매의 경우에도 부분적으로 적용될 수 있기 때문이다.

개질공정용 촉매는 산성인 알루미나 담체의 표면에 백금(Pt)이 작은 입자로 분산되어 있고, 여기에 산성도를 조절하기 위하여 소량의 염소 화합물을 추가한 것이다. 이 촉매는 개질공정을 이루는 여러 기본 반응을 동시에 촉진하기 위하여 산과 금속의 두 성분을 포함함으로써 이원기능성을 갖도록 설계하였다. 그러나 이렇게 제조한 개질촉매는 두 가지의 활성 성분을 갖기 때문에 그만큼 활성 저하도 빨리 진행된다. 즉, 촉매 중의 산성 성분은 반응물인 탄화수소의 중합을 촉진하여 표면이 코크로 덮이게 하고, 그 결과로 반응물이 촉매의 활성점에 접근하지 못하게 되는 코킹(coking) 현상이 일어난다. 반응물 중에 질소(N)와 황(S) 성분의 불순물이 있으면 이들이 산점과 금속 표면을 피독(poisoning)시켜 촉매는 점차 활성을 잃는다. 담체 위에 매우 작게 분산된 금속 입자는 높은 반응열 때문에 점차 큰 덩어리로 소결(sintering)이 되면서 표면적이 줄어들고 이로 인하여 활성이 감소한다. 따라서 이 촉매의 경우에는 앞에서 설명한 촉매 활성 저하의 세 가지 요인(코킹, 피독, 소결)이 모두 일어나는 셈이다.

코킹 현상은 실리카−알루미나를 담체로 사용하거나 또는 반응물 중에 할로겐 화합물을 첨가하는 경우와 같이 담체의 산성도가 높을 때 특히 심하게 일어난다. 따라서 담체의 산성도는 꼭 필요한 경우가 아니면 낮게 해 주는 것이 좋다. UOP사가 처음으로 개발한 Pt/Al_2O_3 촉매는 그 후로도 계속하여 개선이 되었다. 그중에서 $Pt\text{-}Re/Al_2O_3$ 촉매는 백금과 레니움의 두 가지 금속을 동시에 포함하는 이성분금속(bimetallic) 촉매인데, 백금만을 포함한 촉매에 비하여 코킹에 대한 저항이 매우 커서 수명이 길다. 레니움은 일부가 산화물로 존재하면서 알루미나 담체의 산성도를 조절해 주는 것으로 알려졌다. 레니움 외에도 여러 가지 다른 금속들을 첨가하여 제조한 다성분금속(multimetallic) 촉매는 코킹에 대한 저항이 더욱 커졌을 뿐만 아니라 초기의 활성도 Pt나 Pt-Re 촉매의 경우보다 훨씬 높다.

개질촉매의 피독은 산 기능과 금속 기능의 두 가지에 대하여 모두 일어난다. 즉, 반응 원료 중에 포함된 질소화합물은 반응 도중에 암모니아를 형성하여 알

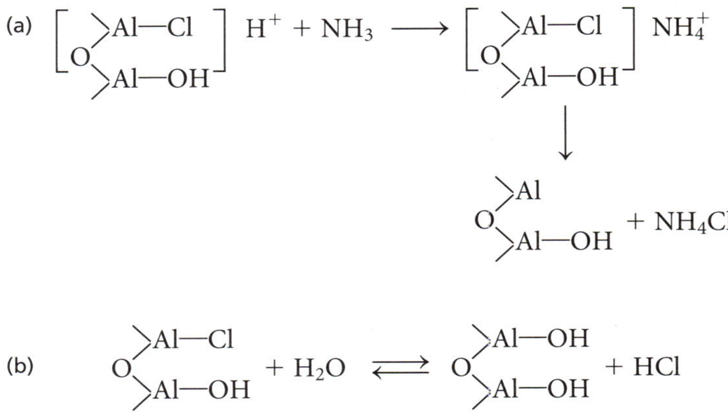

(a)

$$\left[\mathrm{O}\begin{array}{l}\rangle \mathrm{Al{-}Cl}\\ \rangle \mathrm{Al{-}OH}\end{array}\right] \mathrm{H^+} + \mathrm{NH_3} \longrightarrow \left[\mathrm{O}\begin{array}{l}\rangle \mathrm{Al{-}Cl}\\ \rangle \mathrm{Al{-}OH}\end{array}\right] \mathrm{NH_4^+}$$

$$\downarrow$$

$$\mathrm{O}\begin{array}{l}\rangle \mathrm{Al}\\ \rangle \mathrm{Al{-}OH}\end{array} + \mathrm{NH_4Cl}$$

(b)

$$\mathrm{O}\begin{array}{l}\rangle \mathrm{Al{-}Cl}\\ \rangle \mathrm{Al{-}OH}\end{array} + \mathrm{H_2O} \rightleftharpoons \mathrm{O}\begin{array}{l}\rangle \mathrm{Al{-}OH}\\ \rangle \mathrm{Al{-}OH}\end{array} + \mathrm{HCl}$$

그림 8.8 암모니아(a)와 수분(b)에 의한 알루미나 산성 세기의 감소.

루미나 담체와 결합하거나 또는 그림 8.8에서와 같이 할로겐과 결합을 하여 이를 제거해 주기 때문에 촉매의 산성도를 낮추어 준다. 이밖에도 원료 중에 포함된 수분이나 산소 화합물도 역시 할로겐과 결합을 하여 촉매의 산 기능을 저하시킨다.

한편, 촉매의 금속 기능은 원료 중에 포함된 황 화합물에 의하여 쉽게 피독된다. 즉, 황 화합물은 개질 반응 중에 수소와 결합하여 황화 수소(H_2S)가 된 후 아래 반응에 의하여 백금을 황화시킨다. 이 반응은 평형상수가 매우 크기 때문에 반응물 중에 아주 적은 농도의 황화 수소가 있더라도 백금이 쉽게 피독된다.

$$\mathrm{Pt} + \mathrm{H_2S} \rightleftharpoons \mathrm{PtS} + \mathrm{H_2} \tag{8.2}$$

이밖에도 원료 중에 포함된 납, 비소, 구리, 철과 같은 금속 성분들도 촉매 표면에 누적이 되어 촉매를 피독시키는 것으로 알려졌다. 따라서 개질공정에서는 원료 중에 포함된 불순물만이 아니라 공정조업이나 장치의 취급 도중에 발생하는 불순물까지도 철저히 제거를 해야 한다. 실제의 공정에서 허용되는 불순물의 농도 범위는 표 8.5와 같다.

개질촉매의 담체인 알루미나는 열 안정성이 높지만 그 표면에 분산된 백금 입자는 고온에서 쉽게 큰 덩어리로 소결이 되어 표면적이 감소한다. 백금 소결이 심해지는 한계온도는 약 500°C이므로 조업 도중에 반응기의 온도가 500°C 이상이 되지 않도록 주의해야 한다.

표 8.5 Pt/Al_2O_3를 사용한 개질공정에서 불순물의 허용 한계

불순물	허용 한계
S	0.2~1 ppm
N	0.5~1 ppm
수분	4 ppm
Pb	10 ppb
As	2 ppb
Cs	20 ppb

ppm: part per million(10^{-6})
ppb: part per billion(10^{-9})

근래에는 촉매의 열 안정도를 높이기 위하여 백금 외에도 텅스텐(W), 레니움(Re), 루테니움(Ru), 이리디움(Ir), 로디움(Rh), 몰리브덴(Mo), 주석(Sn), 게르마늄(Ge)과 같은 금속을 첨가한 촉매들이 개발되었다. 이 금속들은 백금과 합금을 이루거나 또는 일부가 산화물 상태로 있으면서 백금의 소결을 억제해 준다. 이와 같은 촉매 기술의 발전에 힘입어서 오늘날의 개질촉매들은 그 수명이 초기의 백금촉매보다 거의 5~6배나 길어졌다.

활성이 저하된 촉매를 재생하려면, 표면에 누적된 코크를 제거하고 알루미나의 산성도를 되살리며 백금을 다시 작은 입자로 분산시켜야 하는데, 이를 위하여 특히 개질용 Pt 촉매의 경우에는 아래의 산화 및 염화 처리를 한다.[50] 우선, 표면에 누적된 코크를 질소로 희석한 공기 중에서 태워 제거하는데, 이때 담체인 알루미나가 초기의 표면적과 물리적인 강도를 유지하도록 하기 위하여 온도를 550°C 이하로 한다. 코크를 연소시키고 나면 촉매는 초기에 함유하던 0.9~1.3 무게%의 염소(또는 불소) 성분을 다소 잃어버리고 0.6~0.8 무게%만을 포함하게 된다. 따라서 추가의 염소 성분을 염소, 염산, 또는 유기 염소화합물의 형태로 주입하면서 온도를 250°C로 유지하고, 이어서 공기 중에서 450°C의 고온으로 산화처리를 한다. 염소처리를 하는 동안에는 다음과 같이 알루미나의 표면이 일부 염화가 된다.

$$\begin{matrix} \diagdown & & \diagup \text{Al—OH} \\ & \text{O} & \\ \diagup & & \diagdown \text{Al—OH} \end{matrix} + \text{RCl} \longrightarrow \begin{matrix} \diagdown & & \diagup \text{Al—OH} \\ & \text{O} & \\ \diagup & & \diagdown \text{Al—Cl} \end{matrix} + \text{ROH} \qquad (8.3)$$

촉매를 재생하기 위하여 고온 산화처리를 하는 동안에 촉매 표면에서 일어나는 반응은 아래와 같다. 즉, 일산화탄소(CO)나 염화알루미늄($AlCl_x$) 등과 결합을 한 백금 복합체가 형성이 되면서, 이것이 알루미나 표면의 수산화기와 반응을 하여 $PtAl_xCl_yO_z$의 조성을 갖는 복합체가 생긴다. 이 화합물은 담체인 알루미나와도 반응하기 때문에 촉매의 표면을 따라 마치 뗏목과 같이 얇은 막을 형성하며 자란다. 이 촉매를 수소로 처리하면 표면의 복합체가 결국 백금으로 환원되는데, 이때 복합체 막의 부피가 줄어들면서 작게 끊어져서 크기가 1 nm 정도인 금속 입자들이 생긴다. 이처럼 소결 때문에 크게 자란 백금 입자를 작게 "재분산(redispersion)"시키는 과정을 "oxychlorination"이라고 하는데, 이는 개질공정용 Pt 촉매의 경우에 국한한 것이다. 그림 8.9는 이 재생과정에서 일어나는 반응을 표시하였다.

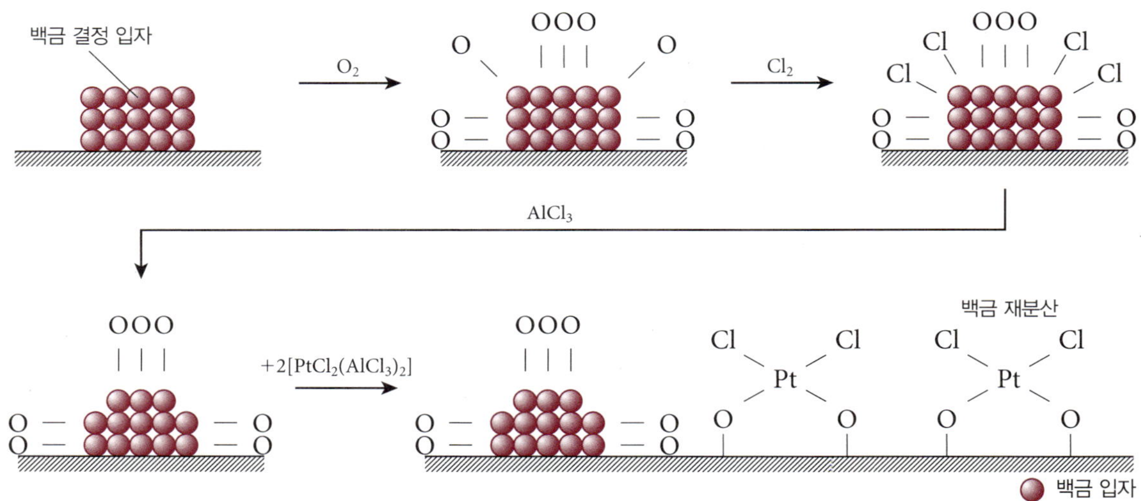

그림 8.9 산화 및 염화처리(oxychlorination)에 의한 백금촉매의 재분산.[50]

› 예제 8.2

아래의 그림 8.10은 (a) Pd/SiO_2 또는 (b) $Pd\text{-}Ti/SiO_2$ 촉매를 아세틸렌 수소화 반응에 사용하기 전(1), 또는 사용한 후 이를 재생 처리한 경우(2)에 얻은 CO 흡착의 적외선 관찰 결과이다. 그림에서 보는 바와 같이 (a-1)과 (a-2)는 서로 다른 적외선 결과를 보이는 반면에, (b-1)과 (b-2)는 거의 유사한 결과를 보이고 있다. 이는 (a) Pd/SiO_2 촉매가 재생 처리 후에 크게 변화한 반면에, (b) $Pd\text{-}Ti/SiO_2$ 촉

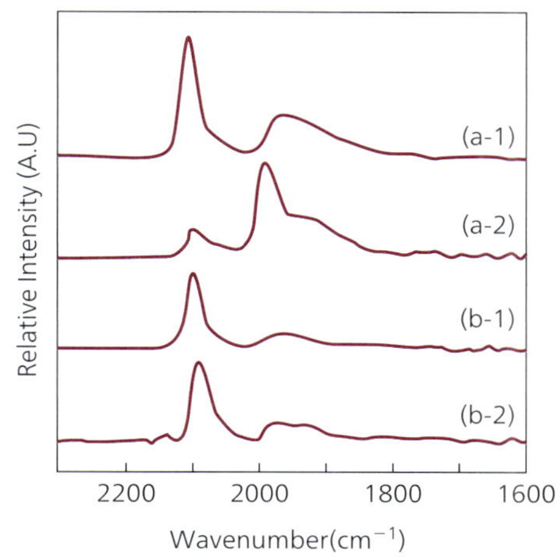

그림 8.10 두 촉매(a, b)를 사용하기 전(1)과 재생한 후 (2)에 얻은 흡착 CO의 적외선 관찰 결과.

매의 특성은 재생에 의하여 크게 변하지 않음을 뜻한다. 이 결과가 보이는 두 촉매의 재생 특성의 차이를 설명하라. 또한 그 설명을 입증하기 위한 추가의 특성 검사는 무엇인가?

힌트: 적외선 결과에서 2,000 cm^{-1} 이상에 보이는 피크는 CO가 표면의 Pd 원자와 1 : 1로 결합한 형태에 기인하며, 이는 촉매 표면에 비교적 작은 Pd 입자가 많음을 뜻한다. 한편, 2,000 cm^{-1} 이하의 피크들은 CO가 여러 개의 Pd 원자와 결합한 형태에 기인하며, 이는 표면에 큰 Pd 입자가 많음을 뜻한다.

› 풀이

결과 (a-1)를 보면, 새 촉매 Pd/SiO_2는 2,000 cm^{-1} 이상과 이하의 피크들이 뚜렷이 보이는데, 이는 촉매 중에 작고 큰 Pd 입자들이 공존함을 뜻한다. 같은 촉매를 반응에 사용하고 재생한 시료(a-2)의 결과를 보면, 2,000 cm^{-1} 이상의 피크가 크게 줄었고 대신 2,000 cm^{-1} 이하의 피크들이 커졌는데, 이는 촉매 중의 작은 Pd 입자들이 감소하고 큰 입자들이 증가했음을 뜻한다. 즉, 이 촉매는 재생 처리 후에 Pd 입자의 소결이 일어났다. 반면에 Pd-Ti/SiO_2 촉매의 경우에는 새 촉매와 재생 촉매가 거의 같은 적외선 결과를 보이며, 따라서 촉매의 소결은 진행되지 않았다. 이는 촉매에 포함된 Ti 성분이 Pd의 소결을 억제하는 조촉매 역할을 한 탓인데, 이를 입증하려면 Pd 입자의 크기를 직접 관찰할 수 있는 투과전자현미경(TEM) 사진을 찍어보면 된다.

8.4 공정 해석

촉매의 활성저하를 막기 위하여 반응물 중의 불순물을 줄이거나 반응 온도를 낮추는 등의 여러 가지 방법이 쓰이지만, 결국 촉매는 못쓰게 된다. 따라서 다음의 과제는 촉매의 활성저하로 인하여 과연 언제쯤 조업을 중단해야 하는지를 예측하는 것이다. 이를 위하여 반응기 내에서 진행되는 활성저하 현상을 정확히 해석해야 하는데, 아래에서는 이에 대하여 설명하겠다. 그림 8.11은 촉매가 채워진 반응기에서 반응이 진행될 때, 촉매의 비활성화 유형에 따른 전환율의 변화를 보인다. 비활성화가 일어나지 않은 반응 초기에는 전환율이 급격히 증가하다가 완전 전환에 가까워지면 반응물이 거의 소진되었기 때문에 전환율이 서서히 증가하는 전형적인 패턴을 보인다.

촉매가 피독에 의하여 활성이 저하되면, 초기의 전환율 패턴이 그대로 유지된 채로 반응기 내에서 축 방향으로 위치만 이동하였다. 그 까닭은 촉매가 피독된 부분에서는 활성이 완전히 없어지고, 그렇지 않은 부분에서는 초기 활성이 그대로 유지되기 때문이다. 한편, 소결의 경우에는, 전환율이 초기보다 느리게 증가하면서 반응기 내의 넓은 영역에 걸쳐 반응이 진행된다. 소결은 촉매의

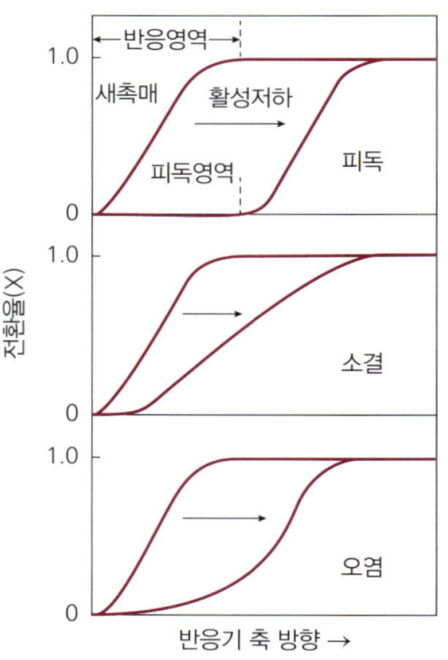

그림 8.11 비활성화 유형에 따른 전환율의 변화.

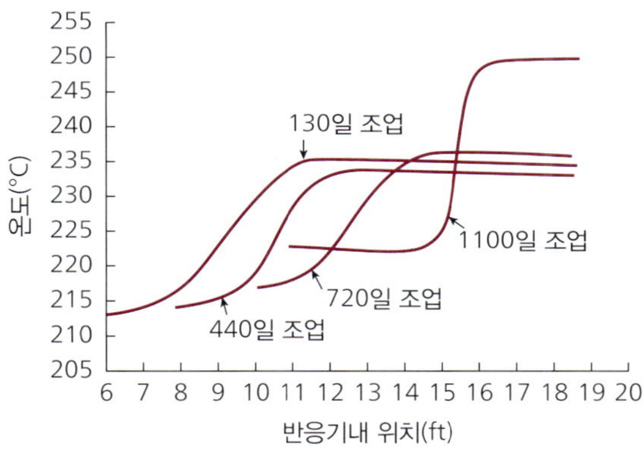

그림 8.12 고정층 단열 반응기의 조업 사례.

표면적이 감소하는 현상이므로, 이 경우에 촉매의 활성이 완전히 소멸되지 않고 서서히 감소하며, 따라서 전환율도 초기보다 느리게 증가하게 된다. 촉매가 오염에 의하여 비활성화 되는 경우에도, 소결의 경우처럼 전환율이 초기보다 느리게 증가하는데, 이 현상은 특히 반응기의 입구 부분에서 더 심하다. 왜냐하면 코크와 같은 오염물의 생성 속도가 반응속도가 빠른 반응기 입구에서 더 크고, 그만큼 촉매의 활성저하 속도도 크기 때문이다.

그림 8.12는 고정층 단열 반응기에서 진행되는 발열 반응의 경우에, 촉매가 피독되면서 반응기 내의 온도가 변화하는 양상을 관찰한, 실제 조업의 결과를 보인다. 온도는 단열 반응기에서 발생한 열량에 따라 상승하고, 그 열량은 전환율에 비례하므로, 결국 그림 8.9의 온도 분포는 전환율 변화를 나타내는 셈이다. 온도는 초기에 증가하다가 점점 느리게 증가하는 전형적인 양상을 보인다.

촉매의 활성이 저하되면, 온도 곡선은 거의 같은 형태를 유지하면서 축 방향으로 이동한다. 급기야 활성이 많이 떨어진 공정 말기에 이르면, 온도가 반응기의 좁은 영역에서 급하게 상승하고 최종 온도도 공정 초기의 경우보다 훨씬 높아진다. 여기서 특기할 것은, 공정 후기에 반응기 입구의 온도가 공정 초기보다 높고(약 10°C), 반응기 출구의 온도도 함께 높아진(약 15°C) 점이다. 공정 후기에 반응기의 입구 온도가 높은 까닭은, 촉매의 피독으로 낮아진 활성을 일부 보상하기 위하여 반응 온도를 의도적으로 올려준 탓이다. 그러나 이 조치로 인하여 반응기 출구의 온도가 더욱 올라가고, 결국 반응기가 감당할 수 없는 한계 온도에 이르게 되면 조업을 중단해야 하는데, 이 시점이 곧 촉매의 수명을 결정한다.

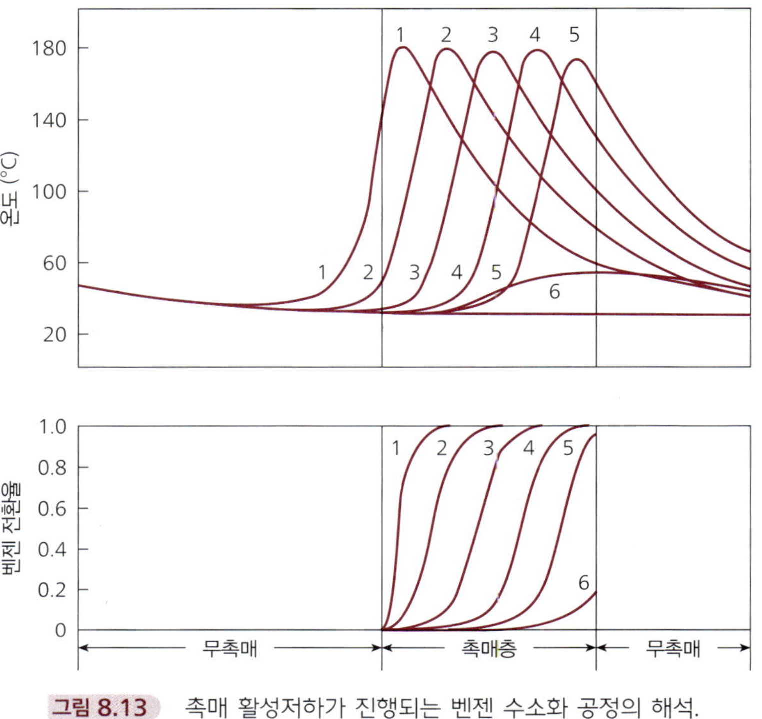

그림 8.13 촉매 활성저하가 진행되는 벤젠 수소화 공정의 해석.

활성저하가 진행되는 촉매 반응을 해석한 다른 예를 그림 8.13에 보였다. 주반응은 벤젠 수소화 반응인데, 여기에 사용되는 Ni 촉매가 반응물 중에 유입된 황 화합물에 의하여 피독이 된다. 촉매가 채워진 반응기의 외부에 열교환기가 있기 때문에, 반응기의 온도는 계속 상승하지 않고 어느 정도 올랐다가 다시 내려간다.

그림에서 보면, 활성저하가 진행되면서 온도와 벤젠의 전환율 곡선이 모두 반응기 출구 쪽으로 이동을 한다(그림에서 1 → 6). 드디어 공정의 후기에 이르면(그림에서 6의 경우) 촉매가 활성을 크게 잃어 반응이 거의 진행되지 않으며, 그 결과로 온도도 별로 오르지 않고 전환율도 낮아진다. 급기야 반응기 출구에서 전환율이 너무 낮은 값으로 떨어지면 조업을 중단해야 하고, 그 때까지의 조업 시간이 촉매의 수명이 된다. 위에서 예시한 공정 해석의 결과들은, 실제 공정에서 조업을 중단하고 촉매를 재생 또는 교체할 시기를 예측하는 데 중요한 자료로 활용된다.

연습 문제

1. "선택적 피독을 활용한 촉매 선택도 개선"이란 무엇인가?

2. 금속 담지촉매에서 금속의 소결현상을 설명하는 두 가지 모델을 간략히 서술하라. 그리고 금속 담지촉매에서 금속 입자의 크기분포가 반응 t에 따라 아래와 같이 관찰되었다면 이 금속 담지촉매의 소결현상은 어떤 모델이 적합한가?

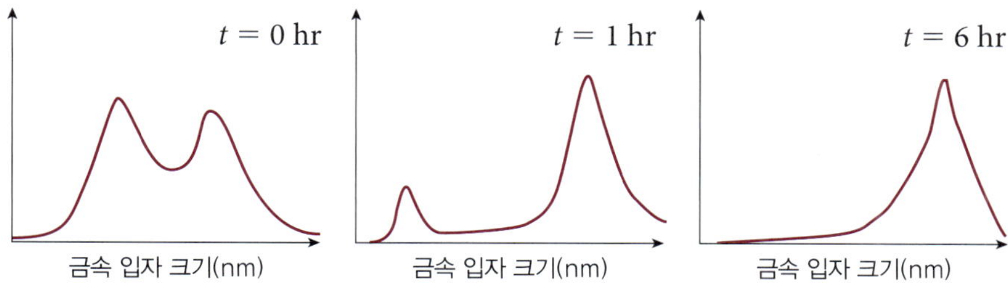

3. 프로판을 탈수소화하여 프로필렌을 만드는 프로판 탈수소 공정은 600°C 이상 고온에서 진행된다. 이 공정에 사용되는 대표적인 촉매는 Pt-Sn/Al_2O_3 촉매인데, 촉매의 활성점은 Pt 입자 표면과 Al_2O_3 담체의 산점이다. 프로판 탈수소반응에서 일어날 수 있는 촉매 활성저하 현상을 간단히 서술하라.

4. 개질공정용 Pt 촉매 재생과정에서의 "oxychlorination"을 설명하라.

5. 탄소나노튜브와 그래핀은 차세대 탄소 소재로 각광을 받는 재료들이다. 실제의 공정에서는 금속 표면 위에 탄소 원자를 함유한 분자(대표적으로 메탄 가스)가 흡착하여 분해되고, 탄소 원자만 남아 가장 안정한 육각형 고리구조를 형성함으로써, 나노튜브 재료들이 성장하게 된다. 흥미롭게도 이 원리는 상용 촉매의 수명을 저하시키는 현상과 동일하다. 그 현상은 무엇이며, 이 현상을 억제하는 방법은 무엇인지 설명하라.

제 9 장

촉매 성능 평가

Evaluation of Catalyst Performance

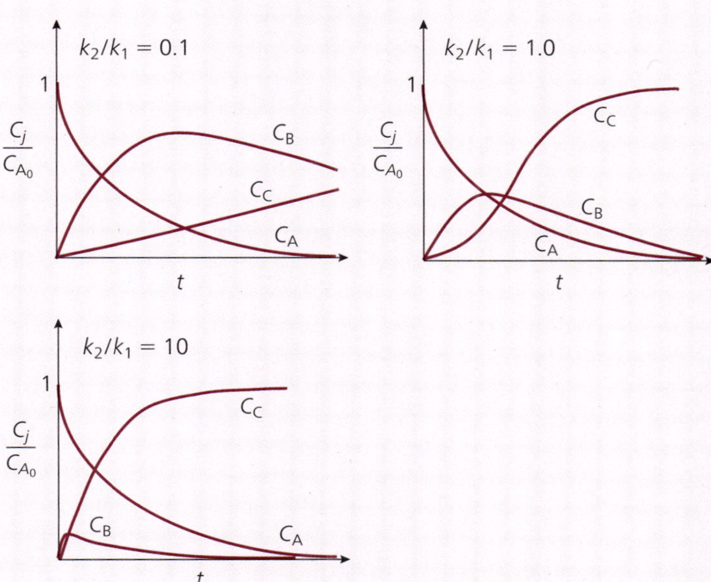

k_2/k_1 값이 다른 연속반응(A → B → C)에서, 개별 화합물(C_A, C_B, C_C)의 농도 변화.

학습 차례

› 개요

새로 제조한 촉매의 성능을 알아보려면 촉매를 사용한 반응실험을 통하여 전환율 값을 얻고, 이를 다른 촉매를 사용한 결과와 비교한다. 여러 가지 반응이 동시에 일어나는 경우라면, 원하는 주반응의 선택도를 측정하거나 함께 진행되는 여러 반응의 반응속도 상수를 얻어 서로 비교한다. 이와 같은 일련의 해석 방법은 반응공학의 기초지식에 속하므로, 이 책에서는 비교적 간단한 반응과 반응기를 사용한 경우에 대해서만 예시를 보였다. 추가의 지식이 필요한 독자는 별도의 "반응공학" 관련 서적을 참고하기 바란다.

› 핵심 지식

전환율, 선택도, 수율, 반감기, 반응속도 상수, 연속반응의 해석(그림 9.2), Arrhenius 식, 지수 앞자리 인자(pre-exponential factor), 활성화 에너지(E_a), 회분식(batch), 고정층 흐름(fixed-bed flow) 반응기, 적분형(integral), 미분형(differential) 반응기.

9.1 촉매 활성과 반응속도식

새로운 촉매를 개발하면 그 성능이 기존의 촉매보다 우수한지를 평가해야 한다. 즉, 새 촉매와 기존의 촉매를 같은 조건(촉매량, 반응 온도, 반응물의 초기 농도)에서 사용했을 때, 새 촉매가 더 빠른 반응속도를 보인다면 우수한 성능의 촉매를 개발한 것이다. 반응속도를 나타내는 정량적인 값으로 전환율이 쓰이는데, 이는 아래 식에 보인 것처럼 초기 반응물 중에서 반응에 의하여 소모된 양(또는 생성물의 양)을 나타낸다.

$$\text{전환율}(X) = \frac{\text{소모된 반응물의 양(= 모든 생성물의 양)}}{\text{초기 반응물의 양}} \tag{9.1}$$

촉매의 사용 목적이 단순히 반응을 빠르게 하는 것이라면 전환율이 높을수록 좋지만, 여러 생성물 중에서 특정한 화합물을 얻는 것이 목적이라면, 그 생성물에 대한 반응의 선택도(selectivity, S)가 높아야 한다. 예를 들어, 아세틸렌 수소화 공정에서는 에틸렌이 원하는 생성물이므로 이의 선택도와 수율(yield, Y)이 중요하다.

$$\text{선택도}(S) = \frac{\text{원하는 생성물의 양}}{\text{모든 생성물의 양(= 소모된 반응물의 양)}} \tag{9.2}$$

$$\text{수율}(Y) = \text{전환율}(X) \times \text{선택도}(S) = \frac{\text{원하는 생성물의 양}}{\text{초기 반응물의 양}} \tag{9.3}$$

화학 반응의 속도는 촉매의 활성 외에도 반응 온도(T)와 반응물의 농도(C_A)에 따라 달라진다. 온도가 높으면 화학종끼리 더욱 빈번히 충돌을 하여 화학 반응이 잘 일어나고, 반응물의 농도가 높아도 역시 충돌하는 화학종의 수가 늘어나 반응속도가 증가한다. 따라서 화학 반응(예: A → B)의 반응속도($-r_A$)는 아래와 같이 온도와 반응물 농도의 함수로 표시할 수 있다. 여기서 N_A는 반응물 A의 양이고, V_R은 반응기의 부피이다. 다음에 설명하는 내용은 "반응공학"에 관한 별도의 책과 문헌들에서 상세히 다루고 있는데, 여기서는 그 기본 지식만을 예제와 함께 간단히 소개하겠다.

$$-r_A = -d(N_A/V_R)/dt = -dC_A/dt = k(T)f(C_A) \tag{9.4}$$

우선, 위의 식에서 농도의 함수인 $f(C_A)$에 대하여 알아보자. 반응속도는 반응물의 농도에 따라 다양하게 변하지만, 많은 경우에 그 의존도를 n차 함수로 간단히 표시한다. 즉, 반응(A → B)이 1차 또는 2차 반응으로 진행할 경우에 반응속도식은 아래와 같다.

$$-r_A = kC_A \quad (\text{1차 반응}, n = 1) \tag{9.5}$$

$$-r_A = kC_A^2 \quad (\text{2차 반응}, n = 2) \tag{9.6}$$

따라서 반응이 일어날 때, 반응물의 농도가 시간에 따라 변화하는 특성은 아래의 식으로 주어진다. 여기서 C_{A0}는 반응물의 초기 농도이다.

$$C_A = C_{A0} \cdot \exp(-kt) \quad (\text{1차 반응}, n = 1) \tag{9.7}$$

$$[1/C_A - 1/C_{A0}] = kt \quad (\text{2차 반응}, n = 2) \tag{9.8}$$

1차 반응의 경우에 반응물의 농도(C_A)는 반응 시간(t)에 따라 지수 곡선(exponential curve)을 그리며 감소하고, 2차 반응에서는 C_A 값이 t에 역비례하여 감소한다. 반응이 진행됨에 따라 초기의 양이 반으로 떨어지는 데 걸리는 시간을 반감기(half-life, $t_{1/2}$)라고 하는데, 두 반응의 경우에 $t_{1/2}$은 아래와 같다. 즉, 1차 반응의 반감기는 주어진 온도에서 반응물 농도에 무관하게 항상 일정하고, 2차 반응의 경우에는 반응물의 초기 농도에 반비례한다.

$$t_{1/2}\,(\text{1차}) = (\ln 2)/k \tag{9.9}$$

$$t_{1/2}\,(\text{2차}) = 1/(kC_{A0}) \tag{9.10}$$

반응 실험의 목적은 측정한 데이터로부터 반응속도 상수(k)를 구하는 것이므로, 위의 관계식[(9.7), (9.8)]을 변환하여 데이터가 직선적 의존성을 보이는 형태로 바꾸고, 이를 사용하여 k 값을 구한다. 즉, 1차 반응의 경우에는 식 (9.7)을 아래의 식 (9.11)로 변환한 후, 실험에서 얻은 $\ln(C_{A0}/C_A)$ 값을 t에 따라 plot하면, 이때 얻은 직선의 기울기에서 k 값을 구할 수 있다.

$$\ln(C_{A0}/C_A) = kt \tag{9.11}$$

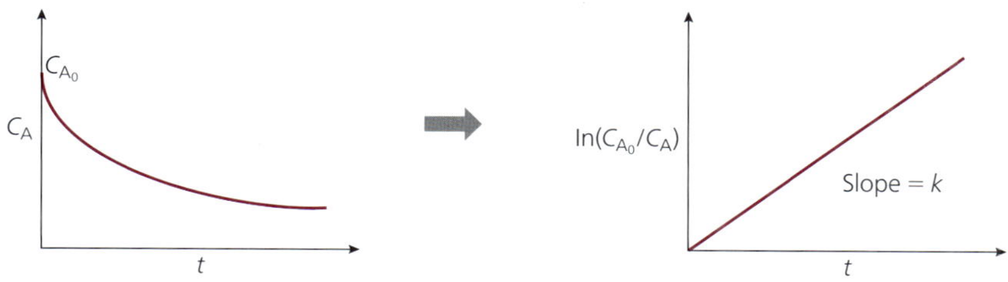

그림 9.1 1차 반응 결과에서 선형화를 통한 k 값 구하기.

2차 반응의 경우에는 식 (9.8)의 좌변 값, 즉 $[1/C_A - 1/C_{A0}]$를 t에 따라 plot하고, 그 직선의 기울기에서 k 값을 구한다. 위의 데이터 해석 방법을 그림 9.1로 표시하였다.

위의 해석은 A가 반응하여 B를 생성하는(A → B) 비교적 단순한 반응의 경우에 대한 것이다. 이 책에서 다룬 여러 반응 중에서 나프타의 접촉분해, 자동차 배출가스에 포함된 CO와 탄화수소의 산화, NO_x의 환원, 광촉매에 의한 물 분해 등을 이와 같은 단순 반응으로 표시할 수 있다.

› 예제 9.1

반응물 A는 2차 반응을 따라 비가역적으로 생성물 B로 전환된다. 아래 표에서 제시된 반응기 실험 결과로부터 반응속도 상수 k를 계산하라.

$$\text{A} \longrightarrow \text{B} \quad (2\text{차 반응})$$

t/V_R (hr/L)	0	1	2	3	4	5	6
C_A (mol/L)	0.05	0.035	0.029	0.025	0.022	0.019	0.017

› 풀이

2차 반응일 경우, A의 반응식은 아래와 같다.

$$-r_A = kC_A^2 \quad (2\text{차 반응}, n = 2)$$

이를 적분한 결과는 $[1/C_A - 1/C_{A0}] = kt$이다. 여기서 $1/C_A$ vs. t plot의 기울기 값이 반응속도 상수 k에 해당한다. 엑셀을 활용하여 추세선의 기울기를 구한 결과를 아래에 도시하였다.

t/V_R	$1/C_A$	C_A
0	20	0.05
1	28.57143	0.035
2	34.48276	0.029
3	40	0.025
4	45.45455	0.022
5	52.63158	0.019
6	58.82353	0.017

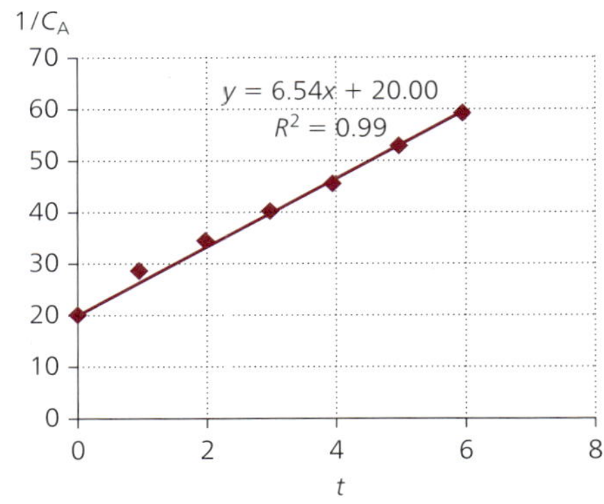

$$y = 6.54x + 20.00 \qquad R^2 = 0.99$$

따라서 $k = 6.54\ L^2/hr\ mol$ [답].

이제 이보다 다소 복잡한 반응을 살펴보자. 하나는 A가 반응하여 B와 C를 동시에 생성하는 평행 반응($A \begin{smallmatrix} \nearrow B \\ \searrow C \end{smallmatrix}$)이고, 다른 하나는 A에서 B가 생긴 후 B가 다시 반응하여 C를 생성하는 연속 반응($A \rightarrow B \rightarrow C$)이다. 평행 반응의 대표적인 예는 일산화탄소의 수소화에 의하여 메탄, 알코올, 또는 분자량이 큰 탄화수소를 생성하는 Fischer–Tropsch 반응이고, 연속 반응의 예로는 앞에서 다룬 아세틸렌 수소화(제4장), 탄화수소의 부분산화(제5장)가 있다. 만일 연속 반응의 결과로 C가 얻어지는 데 그치지 않고, C가 다시 D, E, F 등의 생성물로 계속해서 전환되는 경우에는 이를 많은 연속 반응의 집합으로 볼 수 있으며, 따라서 전체 반응은 개별 연속 반응을 종합함으로써 해석할 수 있다. 앞에서 다룬 고분자 중합(1.4절)과 탄화수소의 접촉분해(제3장) 반응이 이와 같은 연속 반응의 집합에 해당한다. 복합 반응에서는 원하는 생성물의 선택도(S)도 중요한데, 선택도는 개별 반응의 상대적인 속도에 의하여 결정되므로 이것은 결국 각 개별 반응의 반응속도 상수인 k_1과 k_2 값을 구하는 문제로 귀결된다.

평행 반응에서는 개별 반응이 서로 독립적으로 진행되므로, k_1과 k_2 값은 각 개별 반응을 위에서 설명한 단순 반응(A → B)의 경우와 같은 방법으로 해석하여 얻는다. 전체 반응의 속도상수(k)는 각 개별 반응의 속도상수(k_1과 k_2)를 합한 값이다. 한편, 연속 반응의 경우에는 아래의 해석을 통해 k_1과 k_2 값을 구한다. 연속 반응(A → B → C)의 각 개별 반응을 1차 반응이라고 가정할 때, 아래의 세 반응식이 성립한다.

$$r_A = -k_1 C_A, \qquad r_B = k_1 C_A - k_2 C_B, \qquad r_C = k_2 C_B \tag{9.12}$$

위의 세 식을 동시에 풀면, 반응 시간에 따른 각 화합물의 농도 변화를 보이는 아래의 식들을 얻는다.

$$C_A = C_{A0} \cdot \exp(-k_1 t) \tag{9.13}$$

$$C_B = k_1 C_{A0} \left(\frac{\exp(-k_1 t) - \exp(-k_2 t)}{k_2 - k_1} \right) \tag{9.14}$$

$$C_C = \frac{C_{A0}}{k_2 - k_1} [k_2(1 - \exp(-k_1 t)) - k_1(1 - \exp(-k_2 t))] \tag{9.15}$$

그림 9.2는 위의 식에서 얻은 결과로서, k_1이 일정하고 k_2가 다른 값을 가질 때 각 화합물의 농도가 시간에 따라 변하는 특성을 비교한 것이다. 반응물인 A는 초기부터 지수 곡선을 따라 감소한다. 중간 생성물인 B는 초기에 증가하다가 최대값을 보인 후 감소하고, 결국 최종 생성물인 C가 반응 후기에 증가한다. 쉽게 예상하는 것처럼, k_2가 작을 때는 첫 반응에서 생성된 B가 다음 반응에 의하여 잘 소모되지 않아서 C_B가 크게 증가하지만, 반대의 경우(k_2가 클 때)에는 B가 잘 소모되므로 조금만 증가하다가 곧 감소한다.

앞에서 다룬 촉매공정 중에서 아세틸렌 수소화와 부분산화 공정은 가능한 한 k_2를 작게 유지함으로써 최종 생성물(C)인 에탄과 CO_2를 억제하고 대신 중간 생성물(B)인 에틸렌과 부분산화물을 많이 얻는 경우이고, 고분자 중합과 접촉분해 공정은 중간 생성물인 탄화수소 라디칼과 카보늄 이온의 반응성(k_2)이 매우 커서 그 양이 극히 적지만 그 대신 최종 생성물인 고분자와 분해 탄화수소는 많이 얻어지는 경우이다.

그림 9.2에서 생성물 B의 농도가 최대인 점을 "max"로 표시하면, 이 조건에서 $dC_B/dt = 0$이므로 식 (9.12)의 두 번째 식에서 $k_1 C_{A,max} = k_2 C_{B,max}$, 또는 $k_1/k_2 = C_{B,max}/C_{A,max}$의 관계를 얻는다. 따라서 실험에서 관찰한 $C_{A,max}$와 $C_{B,max}$ 값을 이

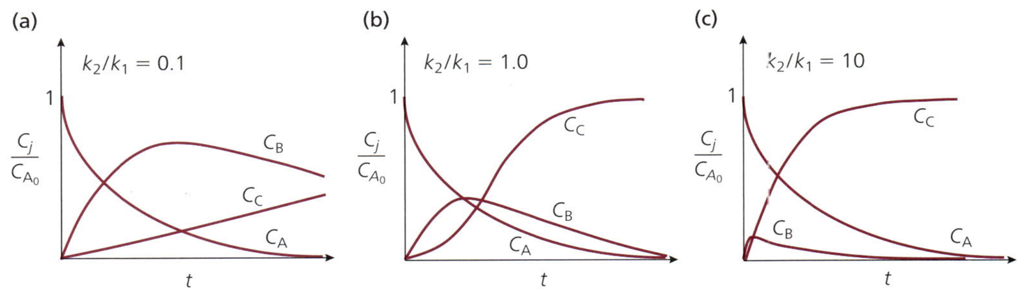

그림 9.2 연속 반응에서 (a) $k_2/k_1 = 0.1$, (b) $k_2/k_1 = 1$, (c) $k_2/k_1 = 10$일 때, 개별 화합물(C_A, C_B, C_C)의 농도 변화.

식에 대입하면, k_1/k_2 값을 구할 수 있다. 한편, k_1 값은 반응물 A의 감소곡선을 토대로 식 (9.13)을 사용하여 별도로 얻을 수 있기 때문에, 결과적으로 k_1과 k_2 값을 모두 구할 수 있다.

위의 해석에서 $k_2/k_1 = 1$인 경우에는, 식 (9.14)가 부정형(분자와 분모가 모두 0)이 되기 때문에 주어진 식을 사용할 수 없다. 예제 9.2에서는 $k_2/k_1 = 1$인 경우에 C_B를 유도하는 과정과 그 결과를 다루었다.

예제 9.2

연속 반응에서 $k_2/k_1 = 1$인 경우의 C_B 계산

풀이

식 (9.12)로부터

$$\frac{dC_B}{dt} = k_1 C_A - k_2 C_B = k_1 C_{A0} \exp(-k_1 t) - k_2 C_B$$

$$\frac{dC_B}{dt} + k_2 C_B = k_1 C_{A0} \exp(-k_1 t) \tag{9.16}$$

로 정리되고, C_B의 선형 상미분 방정식이 된다. 선형 상미분 방정식의 표준형과 적분인자는 아래와 같다.

$$\frac{dy}{dx} + p(x)y = q(x) \tag{9.17}$$

$$P(x) = \int_{x_0}^{x} p(x')dx' \qquad (9.18)$$

위 선형 상미분 방정식의 해는 다음과 같이 표시된다.

$$y(x) = y_0\exp[-P(x)] + \int_{x_0}^{x} q(x')\exp([-[P(x) - P(x')])dx' \qquad (9.19)$$

여기서, $y(x) = C_B(t)$, $y_0 = C_{B0} = 0$, $x = t$, $x_0 = t_0$, $P(x) = k_1t$, $q(x') = k_1C_{A0}$ $\exp(-k_1t')$, $P(x') = k_1x'$을 식 (9.19)에 대입하면,

$$\begin{aligned} C_B &= \int_0^t k_1C_{A0}\exp(-k_1t')\exp(-k_1t + k_1t')dt' \\ &= \int_0^t k_1C_{A0}\exp(-k_1t)dt' \\ &= k_1C_{A0}\exp(-k_1t)\int_0^t dt' = k_1tC_{A0}\exp(-k_1t) \quad [\text{답}]. \end{aligned} \qquad (9.20)$$

다시 앞의 반응속도식 (9.4)를 보자. 반응속도($-r_A$)는 온도에 따라서도 변하는데, 이를 나타내는 반응속도 상수인 $k(T)$는 아래의 Arrhenius(1903년 노벨화학상) 식으로 주어진다.

$$k(T) = k_0 \cdot \exp(-E_a/RT) \qquad (9.21)$$

k_0는 지수앞자리인자(pre-exponential factor)로 불리는 상수이고, E_a는 반응의 활성화 에너지(activation energy), R은 기체상수이다. 지수앞자리인자(k_0)는 충돌하는 반응물 분자가 반응을 일으키는 데 필요한 구조적 요건을 갖출 확률 값이다. 한편, 활성화 에너지(E_a)는 화학 반응이 일어나는 데 필요한 최소한의 에너지를 의미하며, 반응의 에너지 장벽 역할을 한다. 활성화 에너지가 크면 반응속도 상수(k)는 작아지고, 당연히 반응속도($-r_A$)도 떨어진다. 우리는 제2장에서 암모니아 합성용 철 촉매가 반응의 활성화 에너지를 57 kcal/mol에서 12 kcal/mol로 낮춤으로써 반응속도를 10^{13}배나 빠르게 한 사실을 알았다.

› 예제 9.3

반응물 A는 1차 반응을 따라 생성물 B와 C로 분해된다. 반응 온도별 반응속도 상수가 아래 표와 같을 때, 이 반응의 활성화 에너지를 구하라.

$$A \longrightarrow B + C \quad (1차\ 반응)$$

$T(K)$	320	330	340	350	360
$k(s^{-1})$	0.00045	0.00185	0.00542	0.0135	0.0327

› 풀이

Arrhenius 식의 양변에 로그를 취하면

$$\ln k = \ln k_0 - \frac{E_A}{R}\left(\frac{1}{T}\right)$$

로 정리되고, 활성화 에너지는 $\ln k$ vs. $1/T$의 plot에서 얻어지는 기울기 $-(E_A/R)$로부터 계산할 수 있다. Excel을 활용하여 주어진 plot의 추세선 결과를 아래에 도시하였다.

여기서

$$E_A/R = 12198, \qquad E_A = 12198 \times 8.314\ \text{J/mol} = 101\ \text{kJ/mol}\ [답].$$

T	$1/T$	$\ln k$	k
320	0.003125	−7.70626	0.00045
330	0.00303	−6.29257	0.00185
340	0.002941	−5.21766	0.00542
350	0.002857	−4.30507	0.0135
360	0.002778	−3.42038	0.0327

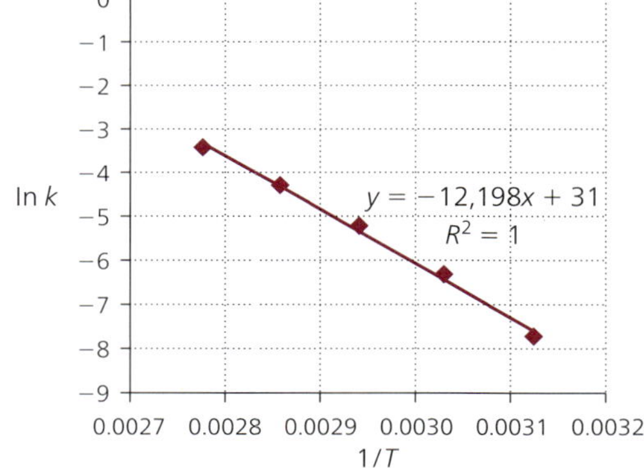

9.2 촉매 반응기

반응속도식을 얻으려면 실험을 통하여 반응물의 농도가 시간에 따라 변하는 것을 측정해야 하는데, 이를 위하여 반응기가 필요하다. 반응기란 반응물이 촉매와 접촉하여 반응을 일으킬 수 있도록 적당히 혼합을 해주고, 또한 반응이 일어나기 알맞은 온도와 압력을 제공하는 장치이다. 가장 쉽게 사용할 수 있는 반응기는 회분식(batch-type) 반응기인데, 이는 마치 요리용 냄비나 밥솥처럼 반응기 안에 반응물과 촉매를 함께 넣고 뚜껑을 닫은 후 일정한 온도를 유지해준다. 반응이 고압을 필요로 하면 압력솥과 같이 특수 뚜껑을 설치하여 압력을 유지하고, 반응물을 균일하게 혼합하기 위하여 반응기 안에 교반기를 설치하기도 한다. 반응 시간에 따라 샘플을 채취하여 분석함으로써 반응 결과를 직접 측정할 수 있다.

이 반응기는 간단하지만 몇 가지 약점이 있다. 첫째로, 반응 조건을 바꾸려면 실험을 처음부터 다시 해야 하므로 실험의 양이 매우 많아지는 문제이다. 둘째는, 반응물이 기체인 경우에 이를 반응기에 담기가 쉽지 않고, 특히 반응의 결과로 압력이 급격히 높아지는 인화성 기체의 경우에는 이를 안전하게 제어하기가 쉽지 않은 점이다. 따라서 회분식 반응기는 중질유의 탈황 반응과 같이 압력이 크게 변하지 않는 액체 반응용으로 많이 쓰인다. 대신 기체 반응용으로는 아래에 설명하는 고정층 흐름(fixed-bed flow) 반응기가 주로 쓰인다.

고정층 흐름 반응기란 촉매가 채워지고 온도와 압력이 일정하게 유지된 튜브형의 반응기이다. 반응물이 반응기를 통하여 흐르는 사이에 반응이 진행되는데, 반응기 내에 체재하는 시간이 길수록 반응이 많이 진행되므로, 샘플을 채취하는 축 방향(반응물이 흐르는 방향)의 위치에 따라서 반응 시간이 달라진다. 한편, 반응조건(예를 들어, 반응물 조성, 온도)은 반응기에 유입되는 반응물의 조건을 조절함으로써 쉽게 바꿀 수 있어서, 회분식 반응기의 경우보다 훨씬 편리하다. 반응기의 축 방향 길이가 길거나 반응물의 흐름 속도가 느리면, 반응기 내의 체재시간(즉, 반응 시간)이 상당히 긴 경우까지 반응을 추적할 수가 있는데, 이를 적분형 반응기(integral reactor)라고 부른다. 반면에 축 방향의 길이가 짧거나 반응물의 흐름 속도가 빠르면, 반응 시간도 짧아져서 반응 초기의 결과만을 관찰하게 되는데, 이를 미분형 반응기(differential reactor)라고 부른다.

특히, 미분형 반응기는 짧은 반응 시간 내의 반응물 농도 변화($-dC_A/dt$)를 주기 때문에, 이때 얻은 데이터는 그대로 해당 조건에서의 반응속도가 된다. 예를 들어, 아세틸렌 수소화 반응이 고정층 흐름 반응기 내에서 일어날 때, 축 방향으로 긴 반응기를 사용하면 그림 9.2에 보인 것과 같이 연속 반응에서 일어나는 개별 화합물의 농도 변화를 긴 시간에 걸쳐 모두 관찰할 수 있고, 반대로 체재 시간이 짧은 경우의 실험 결과에서는 반응물 A의 반응속도식을 직접 구할 수 있다.

흐름 반응기 중에는 위에서 설명한 고정층 흐름 반응기와는 달리 반응물이 반응기 내에서 완전 혼합된 후 배출되는 혼합 흐름(mixed-flow) 반응기도 있는데, 이것은 앞에서 설명한 회분식 반응기와 고정층 흐름 반응기를 혼합한 형태이다. 즉, 반응기의 내부는 회분식 반응기와 동일한데, 반응기의 입/출구로 반응물의 흐름이 있다. 이 반응기는 공정을 안전한 조건(예를 들어, 온도와 압력의 급격한 변화가 없는 조건)에서 운전하는 목적에는 유용하지만, 새로운 촉매의 성능을 평가하기 위한 실험에는 잘 쓰이지 않는다. 그림 9.3에는 위에서 설명한 세 반응기의 개념도를 보였다.

각 반응기를 사용하여 반응속도가 r_A인 반응을 진행시켰을 때, 반응기의 운전조건과 반응기 출구의 반응물 농도(C_A) 사이의 관계는 아래의 설계식(design equation)을 따른다.

$$\frac{dC_A}{dt} = r_A \qquad \text{회분식 반응기} \qquad (9.22)$$

$$V_R(W) = \frac{F_{A0} - F_A}{-r_A} = \frac{\upsilon_0 C_{A0} - \upsilon C_A}{-r_A} \qquad \text{혼합 흐름 반응기} \qquad (9.23)$$

$$V_R(W) = \int_{F_{A0}}^{F_A} \frac{1}{r_A} dF_A \qquad \text{고정층 흐름 반응기} \qquad (9.24)$$

여기서 V_R은 반응기 부피, W는 촉매량, F_A는 반응물 A의 몰 유량, υ는 부피 유량이다. 아랫첨자 0은 반응기 입구, 표시가 없으면 출구 조건을 각각 뜻한다.

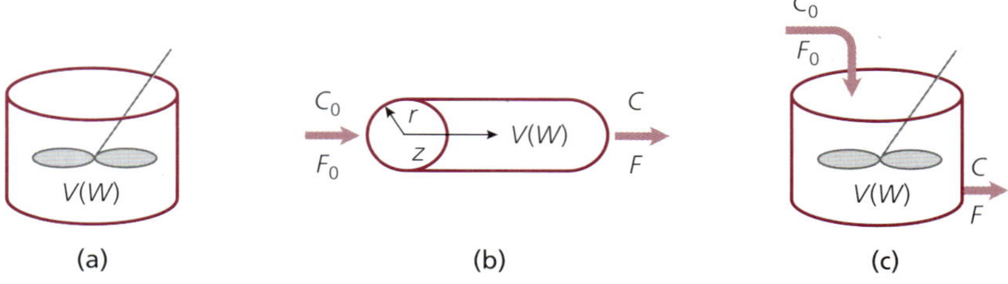

그림 9.3 촉매 반응실험에 사용되는 반응기 개념도. (a) 회분식 반응기, (b) 고정층 흐름 반응기, (c) 혼합 흐름 반응기.

예제 9.4 혼합 흐름 및 고정층 흐름 반응기 부피 계산

흐름 반응기에서 A → B 액상 반응이 일어난다. 반응속도식은 반응물 A의 2차 반응이고, 반응속도 상수 k = 0.2 L/mol · min이다. 초기 농도(C_{A0}) = 4 mol/L, 유량(v) = 2 L/min일 때, 전환율 80%에 도달하기 위한 (1) 혼합 흐름 반응기 및 (2) 고정층 흐름 반응기의 부피를 각각 구하라.

풀이

비가역 2차 반응이므로 반응물 A의 반응속도식은 $-r_A = kC_A^2$

(1) 혼합 흐름 반응기

전환율

$$X = \frac{(F_{A0} - F_A)}{F_{A0}} = \frac{(C_{A0} - C_A)}{C_{A0}} \text{ (액상 반응이라 부피 변화가 없다.)}$$

$$C_A = C_{A0}(1 - X) = 4 \times (1 - 0.8) = 0.8$$

식 (9.23)으로부터

$$V_R = \frac{v_0 C_{A0} - vC_A}{-r_A} = \frac{v(C_{A0} - C_A)}{kC_A^2} = \frac{vC_{A0}X}{kC_{A0}^2(1 - X)^2} = \frac{2 \times 4 \times 0.8}{0.2 \times 4^2 \times 0.2^2}$$
$$= 50 \text{ L [답]}.$$

(2) 고정층 흐름 반응기

식 (9.24)에서 $F_A = vC_A$, $dF_A = vdC_A$,

$$V_R = \int_{F_{A0}}^{F_A} \frac{1}{r_A} dF_A = \int_{C_{A0}}^{C_A} \frac{v}{-kC_A^2} dC_A = \frac{v}{k}\left(\frac{1}{C_A} - \frac{1}{C_{A0}}\right) = \frac{2}{0.2}\left(\frac{1}{0.8} - \frac{1}{4}\right)$$
$$= 10 \text{ L [답]}.$$

반응 조건과 전환율이 동일할 때, 고정층 흐름 반응기의 부피가 혼합 흐름 반응기의 부피보다 훨씬 작다.

9.3 성능 평가의 구체적 고려사항

이 장에서는 촉매의 성능을 평가하는 과정에서 고려할 몇 가지 구체적인 사항을 설명하겠다. 이 설명은 아세틸렌 수소화용 촉매(Pd/SiO_2)의 경우를 예로 들지만, 다른 촉매의 경우에도 해당될 수 있다. 아세틸렌 수소화 반응은 기상에서 진행되는 연속 반응이므로, 앞에서 설명한 고정층 흐름 반응기를 사용하는 것이 좋다. 적당한 길이의 튜브형 반응기 내에 미리 무게를 측정한 촉매를 넣는다. 촉매는 분말이므로 반응기 안에서 빠르게 흐르는 기체 반응물(아세틸렌과 수소)에 의하여 날아갈 수가 있어 이를 방지하기 위하여 촉매 층의 앞과 뒤에 유리솜을 채운다. 반응기에는 반응물의 흐름 방향으로 다른 위치에서 기체 샘플을 취할 수 있는 장치(sampling port)가 구비되어 있다.

반응기의 온도와 압력을 일정하게 유지한 상태에서, 반응기 입구로 정해진 조성(대개 수소/아세틸렌 비 = 1)의 반응물을 흘려보낸다. 반응 조건이 정상 상태에 이르렀다고 판단할 때, 반응기에서 기체 샘플을 취하고 그 조성을 별도의 분석기(예: 기체크로마토그래프, GC)로 분석한다. 반응 시간(t)이 다를 경우의 결과를 얻으려면, 반응기의 다른 위치에서 샘플을 얻거나 또는 반응물의 유량을 바꾸며 데이터를 얻는다. 이렇게 얻은 C_A vs. t 간의 관계식을 앞의 예제 9.1에서 설명한 방법으로 해석하면 해당 촉매를 사용했을 때의 반응속도 상수(k)를 구할 수 있다.

해당 반응의 반응차수를 모르는 경우에는 아래의 방법으로 이를 구한다. 반응이 n차 반응일 때 반응속도는 식 (9.25)와 같이 표시되고, 이 식의 양변에 ln을 취해 주면 식 (9.26)처럼 표현할 수 있다.

$$-r_A = kC_A^n \tag{9.25}$$

또는

$$\ln[-r_A] = \ln k + n \cdot \ln C_A \tag{9.26}$$

고정층 흐름 반응기에서 미분형 반응기(반응 전환율이 매우 낮은 경우) 방식으로 반응실험을 진행하면, 반응 속도 r_A는 $v_0(C_{A0} - C_A)/W$(v_0는 유량, C_{A0}는 입구농도, C_A는 출구농도, W는 촉매량)으로 둘 수 있다. 이렇게 얻은 실험치를 토대로 $\ln[-r_A]$ 값을 $\ln[C_A]$에 대하여 plot하면, 식 (9.26)에 따라 직선이 얻어지고 그 기울기가 바로 반응차수 n이다.

서로 다른 촉매들의 k 값을 비교할 때는 반응실험의 결과가 동일한 양의 촉매를 사용하여 얻은 것임을 확인해야 한다. 특히 금속담지 촉매의 경우에는, 반응속도가 금속의 표면적에 비례하므로 같은 표면적을 토대로 k 값을 비교해야 한다. 같은 금속 표면적당의 반응속도를 전환빈도(turnover frequency)라고 하는데, 이 값이 금속 촉매의 고유활성이다. 금속촉매의 표면적을 측정하는 방법은 다음 장에서 설명하겠다.

아세틸렌 수소화 반응은 대표적 연속 반응이므로 중간 생성물인 에틸렌의 선택도(S)가 중요한데, 이 값은 실험 결과의 해석(앞의 설명 참조)으로 얻은 k_1, k_2에서 구하거나 아니면 동일한 양의 아세틸렌이 반응했을 때 생긴 에틸렌의 양을 기준으로 얻는다. 특히 두 번째 방법을 사용할 경우에, 아세틸렌의 전환율이 다를 때 얻은 에틸렌의 양을 기준으로 하면, 후자(에틸렌의 생성량)가 전자(아세틸렌의 전환율)의 영향을 받기 때문에 잘못된 판단을 할 수 있다. 촉매의 비활성화 속도를 비교하는 경우에도, 단순히 같은 반응 시간 동안 사용한 촉매의 k 값을 비교하면 안 되고, 같은 양의 아세틸렌을 전환하는 데 사용한 촉매의 k 값을 비교해야 한다.[20,51]

촉매의 성능을 평가하는 방법으로 k 값을 비교하는 대신 반응의 활성화 에너지(E_a)를 비교할 수가 있는데, 반응실험 결과에서 E_a를 구하는 방법은 앞의 예제 9.3에서 보였다. 즉, Arrhenius 식 (9.21)은 식 (9.27)로 변환되므로, 실험 결과에서 얻은 $\ln[k(T)]$ 값을 $1/T$에 대하여 plot하면, 기울기가 $-E_a/R$인 직선이 얻어지고 이로부터 E_a를 구할 수 있다. 이 방법을 Arrhenius plot이라 부른다.

$$k(T) = k_0 \cdot \exp(-E_a/RT) \tag{9.21}$$

$$\ln[k(T)] = \ln k_0 - E_a/RT \tag{9.27}$$

연습 문제

1. 회분식 반응기에서 화합물 A의 수소화 반응 실험(과량의 수소공급 조건)을 진행하였다. 아래 표는 반응 온도 120°C에서 얻은 반응 시간 대비 농도 값을 나타낸 것이다. 이 수소화 반응이 화합물의 1차 혹은 2차 반응인지 판별하라.

$$\text{A (화합물)} + H_2 \rightarrow \text{B}$$

수소화 반응에서 화합물 A의 농도 변화

시간(min)	C_A(mol/L)
0	0.1
20	0.05
40	0.025
60	0.015
80	0.01

2. 회분식 반응기 내에서 반응물 A가 2차 반응으로 소비된다. 반응 온도 T_0에서의 반응 결과($1/C_A$ vs. t)를 아래와 같이 도시한다면, 반응 온도가 $T_1(T_1 > T_0)$과 $T_2(T_2 < T_0)$로 변할 때, 아래 그림의 반응 결과는 어떻게 변하는지를 정성적으로 도시하라.

$$\text{A} \rightarrow \text{B} \qquad -r_A = -dC_A/dt = kC_A^2$$

힌트: (Arrhenius 식) $k(T) = k_0 \cdot \exp(-E_a/RT)$

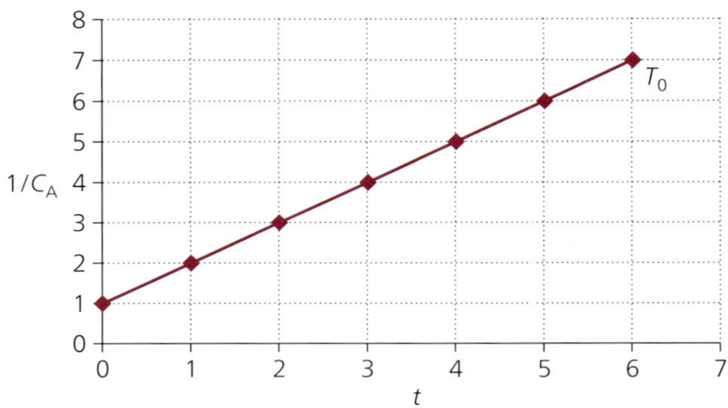

3. 예제 9.4에서 반응속도식이 반응물 A의 1차 반응일 때, 동일 조건에서 혼합 흐름 반응기와 고정층 흐름 반응기의 부피를 각각 구하라.

촉매 특성 검사

Characterization of Catalyst

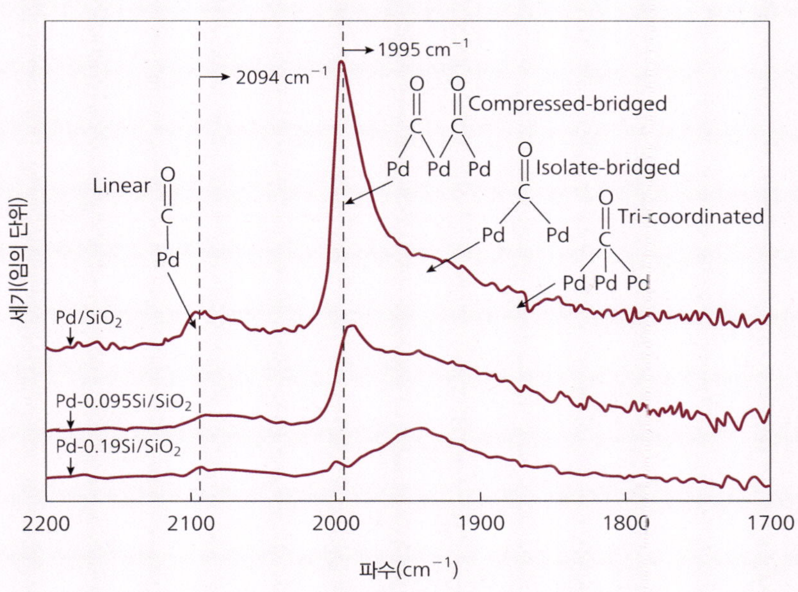

Si가 첨가된 Pd 촉매의 흡착특성을 적외선 분광기법으로 관찰할 수 있다.

학습 차례

› 개요

촉매 개발의 마지막 단계는 제조한 촉매의 표면적에서부터 흡착특성에 이르는 촉매의 고유한 특성을 밝혀내는 것이다. 이 지식은 새로 개발한 촉매의 성능이 얻어진 까닭을 밝혀냄과 동시에, 새로운 지식을 발판으로 더욱 우수한 촉매를 만드는 방법을 제시하기 때문에 매우 중요하다. 특히 근래에 촉매의 표면 특성을 관찰하는 다양한 기술들이 출현하면서 새로운 촉매를 개발하는 성과도 더욱 커지고 있다. 이 장에서는 촉매 연구에서 중요한 몇 가지 표면특성 검사 방법을 소개한다. 그 밖의 방법에 관심이 있는 독자들은 책에서 소개한 관련 문헌들을 참고하기 바란다.

› 핵심 지식

물리흡착, 화학흡착, BET 표면적 측정법, 승온탈착(TPD), 승온환원(TPR), 승온산화(TPO) 기법, 시차열 분석(DTA), 열중력 분석(TGA), X선 회절 분석(XRD), 적외선 분광기법(IR), 투과전자 현미경(TEM), X-선 광전자 분광법(XPS), 수은 세공 측정기(Hg porosimeter), 밀러 지수(Miller index)

반응 실험을 통하여 촉매의 우수한 성능이 밝혀지면, 그 원인을 알기 위하여 촉매의 여러 가지 특성을 검사하고, 그 과정에서 습득한 지식을 다시 새로운 촉매의 개발에 응용하면서, 좋은 촉매를 개발하려는 연구는 계속된다. 따라서 촉매의 특성을 규명하는 일은 촉매 연구의 마지막이면서 동시에 시작이다. Haber 교수가 암모니아 합성법을 개발할 때만 해도 촉매의 특성을 검사하는 기술이 별로 없어서 무수히 많은 촉매 후보를 반응에 직접 시험(2,500여 개의 시료를 20,000회 이상 시험)해 보아야 했다. 그러나 최근에는 광학기술과 대용량의 컴퓨터를 이용한 새로운 표면분석 기술들이 나오면서, 촉매의 특성을 보다 정밀하고 빠르게 규명할 수 있게 되었고, 그 결과로 우수한 촉매를 개발하는 가능성도 높아졌다. 아래에서는 몇 가지 중요한 특성 검사의 방법에 대하여 구체적인 예를 들어가며 설명하겠다.

10.1 표면적

촉매 반응의 첫 단계는 반응물이 촉매 표면에 흡착하는 것이므로, 촉매의 가장 기본적인 물성은 표면적이다. 촉매 표면적은 크게 두 가지가 있다. 예를 들어 아세틸렌 수소화용 Pd/SiO_2 촉매의 경우를 보면, 하나는 유효성분인 Pd 금속의 표면적이고, 다른 하나는 Pd 입자를 지지하는 SiO_2 담체까지 포함한 촉매 전체의 표면적이다. Pd의 표면적은 금속에 선택적으로 흡착(이를 "화학흡착"이라고 함)하는 기체(예: 수소)의 흡착량을 측정함으로써 잴 수 있다. 반면에 전체의 표면적은 Pd와 SiO_2의 표면에 모두 흡착(이를 "물리흡착"이라고 함)하는 기체(예: 질소)를 사용하여 측정한다.

먼저, 질소의 물리흡착에 의한 전체 표면적의 측정에 대하여 알아보자. 이 책의 앞에서 소개한 접촉분해용 제올라이트(zeolite) 촉매, 아세틸렌 수소화용 촉매의 SiO_2 담체, 그리고 산화반응용 Bi-Mo 산화물 촉매 등은 모두 세공 구조가 발달된 금속산화물이다. 이처럼 세공이 많은 금속산화물은 높은 표면적을 가지는데, 이는 아래에 소개하는 질소흡착법으로 측정할 수 있다. 먼저 흡착장치와 함께 실험절차에 대하여 설명하겠다.

그림 10.1에 보인 흡착장치의 방 A에 질소 기체를 압력 P_1으로 채운다. 방 B에는 일정량의 촉매를 넣고 압력을 낮추어 진공으로 유지한다. 다음, 두 방 사이의 밸브를 열어 방 A의 질소가 방 B로 흘러가게 하면 유입된 질소의 일부는 촉매 표면에 흡착을 하고 나머지는 방 B에 기체로 있으면서 압력 P_2'를 형성한다. 질소는 촉매만이 아니라 방 A와 방 B의 내부 표면에도 역시 흡착하는데, 이들 방의 표면적은 촉매의 면적보다 훨씬 작기 때문에 그 흡착량은 무시할 수 있다.

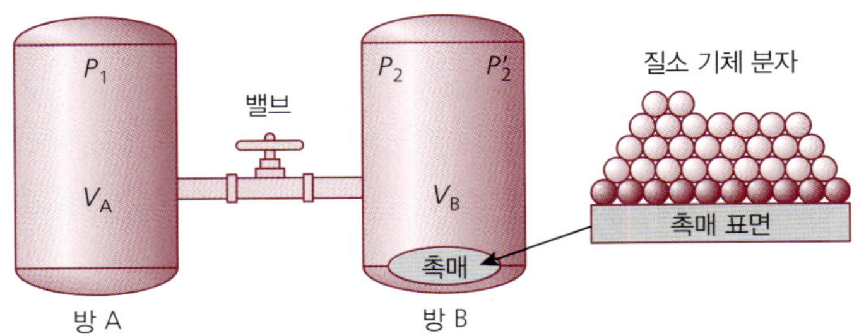

그림 10.1 질소 기체 흡착장치의 개념도 및 물리흡착 상태.

만일 유입된 질소가 촉매에 전혀 흡착하지 않았을 때 예상되는 방 B의 압력이 P_2라면, 이 압력(P_2)과 실제로 측정된 압력(P_2')과의 차이($P_2 - P_2'$)는 촉매에 흡착한 질소로 인하여 발생하는 것이다. 따라서 이 실험에서 촉매에 흡착한 질소의 양은 흡착으로 인한 압력 강하($\Delta P = P_2 - P_2'$), 두 방의 부피($V = V_A + V_B$), 그 때의 온도(T) 값을 토대로 기체 상태방정식($PV = nRT$)을 이용하여 계산할 수 있다.

여기서 유의할 점은 이렇게 흡착한 질소가 촉매 표면을 단일 분자층으로 덮는 것이 아니고, 질소의 압력에 따라서 단일층보다 적거나 또는 여러 층으로 흡착한다는 사실이다. 우리의 목적은 촉매 표면을 단일층으로 덮는 질소의 양을 알아서 이를 토대로 촉매의 표면적을 구하는 것이므로, 실험 결과로부터 질소의 단층흡착량을 도출해야 한다. 다행히 이 해석은 Brunauer, Emmett, Teller 세 학자가 제안한 소위 BET 흡착등온식을 이용하여 가능한데 아래에서는 이에 대하여 설명하겠다(BET 식의 유도에 관하여는 '부록 A.3' 참조).

흡착등온식(adsorption isotherm)이란 일정온도에서 얻어지는 흡착 기체의 압력과 표면 흡착량 사이의 평형 관계식을 말하는데, 물리흡착의 경우에 대하여 위의 세 사람이 제안한 BET 식은 아래와 같다.

$$\frac{V_{ads}}{V_m} = \frac{C\left(\frac{P}{P_0}\right)}{\left(1 - \frac{P}{P_0}\right)\left[1 - \frac{P}{P_0} + C\left(\frac{P}{P_0}\right)\right]} \tag{10.1}$$

여기서 V_{ads}는 압력 P에서 흡착한 기체의 흡착량, V_m은 흡착하는 기체가 표면을 단분자층으로 덮었을 때의 단층흡착량, C는 상수, P는 흡착실험 후의 기체 평형 압력, P_0는 실험 온도(T)에서 기체의 포화압력이다. 위의 식을 재배열하여 정리하면 아래처럼 흡착 기체의 압력(P)에 따라 선형화된 식을 얻을 수 있다.

$$\frac{P}{V_{ads}(P_0 - P)} = \frac{1}{CV_m} + \frac{C-1}{CV_m} P/P_0 \tag{10.2}$$

기체의 흡착실험에서 다양한 압력(P)에 따른 흡착량(V_{ads})을 측정하고, 그 결과를 토대로 위 식 (10.2)의 좌변, 즉 $P/V_{ads}(P_0 - P)$ 값을 구한 뒤, 이를 P/P_0 값에 따라 그래프로 그린다. 이 그래프의 기울기는 $(C - 1)/CV_m$이고 절편은 $1/CV_m$이 되므로, 이 두 값을 더하면 $(C - 1)/CV_m + 1/CV_m = 1/V_m$이 되어, 결국 실험 결과로부터 단층흡착량($V_m$)을 얻을 수 있다. 고체 표면에 흡착한 질소 한 분자가 차지하는 평균 면적은 16 Å^{2}이므로, 앞의 해석에서 구한 V_m 값에 16 Å^{2}을 곱하면 촉매의 표면적이 얻어진다.

› 예제 10.1

TiO_2 1 g의 표면에 N_2를 75 K에서 흡착하여, 압력(P)에 따라 아래의 흡착량(V_{ads})이 얻어졌다.

P(Torr)	1.20	14.0	45.8	87.5	127.7	164.4	204.7
V_{ads}(10^{-3} cc)	601	720	822	935	1046	1146	1254

75 K일 때 N_2의 포화 증기압(P_o)은 570 Torr이다. 여기서 얻은 N_2의 부피(V_{ads})는 1기압, 0°C의 조건으로 보정한 값이다. N_2는 분해하지 않고 분자 상태로 흡착한다.

(1) BET 식을 이용하여 V_m과 C 값을 구하라.

(2) N_2 분자가 차지하는 면적이 0.16 nm^{2}라고 할 때, TiO_2 1 g의 표면적은 얼마인가?

› 풀이

BET 식은 $P/[V_{ads}(P_o - P)] = 1/(V_m \times C) + [(C - 1)/(V_m \times C)] \times (P/P_o)$이므로, 위의 실험 결과를 토대로 $P/[V_{ads}(P_o - P)]$ 값을 (P/P_o)에 대하여 그래프를

그리고, 그 결과에서 기울기(S)와 절편(I)을 구하면,

$$S = 1.2251 \text{ [cc}^{-1}\text{]}, \quad I = 4.1 \times 10^{-3} \text{ [cc}^{-1}\text{]}.$$

따라서

$$S + I = 1.2292 \text{ [cc}^{-1}\text{]}.$$

(1) $V_m = 1/(S + I) = 1/1.2292 = 0.81353$ [cc] [답].

$C = 1/(V_m \times I) = 1/(0.81353 \times 3.4 \times 10^{-3}) = 362.76$ [답].

(2) $V_m = 0.81353$ [cc]는

$(0.81353/22414) \times 6 \times 10^{23} = 2.17 \times 10^{19}$ [molecules of N_2]에 해당.

TiO_2의 표면적 $= (2.17 \times 10^{19}) \times (0.16 \times 10^{-18}) = 3.42\ m^2/g$ [답].

한편, 물리흡착을 통해 촉매의 세공 크기 분포(pore size distribution, PSD)에 대한 정보를 추가적으로 얻을 수 있다. Barret, Joyner, Halenda가 제안한 수학적 모델을 통해 mesoporous 영역(세공 크기: 2~50 nm)의 세공 크기 분포에 대한 정보를 얻을 수 있고, macroporous 영역(세공 크기: > 50 nm)을 포함한 3 nm 이상의 세공 크기 분포는 수은 porosimetry를 통해 측정할 수 있다[더 알아보기 10.1].

다음은 기체 흡착을 통한 금속의 표면적 측정에 대하여 알아보자. Ni, Pt, Pd 등의 금속 촉매는 대개 SiO_2나 Al_2O_3 등의 담체 표면에 작은 금속 입자가 분산된, 소위 "금속담지촉매"의 형태로 쓰이는데, 이 경우에 촉매 유효성분은 금속이므로 담체의 표면적을 제외한 금속만의 표면적을 측정할 필요가 있다. 이를 위하여 금속 표면에 화학흡착하는 기체(예: H_2 혹은 CO)의 흡착량을 측정한다. 특히, 수소는 대부분의 전이금속 표면에 원자 상태로 흡착하기 때문에 위의 목적으로 많이 쓰인다. 금속 표면에 흡착하는 기체량을 측정하는 실험 방법은 앞에서 소개한 질소 기체 흡착법과 동일하다. 다만, 화학흡착의 경우, 물리흡착과 달리 흡착이 단층으로 이루어지기 때문에 흡착등온식의 수학적 모델이 다르게 된다.

화학흡착에 이용되는 대표적인 흡착등온식은 아래의 Langmuir(1932년 노

▶ 더 알아보기 10.1

촉매 세공크기분포(PSD)와 수은 porosimetry

세공 구조가 발달한 다공성 물질(porous material)의 경우, BET 표면적과 더불어서 세공크기분포(pore size distribution, PSD)도 중요한 촉매 물성 중 하나이다. 앞서 언급한 질소기체 흡탈착법에 Barret, Joyner, Halenda가 제안한 BJH 수식을 적용하여 세공크기분포를 구할 수 있다.[56] BJH 모델에 의한 세공크기분포 측정은 mesoporous 영역(세공 크기: 2~50 nm)의 세공 크기에 적절한 반면, 수은(Hg) porosimetry는 macroporous 영역(세공 크기: > 50 nm)을 포함한 3 nm 이상의 세공크기분포를 측정할 수 있다. 여기서는 수은 porosimetry를 통한 세공크기분포 측정을 간단히 소개하겠다.

실험 방법은 비교적 단순한데, 평형 압력을 높이면서 촉매 세공 내로 침투한 수은 부피를 측정하면 된다. 평형 압력은 아래 Washburn 식에 의해 세공 직경의 함수로 표시된다.

$$P = -4\gamma \cos\theta / D \tag{10.9}$$

여기서 D는 세공 직경, γ는 수은의 표면장력(surface tension), θ는 수은의 접촉각(contact angle), P는 평형 압력이다. 수은을 이용하여 기공 크기를 측정할 수 있는 까닭은, 수은이 대부분의 금속 산화물(예: Al_2O_3, SiO_2 등) 표면에서 90°보다 큰 접촉각을 갖는 특성이 있기 때문이다. 따라서 액체 수은은 촉매의 기공 내부로 스스로 스며들지 않고(이것은 접촉각이 90° 이하인 물이 기공 내부로 스스로 스며드는 현상과 반대임), 외부에서 힘을 가했을 때 비로소 기공 내부로 들어가게 된다. 이때 외부에서 수은에 가해지는 힘은 (기공단면적) × (수은에 가해진 압력) = $\pi R^2 \cdot P$이다. 한편, 이 힘과 반작용 관계에 있는 힘은 (기공의 둘레) × (수은의 표면장력) = $-2\pi R \cdot \gamma \cos\theta$이다. 따라서 두 힘이 균형을

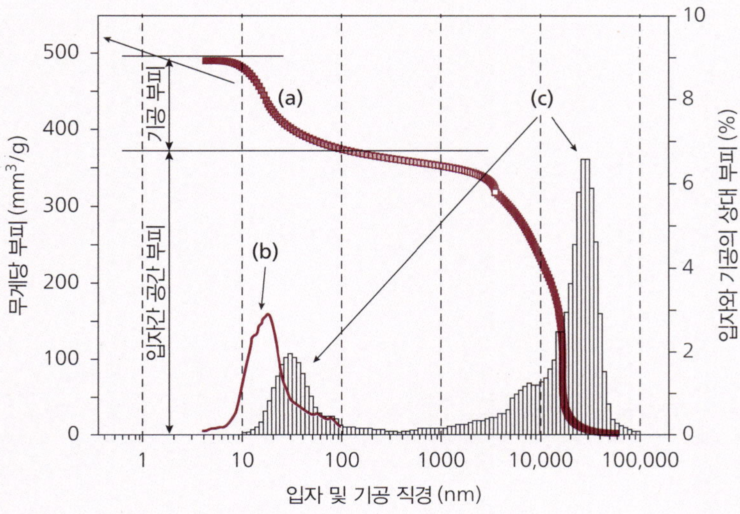

그림 10.16 TiO_2의 수은 기공 측정기 측정 결과.
(a) 수은 주입 곡선, (b) 기공 크기 분포, (c) 입자 크기 분포.

이룰 때 다음의 Washburn 식이 성립한다.

$$\pi R^2 \cdot P = -2\pi R \cdot \gamma \cos\theta$$
$$R \cdot P = -2 \cdot \gamma \cos\theta$$
$$P = -4\gamma \cos\theta / 2R = -4\gamma \cos\theta / D$$

즉, 수은에 가해지는 평형 압력(P)은 세공 직경(D)에 반비례하고, 수은-촉매 간 접촉각(θ)의 cosine 값과 수은의 표면장력(γ)에 비례한다. 그림 10.16은 TiO_2 촉매의 수은 porosimetry의 측정 결과를 도시한 것이다. 측정 결과를 간단히 해석하면, 그래프에서 세공크기분포는 크게 두 부분으로 나누어진다. 왼쪽의 10~30 nm 세공 크기는 intraparticle pore volume(촉매 입자 내의 세공 부피)에 기인한 것이고, 오른쪽의 1~30 μm(1 μm = 1,000 nm)의 세공 크기는 interparticle pore volume(촉매 입자 사이의 부피)에 기인한 것이다.

벨화학상) 식이다(부록 A.3 참조). 이 식은 모든 흡착점의 에너지 상태가 동일하고, 흡착종 사이에 상호작용이 없다는 가정 하에서 도출되었다.

$$\theta = \frac{V_{ads}}{V_m} = \frac{bP}{1 + bP} \tag{10.3}$$

여기서 θ, V_{ads}, V_m, P는 각각 흡착 분자에 의한 표면 점유도(surface coverage, θ), 기체 압력 P에서의 흡착량(V_{ads}), 단층흡착량(V_m), 흡착 기체(P)의 압력을 나타낸다. 이 식을 다시 정리하면 아래와 같은 기울기와 절편을 구할 수 있는 선형식이 얻어진다.

$$\frac{P}{V_{ads}} = \frac{P}{V_m} + \frac{1}{bV_m} \tag{10.4}$$

BET 식의 경우와 마찬가지로 다양한 기상 압력에서 흡착량(V_{ads})을 구해 위 식에 적용하면, 기울기와 절편으로부터 단층흡착량(V_m)을 구할 수 있다. 한편, 식 (10.3)에서 보면 $P \rightarrow \infty$일 때 $V_{ads} \rightarrow V_m$이므로, 이 조건의 실험 결과에서 V_m을 바로 구할 수도 있다.

촉매의 금속 표면에 흡착하는 수소는 대개 원자비 1 : 1로 결합하는 것으로 알려졌다. 따라서 위의 실험 및 해석의 결과로 얻은 V_m 값은 촉매 표면에 노출된 금속 원자의 수를 나타내며, 이는 곧 금속 촉매의 분산도(dispersion) 값을 주게 된다. 금속 촉매의 분산도란 제6장에서 설명한 것처럼 촉매가 함유한 금속 원자 중에서 표면에 노출되어 기체의 흡탈착이 가능한 원자의 분율을 말한다. 따라서 분산도는 1(또는 100%)이 최고 값이며, 담지된 금속 입자의 크기가 작을수록 분산도가 1에 가깝고, 반대로 입자가 커지면 분산도는 작아진다.

10.2 승온기법

우리는 기체의 흡착 현상을 관측함으로써 촉매의 가장 기본적인 물성인 표면적을 측정할 수 있었다. 한편, 기체의 흡탈착 거동을 열에너지와 결합하여 관측하면 활성점과 연관된 정보를 얻을 수 있다. 이는 승온기법(temperature-programmed technique)이라 불리는 검사 방법으로, 촉매에 열을 가할 때 표면에서 일어나는 기체의 탈착, 촉매의 환원, 산화 반응 등을 관측하는 것이다. 예를 들어, 제올라이트와 같은 산 촉매의 표면에 염기성 기체인 암모니아를 흡착시켰다가 온도를 서서히 올리면서 탈착하는 암모니아의 양을 관찰하면, 촉매 표면에 있는 산점(acidic site)의 양과 세기를 측정할 수 있다. 비슷한 예로, 아세틸렌 수소화용 Pd 담지촉매 표면에 수소를 흡착시켰다가 온도를 올리면서 탈착되는 수소의 양을 측정하면, 촉매 표면의 수소 흡착과 팔라듐 하이드라이드(Pd–H) 형성에 대한 정보를 얻을 수 있다.

이처럼 촉매 표면에 기체를 흡착했다가 고온에서 탈착하는 화학종을 관찰하는 방법을 승온탈착법(temperature-programmed desorption, TPD)이라고 한다. 또한, 촉매가 담긴 반응기 내에 수소나 산소를 흘리면서 온도를 올리는 승온환원법(temperature-programmed reduction, TPR)과 승온산화법(temperature-programmed oxidation, TPO)은 촉매의 환원성과 산화 특성을 파악할 수 있는 대표적인 승온 기법이다. 특히, 산소 기체를 사용하는 승온산화법은 촉매 표면에 생긴 코크(coke)의 반응성을 파악하고 이를 토대로 촉매의 재생 조건을 찾는데 유용하다.

먼저, 암모니아 TPD에 의한 산점 측정을 살펴보자. 그림 10.2는 접촉분해용으로 사용되는 H-ZSM-5 제올라이트 촉매의 암모니아 TPD 결과이다.[52] 상온에서 촉매 표면에 암모니아를 흡착시킨 다음, 촉매의 온도를 서서히 올리면서 암모니아 탈착량을 측정한 것이다. 암모니아의 탈착 온도는 암모니아의 흡착 세기에 따라 달라지므로, 촉매의 산점 종류에 대한 정보를 알려준다. 예를 들어, 고온의 암모니아 탈착 피크는 강한 산점에 흡착한 암모니아, 저온의 탈착 피크는 약한 산점에 흡착한 암모니아에 기인하는 것이다.

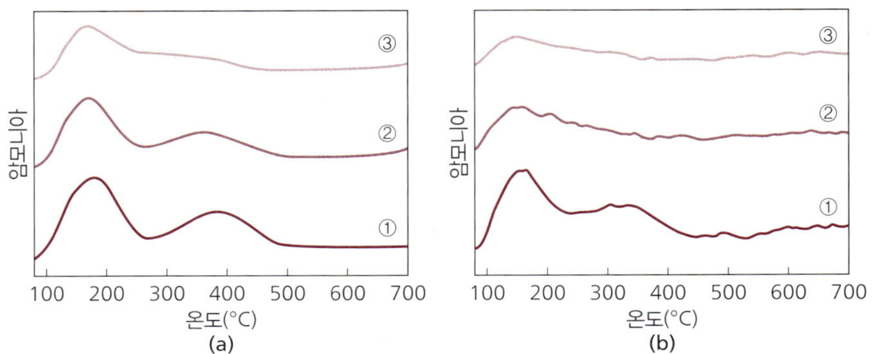

그림 10.2 접촉분해 반응용 H-ZSM-5 촉매의 암모니아 TPD 결과. (a) ① 550° C, ② 650° C, ③ 750° C에서 소성처리, (b) 650° C에서 소성 후 ① 550° C, ② 650° C, ③ 750° C에서 스팀 처리.[52]

연구자들은 H-ZSM-5 촉매의 소성 온도와 스팀 처리 온도에 따라 촉매의 산점이 어떻게 변하는지를 관찰하였다. 그림 10.2a에서 H-ZSM-5 촉매는 250°C 이하에서 암모니아가 탈착하는 비교적 약한 산점과 300°C 이상에서 암모니아가 탈착하는 강한 산점으로 구성되어 있음을 알 수 있다. 또한, 촉매를 산소로 소성 처리하는 온도를 높여줄수록 산점의 총량(피크의 총면적)이 줄어들며, 특히 고온에서 탈착하는 강한 산점이 더 많이 줄어드는 것을 알 수 있다. 이와 같은 온도의 영향은 스팀으로 처리한 경우에 더욱 뚜렷하게 나타난다(그림 10.2b). 연구자들은 별도의 분석을 통해 고온에서 소성 및 스팀 처리를 하면 촉매를 구성하는 알루미늄이 떨어져 나가고, 그로 인해 촉매의 세공 구조가 붕괴된다는 사실을 밝혔다. 이 결과는 코크가 표면에 누적되어 비활성화가 이루어진 H-ZSM-5 촉매를 재생하기 위해, 촉매를 고온에서 산소와 스팀으로 처리하여 표면의 코크를 제거하는 조건을 찾는 데 유용한 정보를 제공한다.

다음은 금속 촉매의 수소 TPD 결과를 살펴보자. 그림 10.3은 분산도가 다른 아세틸렌 수소화용 팔라듐 촉매(Pd/SiO_2)의 수소 TPD 결과이다.[53] 대부분 전이금속의 경우 해리 흡착한 수소 원자는 금속의 표면에 있지만, Pd의 경우에는 수소 원자가 표면뿐만 아니라 Pd 입자 내부로 흡수되기도 한다. 이렇게 형성된 팔라듐 하이드라이드는 수소 함유량이 비교적 적은 α 상(α-Pd−H)과 수소를 많이 흡수하는 β 상(β-Pd−H)으로 존재하는데, 팔라듐 하이드라이드의 수소는 결합력이 약해 촉매 표면의 수소보다 저온에서 탈착한다.

수소 TPD 실험에 사용된 저분산 촉매(그림 10.3a)는 고분산 촉매(그림 10.3b)에 비해 Pd의 분산도가 낮아 Pd 입자 크기가 상대적으로 크다. 즉, 저분산

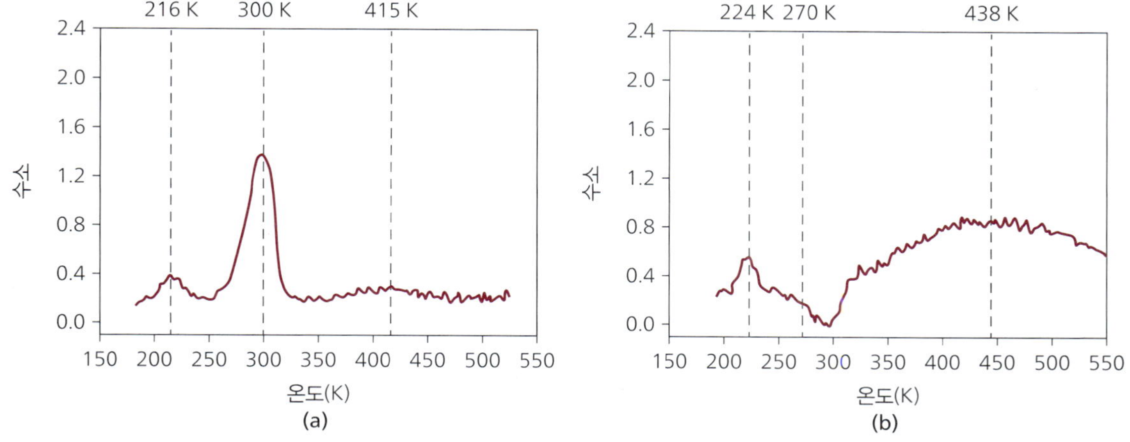

그림 10.3 (a) 저분산된 Pd/SiO_2와 (b) 고분산된 Pd/SiO_2 담지촉매의 수소 TPD 결과.[53]

촉매는 금속 입자의 표면보다 내부에 있는 Pd 원자의 비율이 높고, 고분산 촉매는 반대로 표면에 있는 Pd 원자의 비율이 더 높다. 이러한 사실은 그림 10.3의 TPD 결과에서 확인할 수 있다. 여기서 400 K 이상에서의 탈착 피크는 Pd 표면에 결합한 수소를 나타내고, 300 K 이하의 탈착 피크는 Pd 입자 내부에 형성된 하이드라이드를 의미하는데, TPD 결과에서 고분산 촉매의 주된 수소 탈착 피크는 400 K 이상에서 나타나고, 저분산 촉매의 수소 탈착은 주로 300 K 근처에서 일어난다. 따라서 고분산 촉매는 수소가 주로 Pd 표면에 흡착하고 Pd 입자 내부의 하이드라이드 형성은 억제된다.

마지막으로 코크의 TPO 결과를 통해 촉매 재생 관련 정보를 얻는 사례를 살펴보자. 촉매 사용 중에 표면에 누적된 코크는 촉매를 활성저하시키기 때문에 촉매를 추가적으로 산화처리하여, 표면의 코크를 연소시킴으로써 촉매를 재생해야 한다. 그림 10.4a와 b는 프로판 탈수소화 반응에 사용된, CeZr 조촉매의 함량이 다른 Pt-Sn 촉매의 코크 TPO 결과와 촉매 상에서 코크 연소반응의 원리를 표현한 모식도이다.[54] 먼저, 코크 연소과정 결과를 보면(그림 10.4a) Pt-Sn 촉매에 첨가된 CeZr 혼합산화물의 양(x)이 증가할수록 코크의 연소 온도가 급격히 낮아진다. 따라서 CeZr 산화물을 첨가하면 코크 연소를 위한 촉매 재생 온도를 낮출 수 있다는 결론을 얻는다. 함께 보인 그림 10.4b에서는 CeZr 혼합산화물이 어떻게 코크 연소 온도를 낮추는지를 설명하고 있다. 촉매 사용 중에 생성된 코크는 담체 표면에 있고, 촉매 재생은 이렇게 생성된 코크를 산소로 연소시키는 공정이다. 기상의 산소는 Pt 표면에서 산소 원자로 쉽게 분해되는데, 이렇게 생긴 산

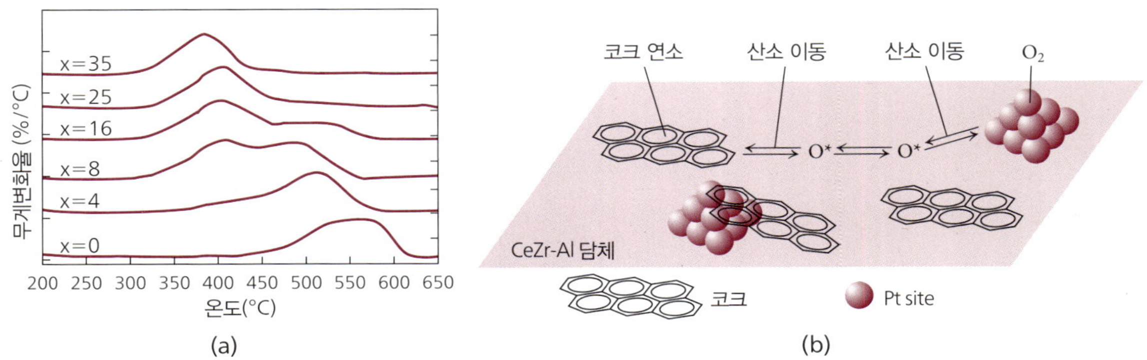

그림 10.4 (a) 사용한 Pt–Sn/*x*-CeZr–Al 산화물촉매(*x* = CeZr 무게비)의 코크 TPO 결과 및 (b) 코크 연소 및 담체 표면에서 산소 이동의 모식도.[54,55]

소 원자가 표면에 있는 코크와 만나야 연소 반응이 진행된다. 이때, CeZr 혼합산화물은 담체 표면에서 산소 원자의 이동을 촉진하는 역할을 하기 때문에 첨가된 CeZr 혼합산화물이 많아질수록 산소 원자의 표면 이동속도가 상대적으로 커지고, 결국 코크의 연소가 낮은 온도에서 일어난다. 이 사실은 코크의 연소 반응에서 담체 표면의 산소 원자 이동이 율속단계(RDS)임을 뜻한다.

승온기법에서 승온속도를 변화시키며 실험하면, 활성화 에너지(E_a)에 대한 정보를 얻을 수 있다. 그림 10.5는 서로 다른 담체에 담지된 Pt 촉매에 존재하는 코크를 승온 속도를 변화하면서 분석한 TPO 결과이다. 흥미로운 점은 촉매의 종류에 상관없이 승온속도를 낮출수록 코크가 연소하는 온도가 낮아진다는 것이다. 즉, 승온속도와 코크 연소온도 사이의 함수 관계가 있음을 알 수 있는데,

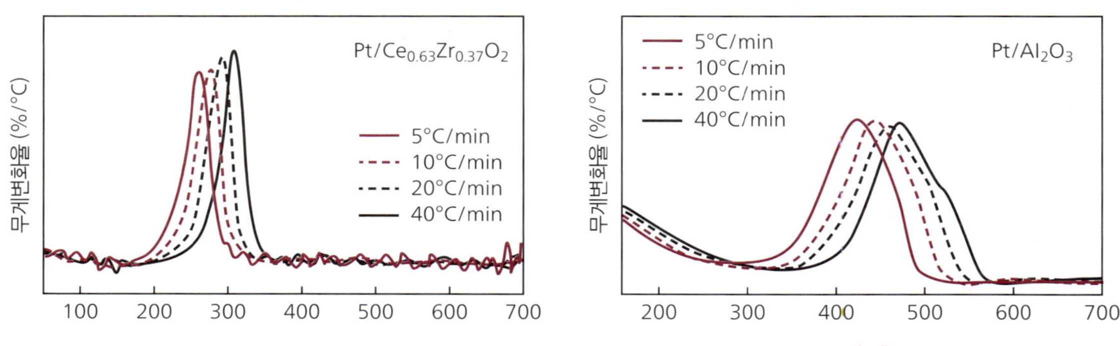

그림 10.5 Pt 담지촉매의 승온속도에 따른 코크 TPO 결과.[55]

표 10.1 다양한 담체에 담지된 Pt 촉매의 코크 연소 활성화 에너지 비교[55]

Pt 촉매	코크 연소 활성화 에너지(kJ/mol)
Pt/SBA-15	169
Pt/Al_2O_3	163
Pt/MgO	144
Pt/CeO_2	110
$Pt/Ce_{0.63}Zr_{0.37}O_2$	102

일반적으로 이 관계는 코크 연소의 활성화 에너지를 포함하는 함수로 표시된다. Arrhenius plot처럼 승온속도에 따라 코크 연소온도를 측정하여 이를 선형화하면 Pt 촉매의 코크 연소 활성화 에너지를 구할 수 있다. 담체가 다른 여러 가지 Pt 촉매의 코크 연소 활성화 에너지를 측정 결과를 표 10.1에 도시하였다.[55]

이 결과에 의하면 CeZrO를 담체로 사용한 촉매($Pt/Ce_{0.63}Zr_{0.37}O_2$)의 코크 연소 활성화 에너지가 102 kJ/mol로 가장 낮다. 이는 앞서 언급한 CeZr 혼합산화물 담체가 산소 원자의 확산을 증진시켜 코크의 연소온도를 낮추어 준다는 사실과 부합한다. 한편, 여기서 언급된 TPO 실험은 DTGA (derivative thermogravimetric analysis)라고도 불릴 수 있다. 왜냐하면 이 방법은 연소되는 코크의 양을 시료(촉매와 코크) 무게의 미세 변화를 통하여 측정한 후, 무게 변화의 미분값 (derivative)을 온도에 따라 그래프로 도시한 것이기 때문이다.

다음은 시차열분석(differential thermal analysis, DTA)를 간단히 설명하겠다. 시차열분석은 촉매를 일정 속도로 가열 혹은 냉각하였을 때 촉매와 기준물질(가열 혹은 냉각 온도 범위 안에서 열적 특성 변화가 없는 물질)과의 온도 차이를 분석하여 촉매 내의 열량 변화를 측정하는 방법이다. 이를 통해 촉매의 상변화, 탈수, 산화, 환원 등의 물리화학적 변화뿐만 아니라 반응열의 정량적인 측정이 가능하다. 그림 10.6에서 보인 것과 같이 촉매와 기준물질을 동시에 일정 속도로 가열하면(a), 기준 물질의 온도(T_r)는 일정하게 증가하나 촉매의 온도(T_c)는 물리화학적 현상 변화에 따라 복잡하게 변한다(b). 이때 이 둘의 온도 차이를 온도에 따라 그래프를 그린 것(c)이 시차열분석 결과이다. 그림 10.6c의 T_1과 T_2는 각각 흡열과 발열반응이 일어난 것이며, 각 피크의 면적은 흡열량과 발열량에 각각 비례한다.

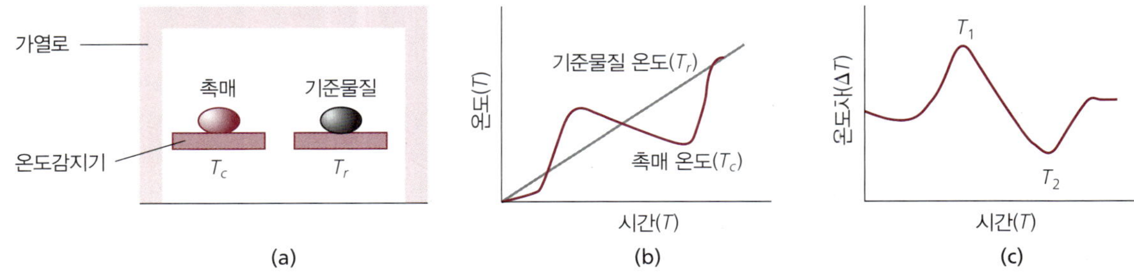

그림 10.6 (a) 시차열분석 장치 개요와 (b, c) 시차열분석 그래프($\Delta T = T_c - T_r$).

› 예제 10.2

Pt/Al_2O_3 촉매를 제조하기 위하여 Al_2O_3 담체를 $H_2PtCl_6 \cdot 6H_2O$가 녹은 용액으로 함침하고, 이를 상온에서 장시간에 걸쳐 건조하였다. 이렇게 얻은 촉매를 TGA(thermogravimetric analysis), DTA(differential thermal analysis), TPR (temperature-programmed reduction) 방법으로 각각 분석한 결과는 그림 10.7과 같다. 각 분석 결과를 바탕으로 촉매 표면의 변화에 대하여 설명하라.

힌트: 세 가지 분석 방법 모두 시료의 온도를 일정하게 올리면서 나타나는 변화를 관찰하는 것이다. 즉, TGA는 시료의 무게 변화, DTA는 온도를 일정하게 올리는 데 필요한 열량, TPR은 수소의 소모량을 각각 관찰하는 것이다.

› 풀이

TGA: $H_2PtCl_6 \cdot 6H_2O$를 가열하면 우선 H_2O가 떨어지면서(120°C 근처) 무게가 감소하고, 더 가열하면 H_2PtCl_6가 공기에 의하여 산화 및 분해되면서(260°C 근처) 무게가 더욱 감소한다.

TPR: H_2O 수화물이 떨어지는 단계는 수소와의 반응이 필요 없어, 120°C 근처에서 피크가 보이지 않는다. 그러나 H_2PtCl_6의 분해 반응에는 수소가 필요하므로, 260°C 근처에서 큰 수소 소모 피크가 보인다.

DTA: H_2O 수화물이 떨어지는 단계는 흡열 공정이므로 120°C 근처에서 위로 솟는 피크가 보이고, H_2PtCl_6의 분해 반응은 발열 공정이므로 260°C 근처에서 아래로 솟는 피크가 보인다.

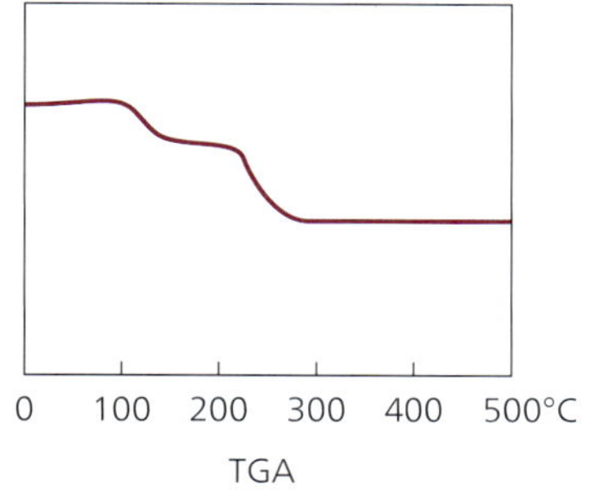

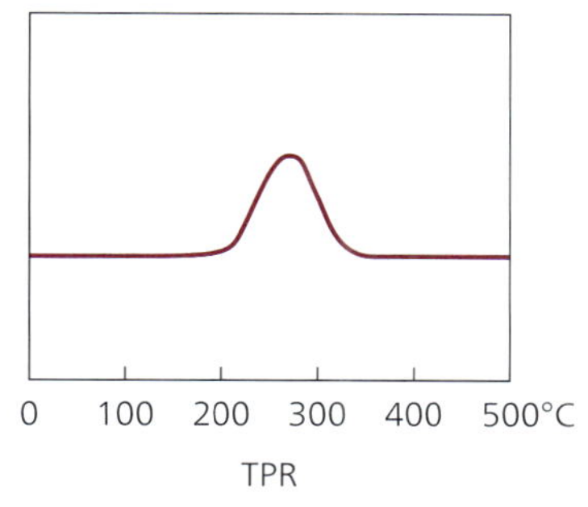

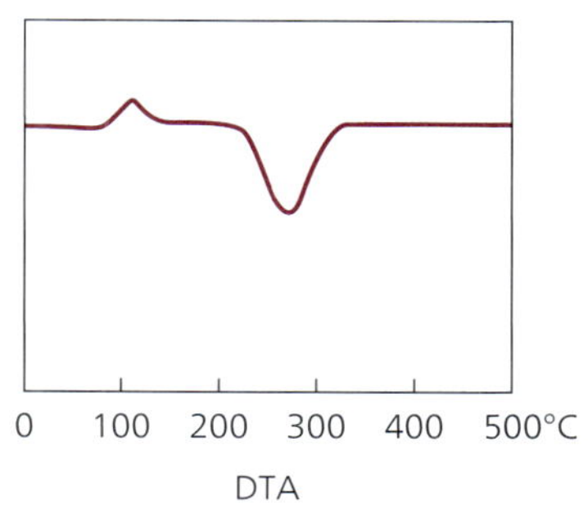

그림 10.7 TGA, TPR, DTA 결과.

10.3 X-선 회절 분석

촉매 활성에 영향을 주는 또 다른 물성으로 촉매의 결정구조를 들 수 있다. 예를 들어, Pd 촉매의 경우에 표면의 결정구조가 Pd(111)인지 아니면 Pd(100)인지에 따라 반응물의 흡착 형태가 달라지고, 그 결과로 촉매의 성능이 달라질 수 있다. 제올라이트의 경우에도 표면적과 세공 크기는 결정 구조에 따라 크게 변한다. 알루미나 담체는 제조 조건에 따라 α, γ, η, θ 등의 다른 결정 구조를 가지는데, 이에 따라 표면적과 산성 세기가 영향을 받는다. 그렇다면 촉매의 결정구조는 어떻게 관찰할 수 있을까? 이를 위한 대표적인 검사 방법이 X-선 회절 분석법(X-ray diffraction, XRD)이다.

XRD 분석기는 고체의 결정구조를 확인하는 장치로, 그림 10.8a에서 보듯이 X-선을 시료에 쪼여준 뒤 회절된 X-선의 강도를 측정한다. 이 실험에서는 시료 용기를 회전시키기 때문에 회절각 2θ에 따라 회절된 X-선의 강도를 기록할 수 있다. 아래 그림 10.8b는 NaCl 분말 시료에 대하여 얻은 XRD 패턴이다.

그림에서 나타난 회절 X-선의 피크는 장치에 입사되는 X-선의 파장(λ)과 시료의 결정구조에 따라 특정한 회절각(θ)에서 나타나는데, 이 관계를 보여주는 수식이 아래의 Bragg 식이다.

$$n\lambda = 2d \sin \theta \tag{10.5}$$

여기서 n은 정수(integer), λ는 입사되는 X-선의 파장, d는 고체 시료의 결정구조에서 d-spacing, θ는 회절각이다. 그런데 정해진 XRD 분석기에 입사되는 X-선의 파장은 고정값으로 일정하니, 위의 식을 이용하면 피크가 나타나는 회절각(θ) 정보로부터 시료 결정의 d-spacing 값을 구할 수 있다. 이렇게 d-spacing 값

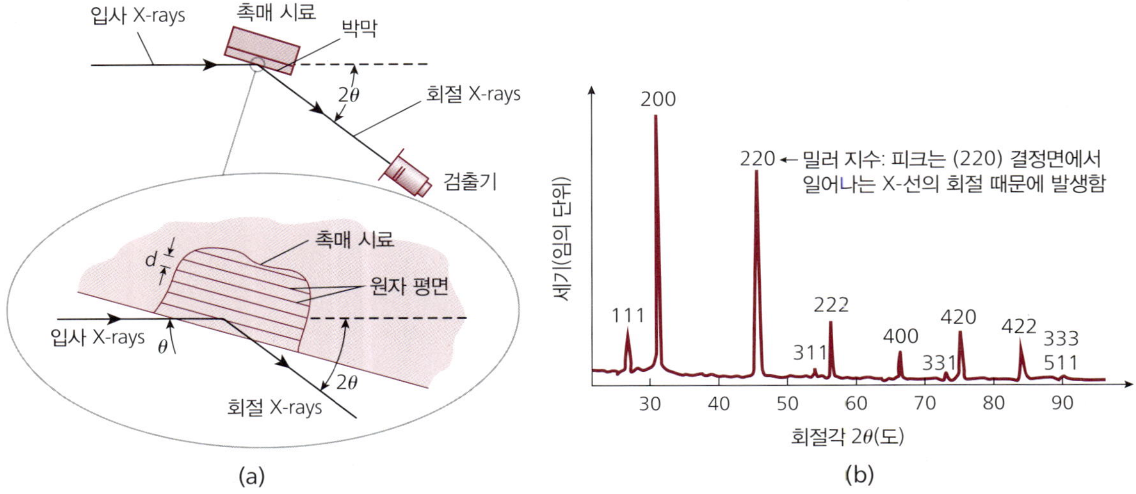

그림 10.8 (a) XRD 분석기 개념도, (b) NaCl 분말의 XRD 패턴.

을 구하면, 이로부터 밀러 지수(Miller index)[더 알아보기 10.2]와 격자 상수(lattice constant)와 같은 시료의 결정구조에 대한 정보도 얻게 된다. 그림 10.8b는 각 회절 피크에 대응하는 NaCl 결정구조를 밀러 지수로 표시하였다. 결정구조와 밀러 지수에 대한 상세한 내용은 재료과학에서 다루고 있기에, 여기서는 촉매 물성과 관련된 대표적인 응용 예를 두 가지만 소개하겠다.

XRD 분석 결과는 담체에 담지된 금속의 결정구조뿐만 아니라 입자 크기와 분산도에 대한 정보도 제공한다. 그림 10.9는 Pd/SiO_2 촉매에 대하여 얻은 XRD 결과의 일부분이다. 전체 회절각 중에서 Pd 결정 구조의 정보가 있는 부분만 확대하여 표시하였다.[56] 그림 10.9에서 2.4 *wt*%와 1.1 *wt*%의 Pd가 각각 담지되었고, 두 촉매 모두 Pd(111) 면과 Pd(200) 면의 XRD 특성 피크가 뚜렷하게 관찰된다. 그렇다면 두 촉매의 Pd 금속 입자 크기에 대한 정보는 어떻게 얻을 수 있을까? 그림에서 두 촉매의 Pd(111) 면과 Pd(200) 면에 대한 X-선 피크 형태를 비교해 보면, 2.4 *wt*% Pd 촉매의 피크가 1.1 *wt*% Pd 촉매의 것보다 더 뚜렷하고 강하며, 상대적으로 좁은 피크를 가지고 있다. XRD 피크의 폭은 금속 입자의 크기와 반비례하기 때문에, 이 결과는 2.4 *wt*% 촉매의 Pd 입자 크기가 1.1 *wt*% 촉매의 경우보다 더 크다는 사실을 말해준다.

금속 입자의 크기가 작아질수록 XRD 피크의 폭이 넓어지는 이유는 아래와 같다. XRD 피크는 시료가 결정 구조를 가질 때 폭이 좁고 강하지만, 시료의 결정성이 떨어지면 X-선의 회절과 간섭이 불규칙해지면서 피크의 강도가 약해지

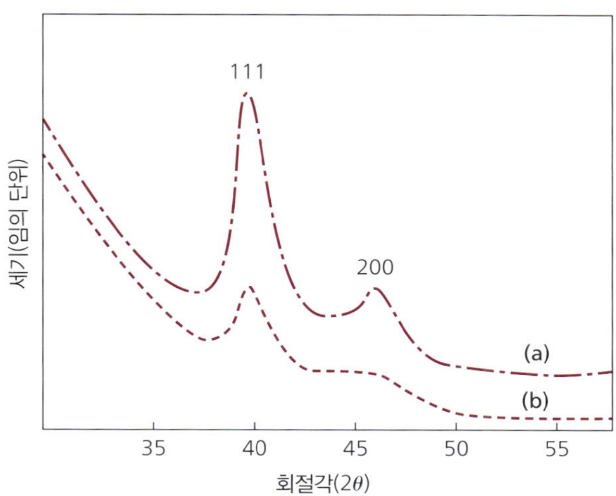

그림 10.9 Pd/SiO_2 촉매의 XRD 패턴. (a) 2.4 *wt*%-Pd/SiO_2, (b) 1.1 *wt*%-Pd/SiO_2.[56]

▶ 더 알아보기 10.2

밀러 지수 *miller index*

촉매 반응은 표면에서 일어나기 때문에 촉매의 격자 결정면이 결정 구조보다 더 중요하다. 밀러 지수는 이 격자 결정면을 나타내는 대표적인 방법으로 세 개의 정수 (hkl)로 표현된다. 밀러 지수 (hkl)를 표시하는 방법은 격자 결정면이 결정 좌표계의 3개 축(x, y, z)을 자를 때, (1) 그 축의 교차점을 격자 상수(a, b, c)에 대한 비로 구하고, (2) 구한 값의 역수를 취한 다음, (3) 이 정수비를 쉼표 없이 나열하고 둥근 괄호로 마무리하는 것이다. 예를 들어, 그림 10.17a에서 격자 결정면은 x축과는 a에서, y축과는 b에서 만나고, z축과는 만나지 않는다. 결정 좌표계에서 단위 격자 상수의 길이가 같을 때($a = b = c$), 이 교차점은 a, a, ∞, 혹은 1, 1, ∞로 표현된다. 이를 역수 1/1, 1/1, 1/∞로 만든 뒤, 각각 정수화하면 1, 1, 0이 되고, 이는 밀러 지수 (110)으로 나타낼 수 있다. 마찬가지로, 그림 10.17b에 도시된 격자 결정면의 밀러 지수는 결정 좌표계 교차점 1/2, ∞, ∞와 이 값의 역수 및 정수비 2, 0, 0을 거쳐 (200)으로 표현된다.

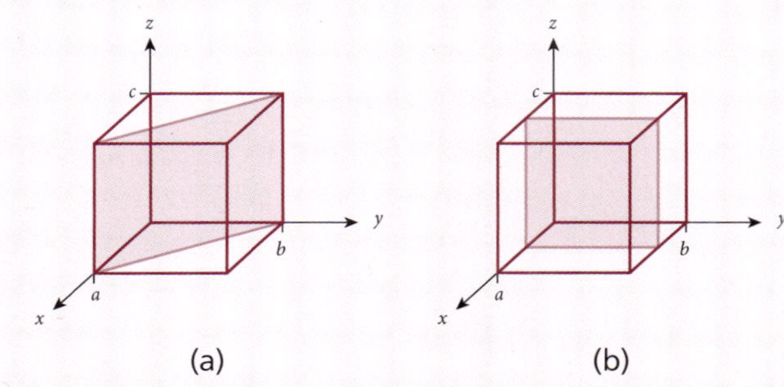

그림 10.17 결정면과 결정좌표계. (a) (110) 결정면, (b) (200) 결정면.

고 폭도 넓어진다. 급기야 시료가 결정성이 없는 무정형 물질이면, XRD 피크는 보이지 않는다. 촉매의 금속 입자가 작아지면(즉, 분산도가 증가하면) 입자를 구성하는 금속 원자들 중에서 표면에 노출된 것들의 상대적 양이 늘어난다. 표면에 있는 원자들은 입자 내부에 있는 것처럼 결정 구조를 갖지 못하므로, 입자의 평균 결정성은 떨어지고 그만큼 XRD 피크는 약해지고 폭이 넓어진다. 이때 피크의 폭이 넓어진 정도를 관찰함으로써 거꾸로 금속 입자의 크기를 추정하는 것이 여기서 설명하는 방법이다.

위의 해석을 정량적으로 표시한 식이 아래의 Scherrer 식이다.

$$\langle L \rangle = \frac{K\lambda}{\beta \cos\theta} \tag{10.6}$$

여기서 $\langle L \rangle$은 결정 입자의 평균 크기, λ는 입사되는 X-선의 파장, β는 피크의 폭, θ는 회절각, K는 상수(대개 1로 간주함)이다. 앞에서 언급한 바와 같이 XRD 분석기에 입사되는 X-선 파장은 고정값이고, 회절각과 피크의 폭은 XRD 결과로부터 얻는다. 피크 폭은 피크 높이의 반 위치에서의 폭(full-width at half-maximum, FWHM)을 의미한다.

한편, XRD 분석 결과는 촉매의 세공 구조에 관한 정보도 제공한다. 그림 10.10은 메조포러스 물질로 널리 알려진 SBA-15에 알루미늄(Al)의 양을 달리하여 담지한 시료(Al_xSBA-15)의 XRD 분석 결과이다.[57] SBA-15에는 수 나노미터(nm) 크기의 세공이 균일하게 형성되어 있기 때문에 이 균일한 세공 구조로 인해 $2\theta = 0.90$에서 회절 특성 피크가 나타난다. 여기서 눈에 띄는 것은 Al 담지량이 많아질 때, XRD 피크의 위치가 오른쪽으로 이동(회절각이 증가)하는 결과이다. 해당 피크의 2θ 값이 증가하는 방향으로 이동하는 결과는 앞에서 소개한 Bragg 식($n\lambda = 2d \sin\theta$)에 의하면 결정의 d-spacing 값이 줄어드는 현상을 의미한다. 여기서 d-spacing은 SBA-15의 메조포러스 세공 크기에 비례하기 때문에, Al 담지량이 많아지면서 SBA-15의 세공 크기가 Al 코팅으로 인해 좁아지는 것으로 추정할 수 있다. 이는 XRD 분석에 의하여 시료의 세공 크기가 변화하는 현상을 관찰한 좋은 예이다.

10.4 적외선 분광기법

촉매 표면에 흡착하는 분자를 직접 관찰하고 또한 그 분자들이 반응 도중에 변화하는 현상을 실시간으로 추적할 수 없을까? 위의 목적으로 사용되는 여러 가

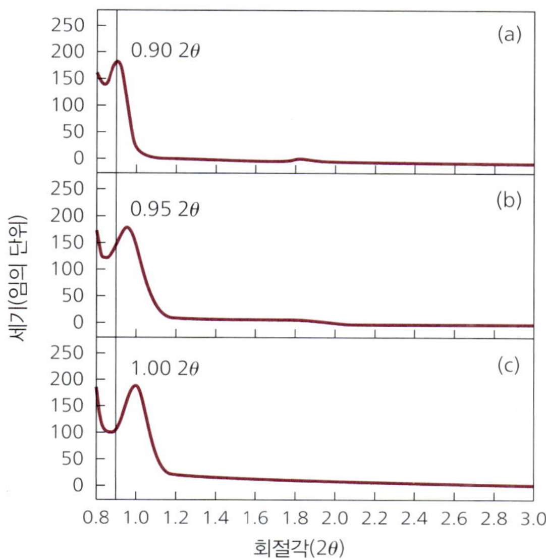

그림 10.10 Al-SBA-15의 XRD 패턴. (a) SBA-15, (b) Al_5SBA-15, (c) $Al_{10}SBA$-15.[57]

지 분석 방법이 있지만, 그 중에서 가장 흔하게 쓰이고 또한 유용한 정보를 많이 제공하는 방법이 아래에 설명하는 적외선 분광기법(infrared spectroscopy, IR)이다.

분자는 이를 구성하는 화학결합이 진동 및 회전할 때 일어나는 쌍극자 모멘트(dipole moment)의 변화로 인하여 일정한 에너지의 적외선을 흡수하는데, 그 흡수에너지는 화학결합의 형태에 따라 각기 다르다. 따라서 분자가 흡수하는 적외선의 에너지 영역을 관찰하면, 그 분자를 구성하는 화학결합을 파악할 수가 있어서, 적외선은 흔히 모르는(unknown) 화합물의 구조를 밝히는 데 많이 사용된다. 적외선 피크의 위치는 또한 해당 화학결합의 세기에 따라 결정되기 때문에, 예를 들어, 촉매 표면에 반응물을 흡착시키고 이를 적외선으로 관찰하면서 반응 조건을 바꾸어 주면 흡착한 반응물의 화학결합이 반응 조건에 따라 변화하는 양상을 실시간으로 관찰할 수가 있다.

먼저, 적외선(IR) 분석기의 구조에 대하여 간단히 설명하겠다. 그림 10.11에 보인 IR 분석기는 (1) IR 빛 발생 장치(IR Source), (2) IR 빛이 지나가는 시료 고정기(sample holder), (3) IR 빛의 세기를 측정하는 검출기(detector), (4) 측정한 빛 신호를 처리하기 위한 데이터 처리 시스템이 기본 장치로 구성되어 있는데, 이는 다른 분광기들(예: 가시광선 또는 자외선 분광기)의 경우에도 마찬가

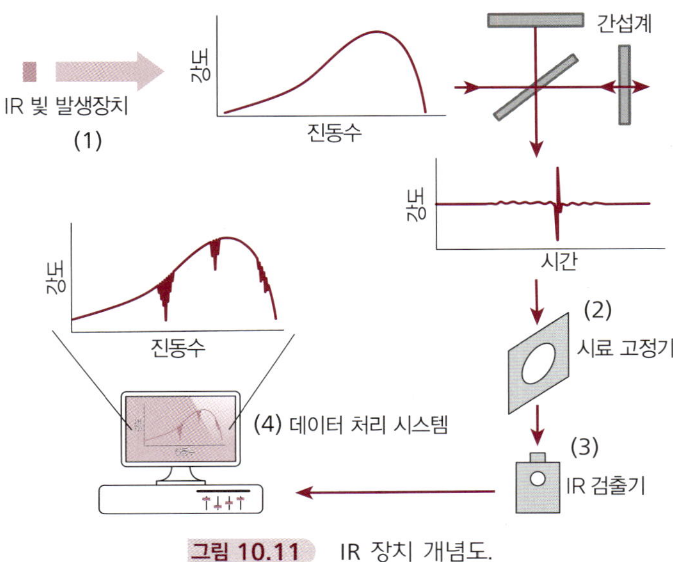

그림 10.11 IR 장치 개념도.

지이다. 특이한 점은 그림에 보인 바와 같이 IR 발생 장치와 시료 사이에 beam splitter라고 불리는 간섭계(interferometer)가 있는 것이다. 이 간섭계는 Fourier 변환(Fourier transform) 장치와 함께 사용되며, IR 발생장치를 파장별로 나누어 주는 단색화(monochromater) 기능을 갖는다. 분광기는 파장별로 시료에 흡수(투과, 회절, 혹은 산란)되는 빛의 세기를 측정하는 장치이므로, 여러 파장이 섞인 빛을 단일 파장의 빛으로 나누는 단색화 장치가 반드시 필요하다. 특히 IR의 경우에는 간섭계(interferometer)를 단색화 장치로 사용하는 예가 많으며, 이런 IR 장치를 Fourier transform IR(FT-IR)이라고 부른다.

FT-IR을 사용한 예로, SBA-15와 Pd/SiO_2에 각각 다른 양의 Al과 Si를 첨가했을 때, 촉매 표면에 있는 화학결합(또는 관능기, functional group)의 변화를 관찰한 경우를 소개하겠다.

그림 10.12는 SBA-15의 표면에 점차로 많은 양의 Al를 첨가하여 얻은 Al-SBA-15 시료를 적외선으로 관찰한 결과이다.[57] SBA-15는 SiO_2로 구성되어 있기 때문에, 대부분의 IR 피크는 Si−O 진동 모드에 기인한다. 그러나 표면에는 실란올기(Si−OH)가 일부 형성되어 있어서, 이 진동 모드로 인하여 작은 피크가 965 cm^{-1} 위치에 나타난다(그림 10.12 참조). IR 결과에서 Al의 첨가량이 증가할수록 Si−OH 피크의 상대적 강도가 점차 감소하는데, 이는 첨가한 Al이 표면의 Si−OH 기와 선택적으로 반응함으로써 표면에서 실란올기가 없어지기 때문이다.

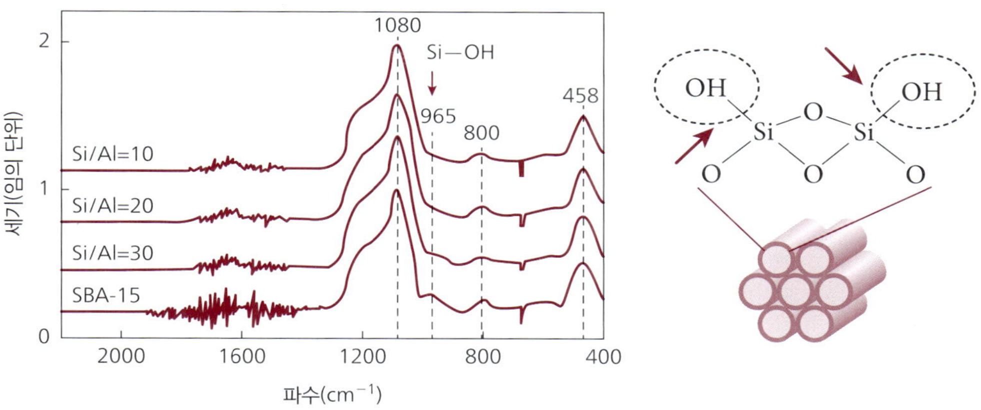

그림 10.12 Al 담지 SBA-15의 FT-IR 결과와 SBA-15 구조 및 화학결합(관능기)에 대한 개념도.[57]

두 번째의 사례(그림 10.13)는 Pd/SiO_2 촉매 표면에 흡착한 일산화탄소(CO)를 적외선으로 관찰한 경우이다. CO는 Pd 표면에 다양한 형태로 흡착하며, 이들은 각 흡착 모드에 따라 서로 다른 파수(wavenumber)에서 적외선 피크로 나타난다.[51] 즉, 표면의 Pd 원자와 1 : 1로 결합한 CO(linear CO)는 2000 cm^{-1} 이상에서 보이고, 서로 인접한 여러 개의 Pd 원자와 다리형으로 결합한 CO(bridged CO)는 2000 cm^{-1} 이하에서 보인다. 다리형으로 흡착한 CO는 다

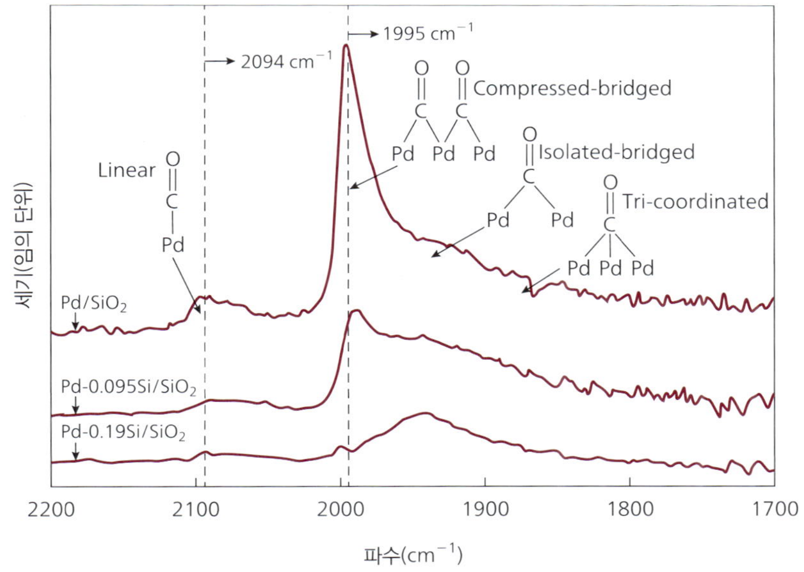

그림 10.13 Pd/SiO_2와 $Pd\text{-}Si/SiO_2$의 CO-IR 결과 및 흡착 모드.[51]

시 compressed-bridged, isolated-bridged, tri-coordinated CO로 나눌 수 있다. 그림에서 Pd/SiO_2에 Si를 첨가했을 때 적외선 결과를 살펴보면, Si 첨가량이 많아질수록, 1995~1975 cm^{-1}에서 보이는 compressed-bridged CO의 생성이 크게 억제되는 것으로 나타났는데, 이는 첨가된 Si가 Pd 표면의 다중 흡착점을 우선적으로 감소시킴을 뜻한다. 이와 같은 Pd 표면의 변화는 반응물인 아세틸렌의 흡착 형태에도 영향을 주게 되며, 결과적으로 촉매 반응특성이 달라진다(제4장 내용 참조).

› 예제 10.3

적외선 피크의 위치(ν_m)는 아래의 식에 보인 것과 같이 해당 결합의 세기와 결합을 이루는 두 원자의 무게에 따라 결정된다.

$$\Delta E = h\nu_m = \frac{h}{2\pi}\sqrt{\frac{k}{\mu}} = \frac{h}{2\pi}\sqrt{\frac{k(m_1 + m_2)}{m_1 \times m_2}} \tag{10.7}$$

여기서 h는 플랑크 상수(Planck constant), ν_m은 적외선 피크의 위치(주파수, frequency), k는 두 원자의 결합 세기를 나타내는 힘 상수(force constant), μ는 두 원자의 질량(m_1, m_2)에서 구한 환산질량[즉, $\mu = m_1 \times m_2/(m_1 + m_2)$]이다. 위의 식에 따르면 피크가 나타나는 주파수(ν_m)는 결합이 강할수록 높아지고, 구성 원자의 무게가 클수록 낮아진다.

아래 그림은 C_6H_{14}의 적외선 스펙트럼으로, 2,900 cm^{-1}에서 매우 강한 C−H 스트레칭(stretching) 피크를 보인다. 만일 탄화수소의 분자 구조에서 수소(H)가 중수소(D)로 바뀌었다면, C−D 피크는 적외선 스펙트럼에서 어느 위치에 나타나는지를 계산하라.

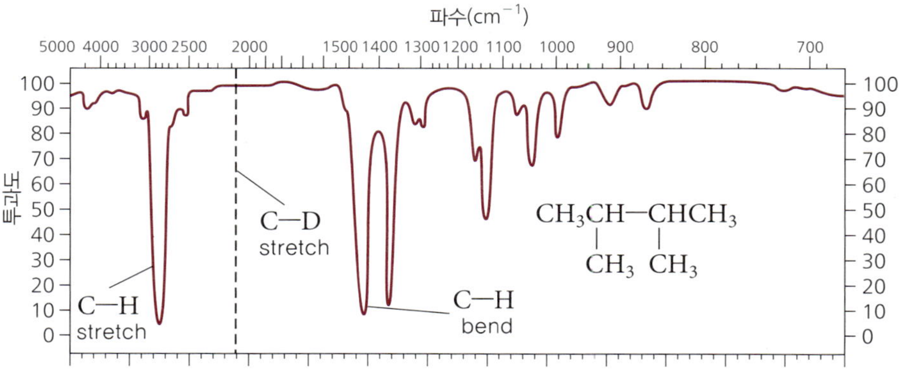

› **풀이**

탄화수소의 H가 D로 바뀌더라도 C−H와 C−D 결합의 세기(k)는 변함이 없고, 단지 두 경우의 환산질량(μ)만이 달라진다. 즉, μ_{C-H}는 12 × 1/(12 + 1) = 12/13이고, μ_{C-D}는 12 × 2/(12 + 2) = 24/14이다. 따라서 두 환산질량의 비(μ_{C-H}/μ_{C-D})는 (12/13)/(24/14) = 7/13이다. $\nu_{m(C-D)}/\nu_{m(C-H)} = \sqrt{(7/13)} = 0.734$이므로, $\nu_{m(C-D)} = 2{,}900 \times 0.734 = 2{,}128\ (cm^{-1})$이다.

› **보충 설명**

연구 대상인 적외선 피크의 위치가 다른 피크들과 겹쳐서 이를 뚜렷이 관찰하기가 힘든 경우에는, 이 예제에서 다룬 것과 같이 시료의 특정한 원자를 동위원소로 치환함으로써 해당 적외선 피크가 다른 피크들과 겹치지 않는 위치에 나타나도록 한 후 이를 관찰하기도 한다.

10.5 다른 분석 방법들

촉매의 특성을 검사하기 위하여 앞에서 소개한 분석 방법 외에도 다양한 방법들이 사용되는데, 여기서는 투과전자현미경법(transmission electron microscopy, TEM)과 X-선 광전자 분광법(X-ray photoelectron spectroscopy, XPS)에 대하여 간단히 설명하겠다.

투과전자현미경은 전자빔이 시료를 투과한 양을 측정함으로써 시료의 미세구조에 대한 영상을 얻는 장치이다. 전자빔은 금속산화물보다 결정구조가 치밀한 금속 재료를 잘 투과하지 못하므로, 두 재료가 공존하는 시료에서 얻은 TEM 결과는 특히 금속 재료의 모양을 대조적으로 보여준다. 따라서 TEM은 금속 담지 촉매에서 분산된 금속 입자의 크기를 관찰하는 데 많이 쓰인다.

그림 10.14는 아세틸렌 수소화 반응용 Pd/TiO_2와 Pd-Ti/SiO_2 촉매를 300°C에서 환원하고 얻은 TEM 사진이며, 여기서 짙은 색의 점들이 Pd 입자들을 나타낸다. Pd/TiO_2의 경우 대략 20 nm 크기의 Pd 입자가 관찰된 반면에, Pd-Ti/SiO_2의 경우에는 Pd 입자의 크기가 5 nm 이하에 머무르고 있다.[10] 따라서 TiO_2를 담체로 사용하여 촉매를 제조하는 경우보다 Pd를 SiO_2 담체에 담지하고 그 위에 TiO_2를 첨가하는 방법이 작은 크기의 Pd 입자를 얻는 데 효과적이라는 사실을 알 수 있다.

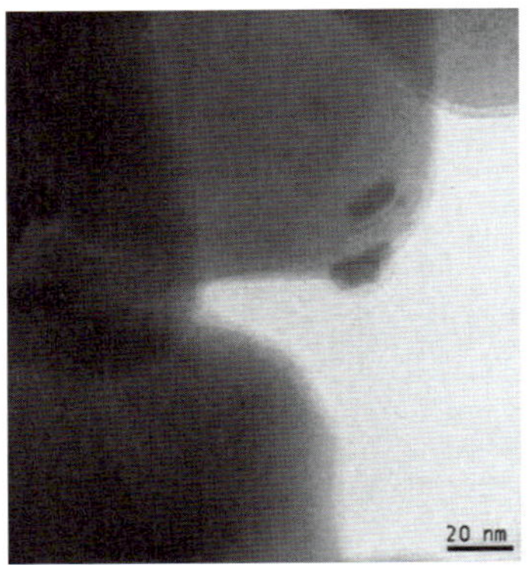

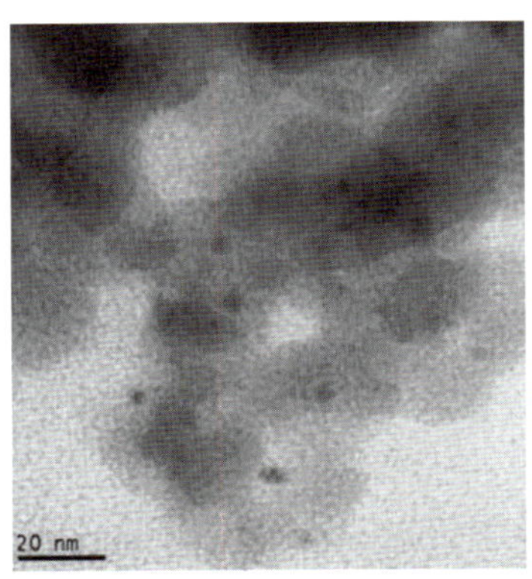

그림 10.14 (a) Pd/TiO_2/300와 (b) Pd-Ti/SiO_2/300의 TEM 사진.[10]

같은 금속의 경우일지라도 금속 표면의 전자밀도에 따라 반응물의 흡착 세기가 영향을 받고, 이 특성은 결국 촉매의 활성에 영향을 주게 된다. 촉매 금속의 전자 밀도를 관찰하는 방법 중의 하나가 X-선 광전자 분광법이다.

XPS는 X-선을 촉매 표면에 쪼일 때 발생하는 전자의 운동에너지를 관찰함으로써, 촉매 표면을 구성하는 원소의 양과 전자적 상태를 분석하는 방법이다. X-선을 시료에 쪼일 때 표면에서 방출되는 전자의 결합에너지는 아래 식에 의해 주어진다.

$$E_{\text{binding}} = E_{\text{photon}} - (E_{\text{kinetic}} + \phi) \tag{10.8}$$

여기서 E_{binding}은 표면에서 방출되는 전자의 결합에너지, E_{photon}는 입사되는 X-선의 에너지, E_{kinetic}은 표면 방출 전자의 운동에너지, ϕ는 일함수이다. E_{photon}은 사용하는 X-선의 파장에 따라 쉽게 계산되므로, 방출전자의 운동에너지(E_{kinetic})를 측정하면 위의 식 (10.8)에서 전자의 결합에너지(E_{binding})를 구할 수 있다.

그림 10.15는 Pd/SiO_2에 Ti를 첨가하고 이들을 300°C 또는 500°C에서 환원 처리한 촉매들의 XPS 결과이다.[10] Pd/SiO_2/300 촉매의 경우에 Pd 3*d* 전자의 결합에너지가 334.9 eV인데, 여기에 Ti을 첨가하고 500°C에서 환원 처리하면(Pd-10Ti/SiO_2/500) Pd 3*d*의 결합에너지가 334.2 eV로 0.7 eV 감소한다. 결합에너지의 감소는 Pd의 전자 밀도가 증가함을 뜻하므로, 이 결과는 Pd/SiO_2 촉매에 Ti를 첨가하고 이를 고온에서 환원할 때 Pd의 전자 밀도가 증가했음을 알

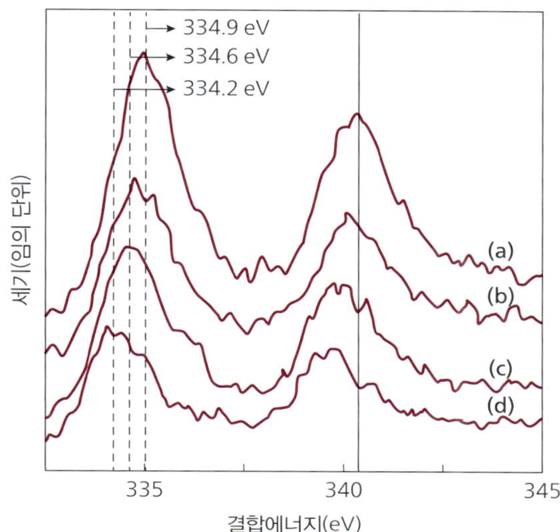

그림 10.15 Pd-Ti 담지 촉매의 Pd 3d XPS 결과. (a) Pd/SiO_2/300, (b) Pd-Ti/SiO_2/300, (c) Pd-Ti/SiO_2/500, (d) Pd-10Ti/SiO_2/500 촉매.[10]

려준다.

여기서 결과를 보이지는 않았으나 위와 동일한 XPS 검사를 Si를 첨가한 촉매(Pd-Si/SiO_2/500)에 대해서도 하였는데, 이 경우에는 결합에너지의 변화가 관찰되지 않았다. 따라서 Pd/SiO_2에 첨가한 조촉매 중에서 Ti는 Pd을 전자적으로 변화시키는 데 비하여 Si는 전자적 영향을 주지 않는 것으로 판단된다.[10]

연습 문제

1. 아래 그림은 W 금속 표면에 각각 Xe와 N_2 기체의 TPD 실험 결과를 도시한 것이다. 각 TPD 실험 결과의 특징을 비교 서술하고 그 원인을 설명하라.

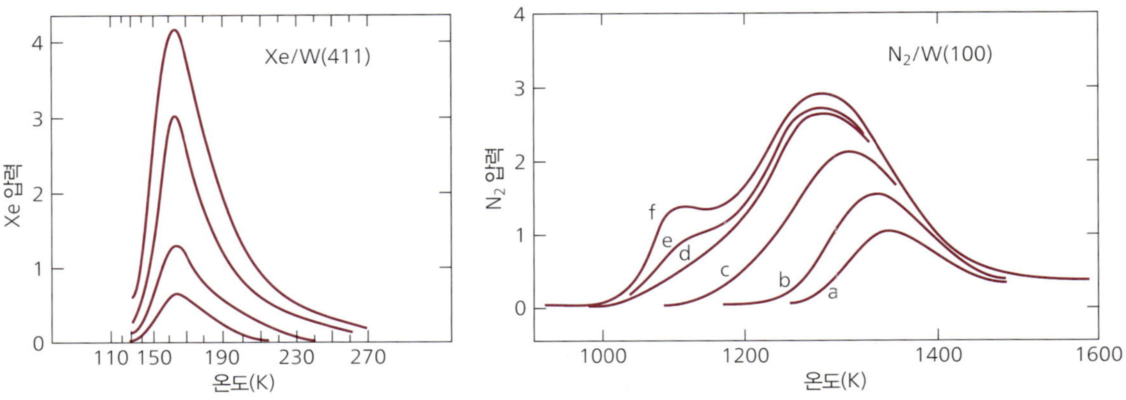

힌트: Xe 원자의 탈착은 단원자분자 탈착으로 1차 반응이다. 반면, 질소 원자의 탈착은 질소 분자 형태로 탈착하는 질소 원자의 2차 반응이다. 따라서 W 금속 표면의 질소 원자 점유도가 높을수록 질소 분자를 형성하기 쉽고, 질소 탈착도 낮은 온도에서 진행된다.

2. 아래 그림 (a)는 $x\text{Ce}_y\text{Zr}_{1\text{-}y}\text{O}_2\text{-Al}_2\text{O}_3$ 담체(x = 전체 담체 중 $\text{Ce}_y\text{Zr}_{1\text{-}y}\text{O}_2$의 무게비)의 XRD 결과이다. x 값이 증가함에 따라 $2\theta = 28$ 근처의 CeO_2 특성 피크가 뚜렷하게 증가함과 동시에 피크 위치가 오른쪽으로 움직인다. XRD 특성 피크의 위치이동과 $\text{Ce}_y\text{Zr}_{1\text{-}y}\text{O}_2$ 혼합산화물의 조성과의 관계($\text{Ce}_y\text{Zr}_{1\text{-}y}\text{O}_2$에서 Ce 함량이 많을수록 2θ가 감소함)가 그림 (b)에 도시되어 있다. 이러한 현상을 $\text{Ce}_y\text{Zr}_{1\text{-}y}\text{O}_2$ 격자 구조를 토대로 설명하라.

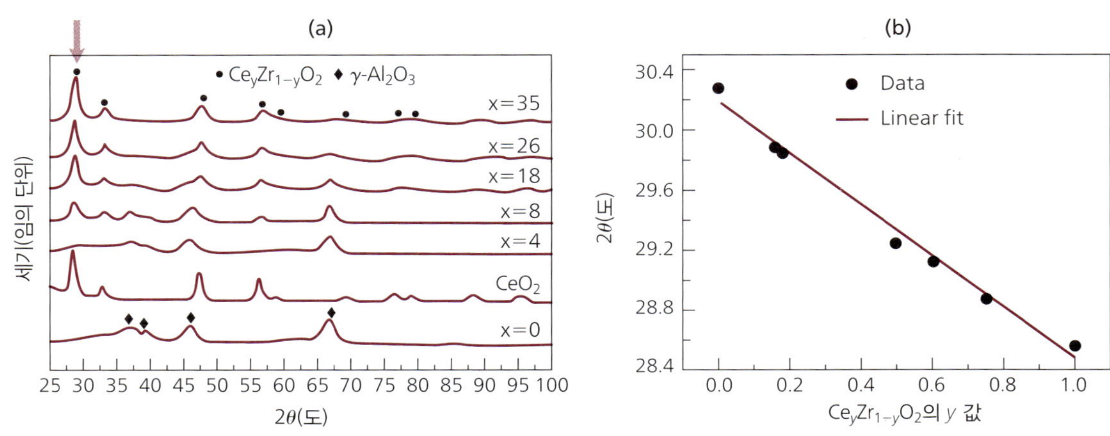

힌트: Bragg 식($n\lambda = 2d \sin \theta$)에서 X-ray의 파장은 일정하기 때문에 2θ(피크 위치)가 증가하면 d (d-spacing, 격자 상수와 비례) 값이 감소한다. 한편, $Ce_yZr_{1-y}O_2$ 격자 구조에서 Ce 원자가 Zr 원자보다 크기 때문에 $Ce_yZr_{1-y}O_2$ 격자 구조 내에 Ce 함량이 증가하면 격자의 d-spacing 값은 증가한다.

3. 아래 그림은 아세틸렌 선택적 수소화 반응에 사용되는 두 가지 촉매(Pd-0.1Si/SiO_2, Pd-0.05Si/SiO_2) Si 2p XPS 결과이다. 해당 촉매의 Si 2p 결합에너지 피크는 99.1 eV와 102.8 eV에서 관찰되었다. Pd-Si/SiO_2 촉매에 있는 Si 화학종은 Pd 표면에 있는 Si와 담체 SiO_2로 나눌 수 있는데, 아래의 두 피크 중에서 어느 것이 각각 Si 및 SiO_2에 해당하는지를 적고 그 이유를 설명하라.

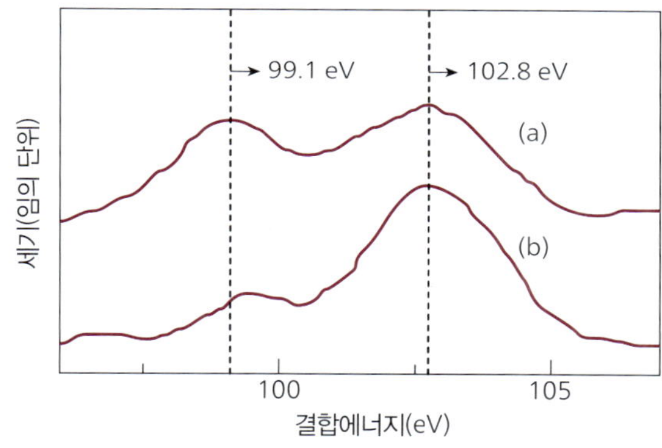

(a) Pd-0.1Si/SiO_2, (b) Pd-0.05Si/SiO_2

힌트: 원자의 전자 밀도는 전자의 결합에너지에 직접적으로 영향을 미친다. 일반적으로 전자 밀도가 높을수록 결합에너지는 낮아진다. 전자 밀도가 높을수록 내부 전자가 전자와 원자핵과의 정전기적 인력을 방해하기 때문에 해당 전자의 결합에너지는 감소하는데, 이를 스크리닝 효과(screening effect)라고 부른다.

A.1 문헌

1. 국내 서적
2. 외국 서적
3. 학술지, 국내 · 외 학술대회

A.2 실험

1. 촉매 실험실의 기초적 장치
   - GC 분석
   - 적외선 용기의 설계와 흡착 실험
   - 연료전지 촉매의 전기화학 분석
   - 광수전해
2. 촉매 제조
   - 접촉분해용 제올라이트 촉매
   - 아세틸렌 수소화용 Pd/SiO_2 촉매
   - 금속산화물 촉매(BiMo)
   - 광촉매

A.3 촉매 관련식 유도

- 물리흡착(BET 식)
- 화학흡착(Langmuir 식)

A.1 문헌

1. 국내 서적

서곤, "촉매 첫걸음", 전남대학교출판부(2008)

서평_ 촉매에 대하여 사전 지식이 없는 독자가 촉매에 관한 기초 지식을 얻도록 하려는 목적으로 쓴 책이다. 촉매작용의 정의(definition)에서 시작하여 반응물의 흡착과 화학 반응의 속도, 촉매의 제조 및 평가 방법을 설명하고, 책의 후반부에서는 석유화학 산업과 환경 처리에 쓰이는 촉매, 균일계 촉매 등을 소개하였다. 마지막인 제11장에서는 촉매 분야의 전망을 다루면서, 미래의 산업에서 점차로 증가할 촉매 기술의 중요성을 강조하였다. 책의 부피가 280페이지 정도여서 큰 부담 없이 읽을 수 있다.

서울대 유공연구실 동문 편저, "촉매공정", 서울대학교출판부(2008)

서평_ 서울대학교에서 촉매 연구를 주도해 온 이화영 교수의 문하생들이 집필한 산업용 촉매 기술에 관한 책이다. 제1장에서 촉매의 개요와 제조 방법을 설명한 후, 제2~4장에서는 각각 에너지, 환경, 석유화학 및 정밀화학의 촉매 공정을 다루었고, 마지막 장에서 촉매 기술의 응용 공정을 소개하였다. 저자들이 학계와 산업계에 넓게 분포되어서, 책에서 다루는 내용도 학술적인 면과 실무적인 면을 골고루 포함하였다. 550여 페이지에 이르는 책으로, 산업용 촉매 공정을 이해하기에 좋은 참고서이다.

정석진, "그린에너지와 환경촉매", 집문당(2010)

서평_ 환경 촉매를 연구해 온 저자가 이 분야의 촉매 기술을 정리한 약 700페이지에 이르는 책이다. 현대 문명은 인류가 에너지를 대량으로 사용하면서 크게 발전하였지만, 이와 함께 환경오염의 문제가 대두되면서 향후의 지속적인 발전을 위협하고 있다. 이 책에서는 이와 같은 에너지와 환경의 상관성을 설명하고, 이 문제를 해결하는 데 필요한 촉매 기술을 소개하였다. 지구 온난화를 유발하는 CO_2와 연소 공정의 공해물질인 NOx와 SOx를 저감하는 기술을 다루었고, 화석연료에서 청정에너지의 생산, C1-화학, 수소 에너지 및 바이오 연료 생산, 연료전지 등에 관하여도 설명하였다. 따라서 이 책은 환경문제에 관심이 있는 독자들에게 유용한 참고서이다.

서곤, 김건중, "촉매: 기본개념, 구조, 기능", 청문각(2014)

서평_ 한국의 촉매 학술활동을 주도한 KAIST 전학제 교수의 회갑을 맞아 그의 제자들이 1988년에 "촉매 개론"을 펴냈는데(한림원 발간), 이 책이 그 후 2002년까지 제4판의 수정을 거치며 발간이 되다가, 2014년에 두 저자(서곤, 김건중)가 그 내용을 대폭 보완하고 책의 이름도 바꾸어 발간하였다. 이 책에서는 흡착, 활성점과 같은 촉매의 표면 특성을 규명하고, 반응에 필요한 촉매를 설계하거나, 그 성능을 측정하는 방법에 관하여 설명하였다. 또한 금속, 금속 산화물, 고체산과 고체염기로 구성된 촉매와 이들을 사용한 공정을 소개하였다. 먼저 발간한 "촉매 개론"에서는 다루지 않은 균일계 촉매와 에너지-환경 촉매의 내용을 추가하여, 변화하는 촉매 연구의 경향을 반영하였다. 내용이 비교적 방대하지만(567페이지), 촉매를 전공하는 대학원생이 참고서로 활용하기에 좋은 책이다.

한국화학공학회 촉매부문위원회, "국내 촉매 상용화 년감", 한림원(2017)

서평_ 한국의 촉매관련 학술 활동은 주로 1985년에 한국화학공학회의 부문위원회로 발족한 촉매부문위원회(Division of Catalysis and Reaction Engineering)를 중심으로 이루어지고 있다. 이 부문위원회에서는 그동안 국내에서 개발하여 상용화가 이루어진 22개의 촉매 및 촉매 공정을 수록한 "국내 촉매 상용화 연감"을 2017년에 발간하였다(244페이지). 이 자료에는 각 상용화 기술의 개요와 함께 기술개발 비용, 사업성과, 지적재산권 확보 등이 포함되었다. 또한, 촉매부문위원회가 그동안 주관한 각종 국제 및 국내 학술행사, 촉매 관련 상의 수상자 명단과 업적, 학술지 발간 내역 등도 수록되었다. 따라서 이 책을 통하여 국내의 학계 및 산업계에서 이루어지는 촉매 관련 학술 활동과 기술 개발의 내용을 파악할 수 있다.

2. 외국 서적

Gates, B.C., Katzer, J. R., and Schuit, G. C. A., "Chemistry of Catalytic Processes", McGraw-Hill, New York (1979).

서평_ 미국 델라웨어 대학교(Univ. of Delaware)의 화학공학과와 촉매연구센터에 소속한 세 교수가 (1) 제올라이트 촉매를 사용한 석유의 접촉분해 공정, (2) 금속 착화합물 촉매를 사용한 석유화학 중간체 제조 공정, (3) 금속담지 촉매를 사용한 석유 개질 공정, (4) 금속 산화물 촉매를 사용한 프로필렌의 부분산화 공정, (5) 금속 황화물 촉매를 사용한 탈황 공정에 대하여 설명하였다. 이 책을 읽고 공정의 반응특성에 따라 촉매를 설계하는 원리를 이해하면, 이를 토대로 다른 공정의 촉매도 설계할 수가 있을 것이다. 촉매를 전공하는 대학원생들에게 읽을 것을 추천한다.

Le Page, J.-F., Cosyns, J., Courty, P., Freund, E., Franck, J.-P., Jacquin, Y., Juguin, B., Marcilly, C., Martino, G., Miquel, J., Montarnal, R., Sugier, A., and van Landeghem, H., "Applied Heterogeneous Catalysis", Technip, Paris (1987).

서평_ 프랑스의 촉매 기술 개발을 선도하는 프랑스 석유연구소(Institut Francais du Petrole, IFP)의 학자들이 (1) 촉매 반응의 기초, (2) 촉매 선정의 기준, (3) 촉매 제조 방법, (4) 촉매 특성 검사, (5) 촉매 반응기 설계에 대하여 설명하였다. 특히 이 책의 후반부(제9장의 200여 페이지)에서는 IFP가 보유한 6개 촉매 공정들을 다루고 있어 실용적 가치가 높다. 6개의 공정은 (1) 벤젠의 수소화, (2) 메탄올 산화, (3) 분해 가솔린(pyrolysis gasoline)의 부분 수소화, (4) 석유의 수소화 정제(hydrorefining), (5) 윤활유 생산을 위한 수소화 처리(hydrotreating), (6) 석유 개질 반응(reforming)이므로, 석유산업 종사자의 필독을 권한다.

Richardson, J. T., "Principles of Catalyst Development", Plenum Press, New York (1989).

서평_ 미국 휴스톤 대학교(Univ. of Houston) 화학공학과의 교수인 저자가 산업계 인력을 대상으로 장기간 실시한 계속교육의 교재를 책으로 발간한 것으로, 촉매에 관한 기초 지식을 비교적 쉽게 설명하였다. 우선 (1) 촉매의 기능과 구조 및 재료를 간단히 설명하고, (2) 이들을 어떻게 설계하여 제조하는지, (3) 제조한 촉매의 성능과 표면 특성을 어떻게 검사하는지, 그리고 (4) 촉매의 활성 저하를 다루었다. 책의 부록에는 촉매에 관한 다양한 정보를 실었는데, 사용자에 따라 유용한 자료가 될 것이다. 산업계 실무자들을 상대로 한 책이므로 큰 어려움 없이 읽을 수 있다.

Thomas, J. M. and Thomas, W. J., "Principles and Practice of Heterogeneous Catalysis", VCH, New York (1997).

서평_ 동일 저자들이 1967년에 출간한 학사과정(화학 및 화학공학) 학생을 위한 촉매개론 책이었던 "Introduction to the Principles of Heterogeneous Catalysis"를 30년 후에 보완하여 다시 쓴 책이다. 특히 1970년대에 급속히 발전한 촉매 특성검사와 촉매 성능의 이론적 예측 방법을 문헌과 함께 설명하였다. 책의 마지막 장(제8장)에서는 약 100페이지에 걸쳐 다양한 산업 촉매를 소개하였는데, 이는 특정한 촉매공정에 관심이 있는 독자들에게 유용한 자료이다. 각 장마다 연습 문제와 참고 문헌들이 많이 수록된 것이 특징이다. 첫 번째 책보다 약 100 페이지(총 650페이지)가 증가하였기 때문에, 학사과정 학생이 완독을 하기는 쉽지 않겠으나, 옆에 두고 필요 시에 참고하면 좋을 것이다.

Rase, H. F., Handbook of Commercial Catalysts, CRC Press, Boca Raton, Florida (2000).

서평_ 미국 텍사스 대학교(Univ. of Texas at Austin)에서 화학공학을 전공하고 산업계에서 근무한 후, 같은 대학에서 45년 간 교수로 봉직하며 촉매와 반응공학을 가르친 저자가 산업계에서 쓰이는 150여개의 상용촉매를 19개의 반응공정별로 알파벳순으로 나누어 소개한 책이다. 각 공정에 대하여 제품의 용도, 반응 및 열역학 특성, 상용촉매 제공사(licensor), 공정설계의 특성 등이 소개되었고, 책의 부록에는 다양한 형태의 촉매 반응기가 그림과 함께 수록되었다. 산업 현장에서 특정한 촉매공정에 대한 정보를 손쉽게 얻을 수 있는 편람형(handbook) 참고서이다.

Bartholomew, C. H. and Farrauto, R. J., "Fundamentals of Industrial Catalytic Processes", 2nd ed., John Wiley & Sons Inc., New Jersey (2006).

서평_ 미국 브리검영 대학교(Brigham Young University)의 Bartholomew 교수와 엥겔하드 회사(Engelhard Corp., 현재 BASF로 바뀜)의 Farrauto 박사가 공저로 펴낸 책으로, 1997년에 초판이 나온 후 2006년에 제2판이 나왔다. 책의 전반부(part 1)에서는 촉매의 중요성, 제조법, 특성분석, 성능평가, 활성저하에 이르는 기초이론들을 다루고, 후반부(part 2)에서는 수소의 제조, 수소화 및 탈수소화, 산화반응, 석유정제 및 처리, 환경촉매, 균일계, 효소 및 중합 촉매와 같은 산업용 촉매들을 다룬다. 학계와 산업계의 두 저자가 함께 책을 집필함으로써, 촉매는 산업 현장에서 사용될 때 비로소 가치가 있다는 평범한 진리를 강조한 셈이다. 촉매의 이론과 실제를 모두 접하고 싶은 독자에게 좋은 책이다.

Ertl, G., Knözinger, H., Schüth, F., and Weitkamp, J., "Handbook of Heterogeneous Catalysis", Wiley-VCH, New York (2008).

서평_ 2007년에 노벨 화학상을 받은 Ertl 교수를 포함한 독일의 학자들이 촉매의 기초이론에서 실용화된 촉매기술에 이르기까지의 지식을 정리하여 8권의 핸드북 형태로 편찬한 책이다. 4명의 저자 외에도 많은 전문가들이 각 분야를 나누어 집필했기 때문에, 상당한 전문지식이 소개되었으며 미진한 부분은 참고 문헌을 통하여 추가로 얻을 수 있다. 제1권에서 4권까지는 촉매의 제조 방법, 성능평가와 특성검사, 반응속도(kinetics)과 반응공학적 해석(reaction engineering), 촉매의 활성저하 등에 대해 다루었고, 제5권~8권에서는 환경촉매, 무기화학 반응, 정유와 석유화학을 포함한 에너지 관련 공정, 유기화학 반응, 고분자 중합과 효소 반응 등을 다루었다. 촉매의 특정 주제에 대하여 관심이 있는 독자가 우선 이 책을 읽으면서 점차로 깊은 지식에 접근할 수가 있을 것이다.

3. 학술지, 국내·외 학술대회

학술지

학술지 명	출판사	Rank[a,b]
ACS Catalysis	American Chemical Society	Q1
Advanced Synthesis and Catalysis	Wiley-VCH Verlag	Q1
Angewandte Chemie - International Edition	John Wiley and Sons Ltd	Q1
Applied Catalysis B: Environmental	Elsevier	Q1
Catalysis Reviews - Science and Engineering	Taylor and Francis Ltd.	Q1
Catalysis Today	Elsevier	Q1
Chemical Communications	Elsevier	Q1
Chemical Communications	Royal Society of Chemistry	Q1
Chemistry - A European Journal	Wiley-VCH Verlag	Q1
Chinese Journal of Catalysis	Science Press	Q1
Current Opinion in Green and Sustainable Chemistry	Elsevier BV	Q1
International Journal of Molecular Sciences	MDPI Multidisciplinary Digital Publishing Institute	Q1
Journal of Catalysis	Academic Press Inc.	Q1
Journal of Photochemistry and Photobiology C: Photochemistry Reviews	Elsevier	Q1
Journal of the American Chemical Society	American Chemical Society	Q1
Materials Today	Elsevier Ltd.	Q1
Nature Catalysis	Nature Publishing Group	Q1
Applied Catalysis A: General	Elsevier	Q2
Catalysis Science and Technology	Royal Society of Chemistry	Q2
Catalysts	MDPI Multidisciplinary Digital Publishing Institute	Q2
ChemCatChem	Wiley - VCH Verlag GmbH & CO. KGaA	Q2
ChemElectroChem	John Wiley and Sons Ltd	Q2
Topics in Catalysis	Springer Netherlands	Q2

[a]Journal Citation Report 2020 자료 기준

[b]Journal Rank (JR)란 특정 분야에서 해당 논문의 순위를 나타내는 지표로서. 특정 학문 카테고리에서 영향력 지수가 상위 25%의 저널은 Q1이라 할 수 있고 그 다음 저널(25% 초과, 50% 이내)은 Q2라고 한다.

국제 학술대회

- **ICC (International Congress on Catalysis)** 촉매의 학술 정보를 교환하기 위한 국제적 학술대회가 1956년에 처음으로 미국의 Philadelpia에서 열리고, 이어서 매 4년마다 같은 목적의 학술대회가 미국, 유럽, 아시아 대륙을 오가며 열리고 있다. 아시아에서는 1980년에 처음으로 Tokyo에서 제7회 ICC가 개최되었는데, 그 후 한국이 중국과의 경합 끝에 이 대회를 유치하는데 성공하여 2008년의 제14회 대회를 서울에서 개최하였다. 대회의 유치 및 조직위원장이었던 문상흡 교수가 한국화학공학회 촉매부문위원회에서 발간하는 "촉매"지에 게재한 ICC 유치기[촉매, 20(2) (2004) 43-53, 21(1) (2005) 46-60]와 ICC 조직기[촉매, 24(2) (2008) 55-59]를 참조할 것.
- **APCAT (Asia-Pacific Catalysis Conference)** 아시아-태평양 지역의 촉매 학술행사인 APCAT은 포스텍(POSTECH) 김영걸 교수의 주도적 역할로 1997년에 경주에서 창립 대회를 가지면서 시작되었다. 그 후 3년 간격으로 호주의 Sydney, 중국의 Dalian에서 제2회와 3회 대회가 열렸고, 2019년에 제8회 대회가 Bangkok에서 열리면서, 이제는 아시아-태평양 지역의 대표적인 촉매 학술대회로 발전하였다.
- **NACS Meeting (North American Catalysis Societies Meeting)** 미국, 캐나다. 멕시코를 포함한 북미 지역에서 2년마다 열리는 촉매 학술대회이다. 오랜 역사(제1회 1956년)를 가지고 있으며, 특히 미국이 제시하는 미래 연구의 방향에 관심이 많아 세계의 많은 학자들이 참가를 한다. 제26회 학술대회는 2019년에 Chicago에서 열렸고, 제27회는 2022년에 New York에서 열릴 예정이다.
- **EuropaCat (European Congress on Catalysis)** 유럽 지역의 촉매 학술활동을 종합하는 대회로서 2년마다 열린다. 제14차 대회가 2019년에 독일의 Aachen에서 열렸고, 2021년에 제15차 대회가 Szech의 Prague에서 열린다.
- **TOCAT (Tokyo Conference on Advanced Catalytic Science and Technology)** 일본이 주관하는 촉매 학술대회로서 특히 산업계의 참가를 적극 권장하고 있다. 1990년에 Tokyo에서 제1회 대회를 가진 후 4년마다 개최하고 있으며, 2018년의 TOCAT8은 Yokohama에서 열렸다. 한국은 지역적으로 가깝기 때문에 많은 학자들이 참가하여 학술발표와 정보교환을 하고 있다.

국내 학술대회

국내의 학술행사는 한국화학공학회와 한국공업화학회에서 매년 봄, 가을 학술대회 기간 중에 촉매공정의 다양한 주제에 관하여 개최하고 있다. 특히 한국화학공학회는 1985년에 구성된 촉매부문위원회를 중심으로 하절기에 박사급 연구자들의 친목과 자유로운 정보 교환을 위한 촉매연구토론회, 동절기에 대학원생과 산업계 실무자의 교육을 위한 촉매강좌를 열고, 회원들의 소식과 함께 촉매에 관한 최신 전문지식을 소개하는 "촉매"지를 연 2회 발간하고 있다. 아울러 여산 촉매학술상, 촉매상(촉매기술의 실용화를 이룬 사람에게 주는 상), 젊은 촉매학자상, 대학원 촉매연구상 등을 시상하고 있다. 이 부문위원회는 또한 촉매 분야에서 한국의 국제 협력을 주도하고 있는데, 2008년에 개최된 제14회 ICC의 유치 및 조직, 1987년 이래로 2년마다 한국과 일본을 오가며 개최하는 한-일 촉매 심포지엄(2019년, 제17회 대회를 제주도에서 개최)이 대표적인 사례이다.

A.2 실험

1. 촉매 실험실의 기초적 장치

GC 분석

GC(Gas Chromatography)는 기체 이동상(mobile phase)과 액체 및 고체 고정상 (stationary phase) 사이에서 혼합 기체를 분리하는 장치이다(그림 A.1). 컬럼(column)이라고 부르는 나선 모양의 관에 분석하고자 하는 시료를 흡착시킨 후 수소, 헬륨 등의 운반 가스(carrier gas)를 흘려서 시료가 탈착, 분리되도록 한다. 컬럼의 다른 끝에서 시료의 탈착 기체가 흡착성이 작은 성분부터 차례로 분리되어 나오면 이를 검출기로 분석한다. GC는 시료를 신속히 분석할 수 있고, 소량의 시료도 분석이 가능하며, 분리하기 곤란한 혼합물의 분석에도 적용할 수 있다. 시료 혼합물을 컬럼을 통해 각 성분별로 분리한 뒤 검출기(detector)를 통해 각 물질이 어떠한 물질인지 확인한다. 가장 널리 쓰이는 검출기는 불꽃 이온화 검출기(Flame Ionization Detector, FID)와 열전도도 검출기(Thermal Conductivity Detector, TCD)가 있다.

그림 A.2에서는 바이오디젤(biodiesel) 합성반응을 예로 들어, 생성물을 GC를 이용하여 정량분석하는 방법을 설명하겠다. 바이오디젤은 동물성, 식물성 기름의 에스테르화 반응을 통해 생성된다. 식용유의 trans-esterification 반응은 분자량이 큰 triglycerides를 산 또는 염기 촉매가 있는 조건에서 알코올과 반응시켜 분자량이 작고 단순한 체인형 분자로 전환하는 것이다. 반응 생성물은 디

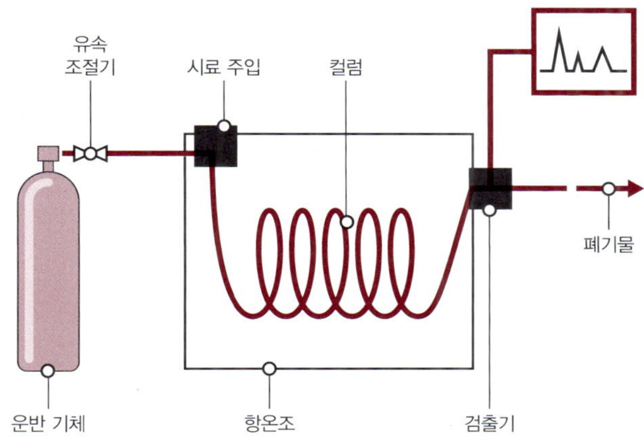

그림 A.1 Gas chromatography 구성도.

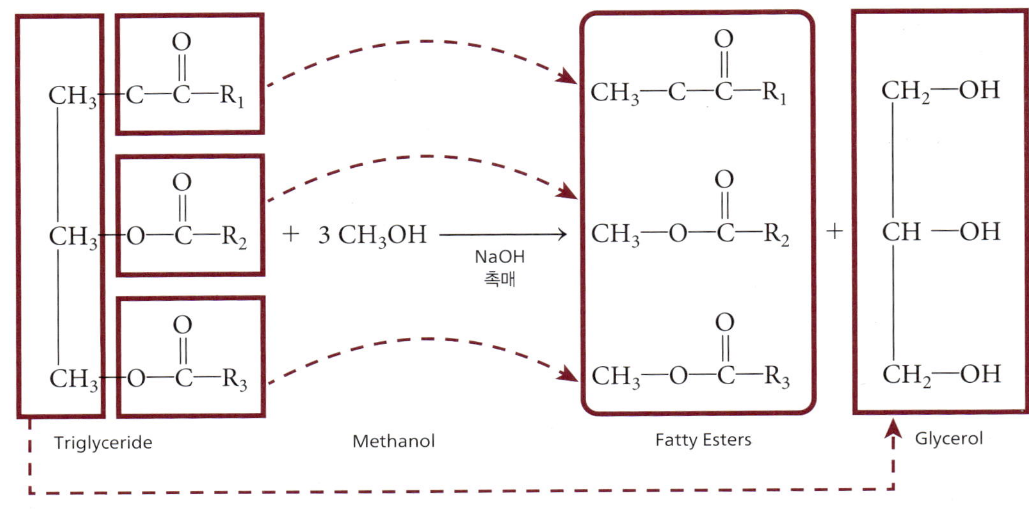

그림 A.2 바이오디젤 생산 화학반응식의 예.

젤유와 비슷한 물성을 가지고 있는데, 이 물질을 바이오디젤이라고 하며, 부산물로 글리세롤(glycerol)이 생성된다.

대두유를 에스테르화하였을 때의 주요 생성물은 methyl palmitate, methyl oleate, methyl linoleate, 세 가지 물질이다. 실험 후에 생성된 바이오디젤의 양을 계산하기 위해서, 먼저 이 물질들의 표준 시료를 이용하여 GC calibration을

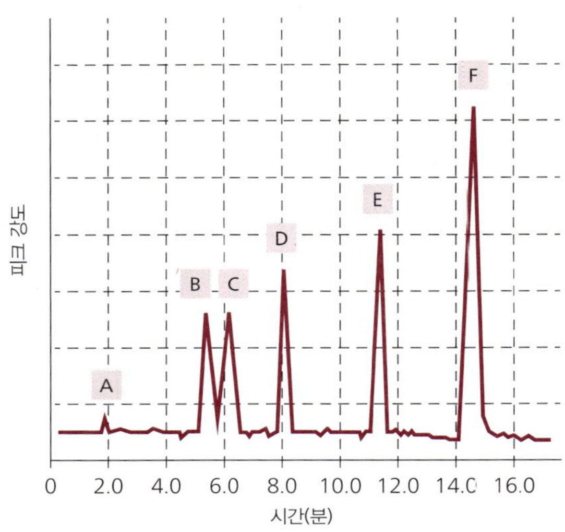

그림 A.3 Gas chromatography 그래프.

수행해야 한다. 반응 생성물은 모세관 컬럼(capillary column)과 FID 검출기를 사용하여 정량 분석할 수 있다. Calibration data를 이용하여 GC로 분석한 반응 생성물들의 면적(peak area)으로부터 몰수를 계산하고, 이를 토대로 각 물질의 선택도(selectivity, S)와 반응물의 전환율(conversion, C)을 구한다.

Calibration curve의 식이 $y = ax$라 하면, x는 면적(peak area), y는 몰농도(mM)이다. 따라서 면적 값을 $y = ax$의 x에 대입하면 샘플에서 각 methyl ester의 몰농도가 계산된다. 각 성분의 몰수는 '몰농도(mM) × 희석배수 × 생성물 부피(L)'로 계산된다. 생성된 바이오 디젤의 몰수는 위의 식으로 계산된 세 가지 생성물의 몰수의 합이다. 각 생성물의 선택도와 식용유의 전환율, 바이오디젤의 수율(yield, Y)은 다음의 식으로 계산할 수 있다.

$$\text{선택도}(S) = \frac{\text{moles of methyl ester}}{\text{moles of biodiesel}}$$

$$\text{전환율}(C) = \frac{\text{moles of biodiesel}}{\text{moles of oil} \times 3}$$

$$\text{수율}(Y) = \text{전환율} \times \sum \text{선택도}$$

[참고 문헌]

- 명승운, "크로마토그래피 및 질량 분석학의 이해", 자유아카데미 (2018) 1–153

적외선 용기의 설계와 흡착 실험

그림 A.4는 촉매의 표면에 흡착한 분자의 적외선 스펙트럼을 관찰할 수 있는 적외선 실험용기(infrared cell)를 보인다. 이 용기는 그림 A.5에 표시한 것과 같이 네 부분으로 분리할 수가 있다. 즉, 시료의 온도조절 장치와 기체의 출입관이 달린 중앙몸통(center unit), 촉매 시료를 용기 내에 거치하기 위한 시료기(sample holder), 그리고 적외선 창(infrared window)을 고정하여 중앙몸통의 양 끝에 연결하는 두 개의 끝 뭉치(end units)가 그것이다.

중앙몸통의 기본은 바깥지름이 1인치이고 안지름이 7/8인치인 석영관(quartz tube)으로, 여기에 기체의 출입을 위하여 직경 1/4인치의 석영관과 진공마개(quartz stopcock)가 연결되었다. 중앙몸통에는 또 하나의 1/4인치 석영관이 연결되어 있는데, 이것은 온도 측정을 위한 열전기쌍(thermocouple)을 고정

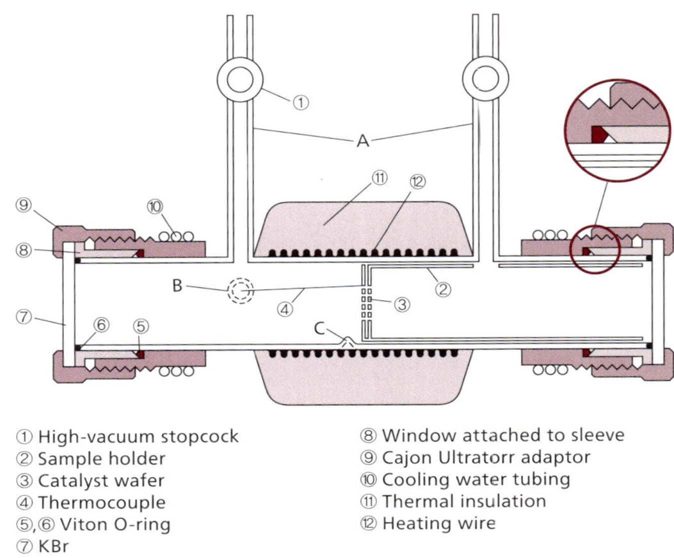

그림 A.4 조립한 진공 적외선 용기.

하기 위한 것이다. 열전기쌍의 끝은 촉매 시료의 바로 뒤에 위치하여 시료의 온도를 1°C 오차범위 내에서 측정하게 된다. 한편 중앙몸통의 주위에는 전열선을 감고 그 위에 단열재를 덮어 시료의 온도조절이 가능하도록 하였다.

촉매 시료를 담는 시료기는 역시 석영관으로 바깥지름이 7/8인치보다 약간 작아서 중앙몸통의 안에 겨우 들어갈 수 있게 하였다. 이 석영관의 한쪽 면에는 중앙몸통의 기체 출입구 위치와 일치하도록 구멍을 뚫고, 다른 쪽에는 3/8인치의 구멍을 가진 환상(annular)의 석영판 두 개를 좁은 간격으로 부착하여 이 간격 내에 얇은 원판 모양의 촉매 시료가 적외선 방향과 수직으로 놓이게 된다. 촉매 시료를 얇은 원판으로 제조하는 방법은 문헌을 참고하기 바란다.

적외선 창을 고정하기 위한 끝 뭉치는 상용의 1인치 튜브용의 진공 연결기(vacuum connector, Cajion SS-16-UT-A-20)를 아래와 같이 약간 개조하여 만들었다. 먼저 그림 A.6(commercial connector 참조)에 나타낸 바와 같이 연결기의 색상으로 된 부분(A와 B)을 제거하였다. B 부분을 제거한 이유는 연결기를 그림 A.4 또는 그림 A.5에 보인 것과 같이 상용의 경우와 반대 방향으로 중앙몸통에 연결하기 위해서이고, A 부분을 제거한 이유는 이처럼 연결기의 연결 방향이 바뀜에 따라 색상으로 된 경사각 부분이 불필요하기 때문이다.

다음에는, 상용 연결기(commercial connector)의 슬리브(sleeve) 대신에 새로운 슬리브(new sleeve)를 그림 A.6(new sleeve 참조)에서와 같이 제조하였다.

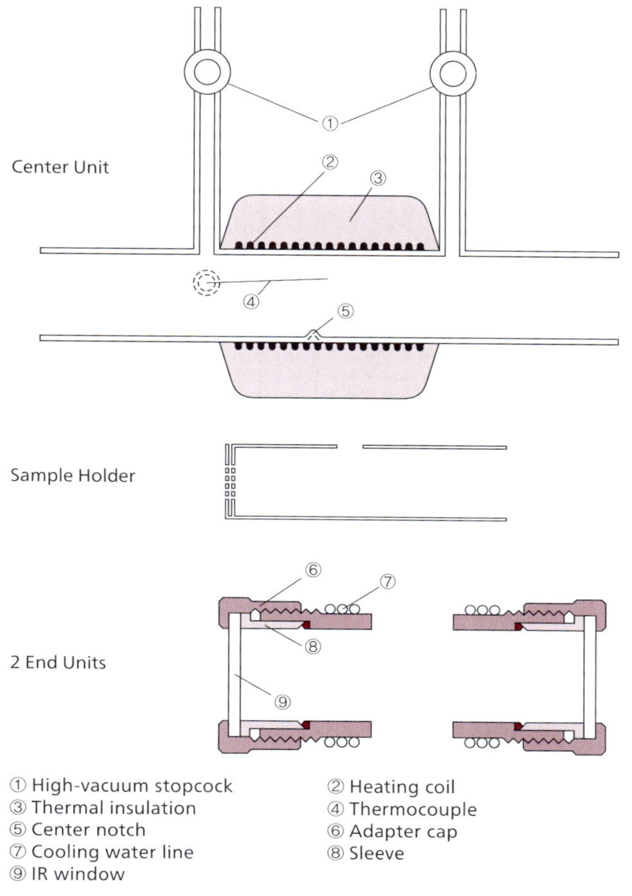

그림 A.5 분리된 진공 적외선 용기.

새로운 슬리브는 한쪽 끝이 내부로 경사져 있고(tapered), 다른 쪽 끝은 평평한데(flat), 그 평평한 면에 적외선 창(NaCl 결정판)을 에나멜 접착제(예: General Electric의 Glyptal)로 부착한다. 이와 같이 개조된 연결기와 새로운 슬리브를 조립하여 중앙몸통에 연결하면, 그림 A.4의 확대 부분에 보인 것과 같이 끝 뭉치의 내부와 중앙몸통의 외부 접촉면 사이에 단면이 삼각형인 공간이 생기는데, 이 공간에서 고무링(O-ring)이 압축되면서 용기의 진공밀폐(vacuum sealing)가 이루어진다. 고무링이 삼각형의 공간 내에서 압축되는 방향은 시판되는 연결기의 경우와 반대 방향인데, 이것은 진공의 방향이 바뀌었기 때문이다.

이 용기의 특징은 시판되는 상용 진공 연결기를 간단히 개조하여 만들 수 있는 점과 진공밀폐가 고무링의 압축에 의하여 이루어지기 때문에 내부의 진공이

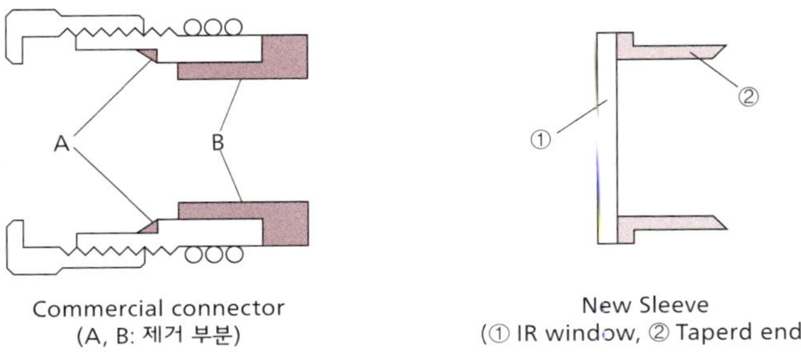

그림 A.6 상용 진공 연결기의 변형.

높을수록 밀폐가 더욱 좋아지는 점이다. 따라서 흡착실험에서는 촉매 시료가 담긴 용기를 우선 3~4시간 배기하여 고무링이 압축되게 한 다음, 실험에 필요한 흡착 기체를 주입하는 것이 좋다. 실제로 이 방법을 사용하여 10^{-6} Torr의 진공과 550°C의 온도에서 48시간 이상 실험을 할 수 있었다. 실험이 끝난 후, 연결 마개(cap)를 풀면 끝 뭉치는 분해되어 중앙몸통으로부터 쉽게 분리되므로, 시료를 용기에서 꺼낼 수 있다. 여기서 설명한 용기는 550°C 이상의 고온실험을 위하여 석영관을 사용한 것이지만, 만약 400°C 이하의 실험의 경우라면 석영 대신에 pyrex를 사용해도 무방하다.

이 적외선 용기를 사용하여 촉매 표면에 흡착한 분자를 관찰하는 구체적인 예로서, 금속촉매의 표면에 흡착한 일산화탄소(CO)의 적외선 스펙트럼을 측정하는 경우를 설명하겠다. 이 실험은 아래의 과정을 거친다. (1) 촉매를 얇은 원판(제조 방법은 문헌 참조) 모양으로 만들어서 용기 내의 시료기에 넣는다. (2) 용기를 고온(통상 250°C 이상)으로 유지하면서 수소를 흘려(대개 한 시간 이상) 촉매를 금속으로 환원한다. (3) 고온, 고진공을 유지한 채로 용기를 배기하여 촉매 표면에 남아 있는 수소, 물 등을 제거한다. (4) 진공을 유지하면서 용기의 온도를 상온으로 낮추고, 촉매의 스펙트럼(S_0)을 측정한다. 여기서 S_0는 흡착물질이 없는 촉매 자체의 스펙트럼이다. (5) 용기 내에 CO 기체를 압력 P_1이 되도록 주입한다. (6) 용기를 약 10분간 진공으로 배기한 후, 시료의 스펙트럼(S_1)을 측정한다. 참고로, 약 10분간 진공으로 배기를 하면 촉매 표면에 물리흡착한 CO는 거의 다 탈착이 되지만, 화학흡착한 CO는 표면에 그대로 남아 있다. (7) 따라서 S_1은 압력이 P_1일 때 표면에 화학흡착한 CO와 촉매 자체의 스펙트럼의 합이므로, 두 스펙트럼의 차이($S_1 - S_0$)는 압력이 P_1일 때 촉매 표면에 화학흡착한 CO의 스펙트럼이 된다. (8) 다시 용기 내에 CO 기체를 압력 P_2가 되도록 주입

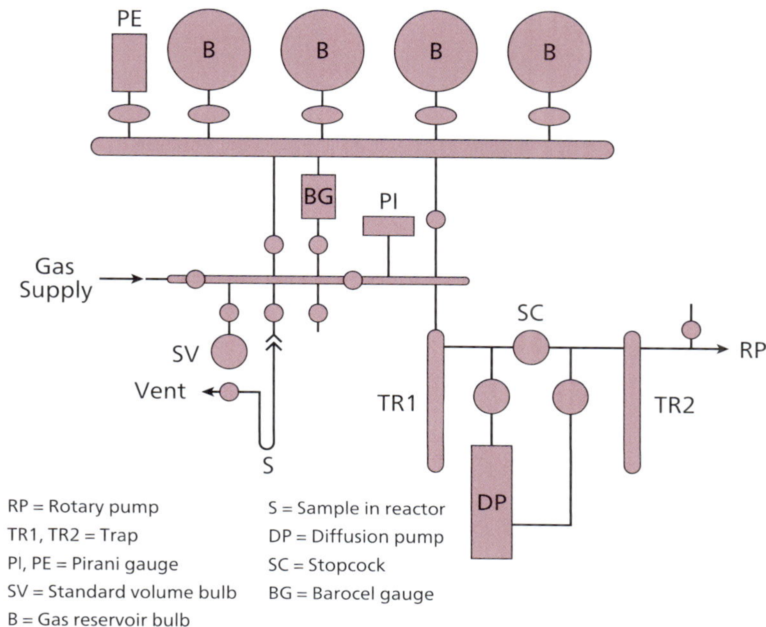

그림 A.7 화학흡착 실험장치 모식도.

하고, 용기를 약 10분간 진공으로 배기한 후, 시료의 스펙트럼(S_2)을 측정하고, 두 스펙트럼의 차이($S_2 - S_0$)를 구하면, 압력이 P_2일 때 촉매 표면에 화학흡착한 CO의 스펙트럼을 얻게 된다. (9) 같은 방법으로 CO의 압력을 높여가며 실험을 반복하면, CO의 압력(P_i)에 따른 스펙트럼의 변화(S_i)를 관찰할 수 있다.

그림 A.7은 화학흡착 실험에 흔히 사용되는 유리로 만든 진공 및 기체 공급 장치인데, CO나 NH_3와 같은 흡착용 기체를 보관(그림에서 B)했다가 다양한 압력으로 공급할 수 있고, 수소나 질소와 같은 기체를 다양한 유속으로 흘려보낼 수 있다. 진공을 얻기 위한 펌프(rotary, diffusion pump)가 저온 냉각조(traps), 진공 측정기(pirani, barocel gauge)와 함께 설치되었는데, 이를 적외선 용기와 분광기에 연결하면 위의 적외선 관찰 실험을 할 수 있다.

[참고 문헌]

• 문상흡, "촉매용 적외선용기의 설계", 화학공학, 19(2) (1981) 121–130.

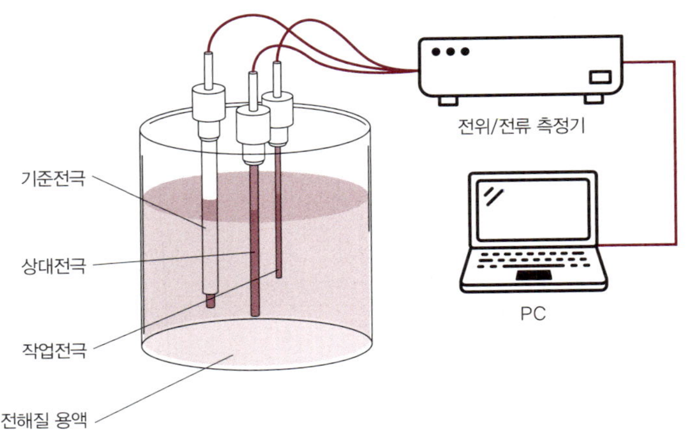

그림 A.8 삼전극 셀.

연료전지 촉매의 전기화학 분석

일반적인 전기화학 셀은 이전극(음극과 양극)으로 구성되어 있으나, 전기화학 분석기기는 삼전극 시스템 (three electrode system)을 주로 사용한다(그림 A.8). 삼전극은 분석할 연료전지 촉매를 담지하는 작업전극(working electrode), 작업 전극에 걸리는 전위의 기준이 되는 기준전극(reference electrode), 전기화학 반응으로 생성되는 전류가 흐르는 상대전극(counter electrode)이다. 작업전극은 0.196 cm^2의 전극면적을 갖는 원형의 유리질 탄소(glassy carbon)를 주로 사용한다. 연료전지 촉매 10 mg, 촉매 분산 용액(초순수 물, 이소프로필알코올 등) 1 mL, 고분자 용액(5 wt% 나피온 고분자가 함유된 바인더 용액) 0.1 mL를 혼합한 후, 마이크로피펫을 이용하여 5~10 μL의 용액을 작업전극 표면에 올린다. 촉매 용액이 올라간 작업전극을 60°C로 고정된 오븐에서 약 30분간 건조하면 작업전극 준비가 끝난다. 모든 전극의 전위는 표준수소전극을 0 V 기준으로 그 상대적인 차이를 나타낸다. 표준상태(25°C, 1기압, 수소이온농도 1몰)의 산성 전해질 용액에 담겨 있는 백금 전극을 0 V인 표준수소전극으로 정하였다. 하지만, 수소 기체를 사용해야 하는 번거로움과 다양한 전해질 조건에서 전기화학 분석이 필요하기 때문에, 표준수소전극을 전기화학 실험에 직접 사용하기는 어렵다. 따라서 표 A.1에 나타난 바와 같이 Ag/AgCl/sat. KCl, Hg/Hg_2Cl_2/sat. KCl, Hg/Hg_2SO_4/sat. K_2SO_4 등의 기준전극을 일반적으로 널리 사용한다. 이 전극들의 전위는 표준수소전극보다 각각 0.197 V, 0.241 V, 0.640 V 높다. 또한, 각 기준전극들은 KCl이나 Hg_2SO_4 용액에 담가 보관해야 한다. 상대전극은 전류가 잘 흐르는 백금선을 주로 사용한다.

표 A.1 상용 기준전극의 종류와 특징

전극 명칭	전극 구성	전위 (표준수소전극 대비)
포화 염화수은 전극 (Saturated Calomel Electrode, SCE)	Hg/Hg_2Cl_2/sat. KCl	+0.241
염화수은 전극 (Calomel Electrode)	Hg/Hg_2Cl_2/1.0 M KCl	+0.280
황화 제1수은 전극 (Mercurous Sulfate Electrode)	Hg/H_2SO_4/sat. K_2SO_4	+0.640
	Hg/H_2SO_4/0.5 M K_2SO_4	+0.680
산화 제1수은 전극 (Mercurous Oxide Electrode)	Hg/HgO/1.0 M NaOH	+0.098
염화은 전극 (Silver Chloride Electrode)	Ag/AgCl/sat. KCl	+0.197
황화 구리 전극 (Copper Sulphate Electrode)	Cu/sat. $CuSO_4$	+0.316
아연 바닷물 전극 (Zinc/seawater Electrode)	(Zinc/seawater)	−0.800

탄소담지체와 촉매 입자의 표면적은 작업전극의 전위를 일정 속도로 순환시키면서 산화 또는 환원 반응과 전하의 대전으로 발생하는 전류의 변화를 측정하는 순환전압전류법으로 분석한다. 작업전극에 올린 시료가 전해질 용액에 충분히 적셔질 수 있도록 약 30분간 전해질 용액에 담그면서, 전해질에 녹아 있는 용존산소를 제거하기 위해 질소를 분당 50 cc 이상 주입한다. 작업전극은 가역수소전극대비 0.05에서 1.2 V를 약 40회 순환하여 전압과 전류가 일정하게 측정되는지 확인한다. 40번째 측정된 전압-전류 그래프에서 0.4~0.5 V 사이의 평평한 부분의 면적을 계산하면, 작업전극에 있는 시료의 전기이중층 커패시턴스(electrical double layer capacitance)를 계산할 수 있다. 금속 입자의 표면적은 순환전압전류법에서 측정되는 산화 또는 환원 피크의 면적을 계산하면 알 수 있다. 백금 촉매의 경우, 그림 A.9a의 그래프에서 0.05~0.3 V 사이의 양수 값의 전류밀도(백금 표면에서 수소이온의 탈착으로 발생한 전류)를 나타내는 그래프 면적을 계산하여 비표면적을 구한다.

산소환원반응에 사용하는 연료전지 촉매는 작업전극의 전위를 일정 속도로 1회 변화시켜 전기화학 반응으로 발생하는 전류를 측정하는 선형주사전위법(linear sweep voltammetry)으로 활성을 측정한다(그림 A.9b). 순환전압전류

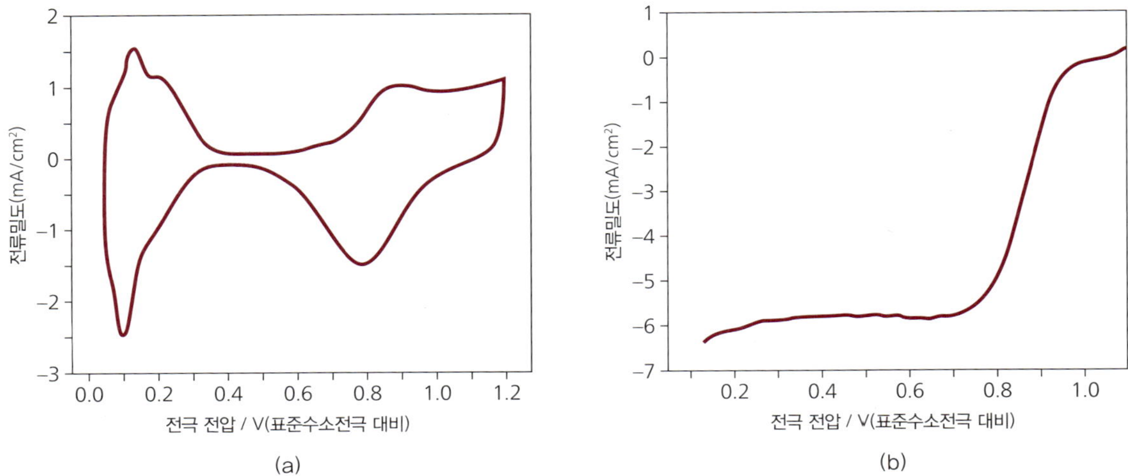

그림 A.9 (a) 순환전압전류법과 (b) 선형주사전위법으로 측정한 백금촉매의 전압-전류 그래프.

측정과 동일하게 작업전극을 준비하며, 전해질에 반응물인 산소를 최대한 많이 용해시키기 위해, 분당 최소 100 cc 이상의 산소를 전해질에 주입한다. 가역수소 전극대비 1.1에서 0.1 V까지 10 mV/s의 주사속도로 전위를 변화시켜 전류의 변화를 측정한다. 촉매의 활성에 반응물인 산소의 물질전달저항을 최소화하기 위해, 작업전극을 회전시켜 작업전극으로의 산소 공급을 원활히 하면 촉매의 활성을 정확히 측정할 수 있다. 약 1,600 rpm의 속도로 작업전극을 회전시킨 경우, 백금 촉매의 제한전류밀도(0.7 V 이하의 평평한 선)는 약 6 mA/cm^{2}로 알려져 있다.

[참고 문헌]

- 백운기, 박수문, “전기화학”, 청문각(2009)

광수전해

상업적인 수전해 반응 시스템은 주로 전기 에너지를 이용하여 물을 분해한다. 물을 분해해 수소를 생산하는 과정에서 많은 양의 전기를 소모하기 때문에 수전해 시스템의 수소 생산비용은 화석 연료의 수소 생산 비용보다 훨씬 비싸다. 반면, 광수전해 시스템에서는 태양광을 활용해 전자를 발생하기 때문에 전기에너지 비용을 줄일 수 있다. 제7장 4절에서 설명한 광수전해 장치는 전극 표면에서의 광반응을 통해 물분해 반응을 일으키는 장치이다. 한편, 광수전해의 또 다른 방법은 분말형 광촉매를 수용액에서 분산시켜 수소를 제조하는 것이다. 아래 그

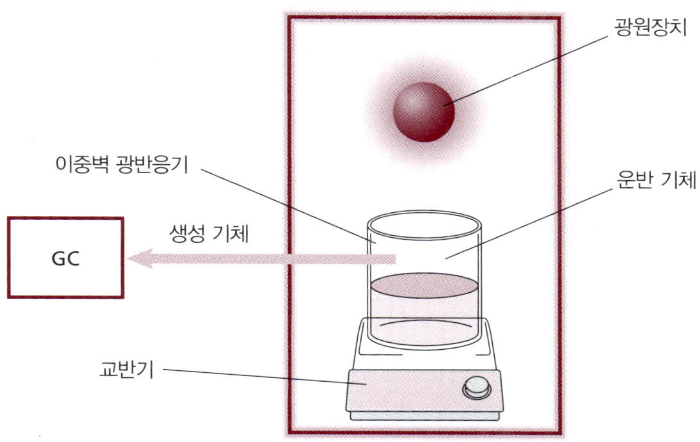

그림 A.10 광수전해 장치 모식도.

림은 분말형 광촉매를 활용하여 수소를 제조하는 광수전해 장치의 모식도이다. 이중벽 광반응기는 석영으로 제작되어 빛을 잘 투과시켜준다. 운반 기체로는 불활성 기체인 Ar을 사용하며, 반응 시작 전 충분히 흘려서 광반응기 내의 다른 기체를 완전히 제거하여야 한다. 광원 장치는 400~1,100 nm 영역의 LED 램프를 사용하고, 수용액에 조사되는 광원의 조사량은 통상적으로 1 sun (100 mW/cm^2)이지만, 이 값은 광원에 따라 달라질 수 있다. 광침적법에 의한 in-situ Pt 담지가 끝나면, 광수전해 반응 전에 일정량의 triethanolamine (TEOA) 수용액을 첨가하고, 다시 Ar을 흘려서 장치 내의 기체를 깨끗하게 제거한다. 광원을 켜서 광수전해를 시작한 후, 약 30분 간격으로 on-line GC를 사용하여 생성된 수소의 양을 정량한다. 이를 몇 시간 동안 수행하여 광촉매 수소생산속도(μmol/hr · g cat)를 구한다. 필요에 따라 반응 초기 조건으로 되돌려 실험을 반복하는 cycling 테스트도 수행한다.

[참고 문헌]

- M. Liu, P. Xia, L. Zhang, B. Cheng, J, Yu. ACS Sustainable Chemistry & Engineering 6(8) (2018) 10472–10480.

2. 촉매 제조

접촉분해용 제올라이트 촉매

접촉분해공정에 널리 사용되는 촉매의 예로 ZSM-5 (Zeolite Socony Mobil-5)

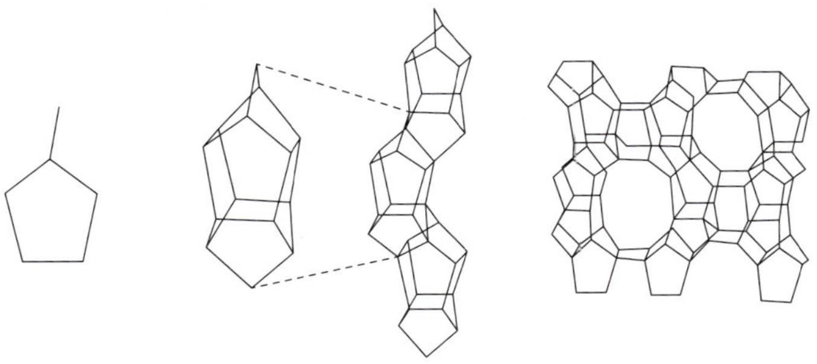

그림 A.11 ZSM-5의 pentasil unit 및 기본 구조.

를 들 수 있다. 이 제올라이트 촉매는 1975년 Mobil Oil 회사에서 특허 등록한 후, 전 세계 석유화학회사 상용 공정에 널리 이용되어 왔다. 아래 그림에서 8개의 5-membered ring으로 이루어진 pentasil unit이 산소 원자를 중심으로 서로 연결되면서 ZSM-5의 기본구조를 형성한다. ZSM-5는 1969년 Argaur와 Landolt에 의해 처음 합성되었고, 5.4~5.6 Å 크기의 10-membered ring 채널을 가진 중간 세공 크기의 제올라이트이다.

ZSM-5는 aluminosilicate로서 그 화학식이 $Na_nAl_nSi_{96-n}O_{192} \cdot 16H_2O$ ($0 < n < 27$)이며, 96개의 T 격자점(Si 혹은 Al), 192개의 O 격자점으로 이루어져 있고, Si/Al 비에 따라 전체 촉매의 전하를 중립으로 만드는 대응 양이온(여기서는 Na)의 수가 결정된다. 이 양이온은 암모늄 이온의 이온 교환법을 통해 양성자(proton, H^+)로 전환되기 때문에, 결과적으로 양이온의 수가 ZSM-5 촉매의 산도(acidity)를 결정하는 주요 인자가 된다. ZSM-5는 여러 방법으로 합성할 수 있으나, 테프론이 코팅된 autoclave를 활용하는 수열합성법이 주로 이용된다. 테프론 autoclave의 수용액에 SiO_2, $NaAlO_2$, tetrapropylammonium hydroxide ($N(CH_2CH_2CH_3)_4OH$)를 적정량 넣은 후, 특정 온도 고압 조건에서 수열 합성하면 ZSM-5가 얻어진다. 이때, Si/Al 비를 조절하면 ZSM-5 촉매의 산도를 조절할 수 있다.

[참고 문헌]

- R.J. Argauer, G.R. Landolt, U.S. Patent 3,702,886 (1972).
- H. Lermer, M. Draeger, J. Steffen, K.K. Unger, Zeolites 5(3) (1985) 131–134.

아세틸렌 수소화용 Pd/SiO_2 촉매

아세틸렌 선택적 수소화를 포함한 대부분의 선택적 수소화용 촉매는 금속 담지촉매를 사용한다. 아세틸렌 수소화용 촉매는 Pd를 다공성인 실리카(SiO_2) 또는 알루미나(Al_2O_3) 담체 위에 작은 입자로 분산시켜 제조한다. 제4장에서 설명한 바와 같이 금속 촉매 재료로는 수소의 분리흡착이 잘 일어나는 Pd를 사용하며, 담체는 반응활성은 없으나 대신 표면적이 넓고 열 및 기계적 안정성이 우수해서, 값비싼 Pd를 분산시키는 지지체로서의 역할을 한다. 상업적으로 사용되는 촉매 중 Pd의 담지량은 0.015~0.05 wt%로 작으나, 아래에서는 연구용으로 주로 사용하는 1 wt% Pd/SiO_2 촉매를 이온교환법을 이용하여 제조하는 방법에 대해 설명하겠다.

Pd 전구체로는 $Pd(NH_3)_4(OH)_2$를 사용한다. 전구체를 제조하기 위해 이온교환수지인 Amberlite URA400 수지의 표면 Cl^- 이온을 0.5 M KOH 용액으로 처리하여 OH^- 이온으로 대체 한 다음, $Pd(NH_3)_4(NO_3)_2$ 수용액에 이온교환수지를 넣고 2시간 동안 교반하면 $Pd(NH_3)_4(OH)_2$가 얻어진다. 담체로는 BASF AG에서 제조한 SiO_2 (D11-10)를 사용하였으나, 타 회사에서 제조한 SiO_2를 사용하여도 무방하다. SiO_2 담체를 위에서 만든 $Pd(NH_3)_4(OH)_2$ 전구체 수용액에 첨가하여 SiO_2 표면이 Pd 이온으로 교환되도록 한다. 이후 Pd 이온이 교환된 SiO_2 현탁액을 원심 분리하고 H_2O로 세척하여 담지되지 않은 전구체 이온을 제거한 후 110°C에서 밤새 건조시키고 공기 중, 300°C에서 2시간 동안 소성하여 리간드들을 제거하면, 최종적으로 Pd/SiO_2 촉매를 얻을 수 있다.

[참고 문헌]

- W.-J. Kim, S.H. Moon, Catal. Today 185(1) (2012) 2–16.

금속산화물 촉매(BiMo)

금속산화물 촉매는 촉매 표면에 흡착한 반응물을 산화시키면서 자신은 환원되며 이후 자신이 잃은 전자를 반응물로 공급되는 산소에서 보충하여 다시 산화가 되고, 이어서 표면에 흡착한 반응물을 산화시키는 현상을 반복하게 된다. 따라서 위의 반응에 적합한 촉매 후보는 이와 같은 “redox” 반응을 쉽게 실행할 수 있는 물질들이며, Mo, Bi, Fe, Sb, U, Sn, Co, Ni, Ti 등의 금속은 산화수(valence)가 잘 변하기 때문에 금속산화물 촉매로 사용된다.

아래에서는 이 중 BiMo 촉매를 예로 들어 금속산화물 촉매 제조 방법에 대하여 설명하겠다. Bi의 전구체로는 $Bi(NO_3)_{35}H_2O$, Mo의 전구체로는

$(NH_4)_6Mo_7O_{24}4H_2O$를 사용하였다. $(NH_4)_6Mo_7O_{24}4H_2O$는 증류수에 잘 용해되나, $Bi(NO_3)_35H_2O$는 강한 산성 용액에서 잘 용해되므로 증류수에 질산용액을 첨가하여 $Bi(NO_3)_35H_2O$를 용해시킨다. $Bi(NO_3)_35H_2O$를 녹인 용액을 $(NH_4)_6Mo_7O_{24}4H_2O$를 녹인 용액에 첨가하면서, 침전시 pH 조절을 위해 적정량의 암모니아 용액을 함께 첨가하며, 균일한 조성을 지닌 촉매 제조를 위해 충분히 교반한다. 이렇게 생성된 혼합용액을 감압여과기로 거르고 얻은 고체 시료를 100°C에서 밤새 건조시킨다. 생성된 고체 촉매를 500°C에서 소성하면 최종적인 α-비스무스 몰리브데이트($Bi_2Mo_3O_{12}$) 촉매를 제조할 수 있다.

광촉매

제7장 4절에서 광촉매 및 광촉매 반응의 기본적인 내용을 소개하였지만, 광촉매 제조 과정에 대한 구체적인 내용이 없었다. 따라서 여기서는 최근 주목받고 있는 $g\text{-}C_3N_4$ 광촉매의 제조 방법을 간략히 소개하겠다.

$g\text{-}C_3N_4$ 광촉매는 비금속 고분자 n-type 반도체 물질로서 2.7 eV의 띠간격, 탁월한 광흡수율, 그리고 높은 화학적 안정성 때문에 새로운 가시광 응답형 광촉매로 기대되고 있다. 촉매의 전구체인 urea, thiourea, melamine, dicyandiamide 등을 550°C, 산소 분위기 하에서 열중합하면 벌크(bulk) $g\text{-}C_3N_4$ 광촉매가 쉽게 제조된다. 3차원 구조의 이 광촉매는 전자-정공 재결합이 빠르게 일어나므로 광반응성이 낮은 단점이 있다. 따라서 벌크 $g\text{-}C_3N_4$ 광촉매의 성능 개선이 필요한데, 대표적인 개선 방법으로 표면 처리에 의한 결함(defect) 조절을 들 수 있다. 이 방법에서는 다양한 화합물을 사용하여 $g\text{-}C_3N_4$ 표면을 물리 혹은 화학적으로 처리하는데, 여기서는 $K_2Cr_2O_7$와 H_2SO_4의 화학적 산화 처리를

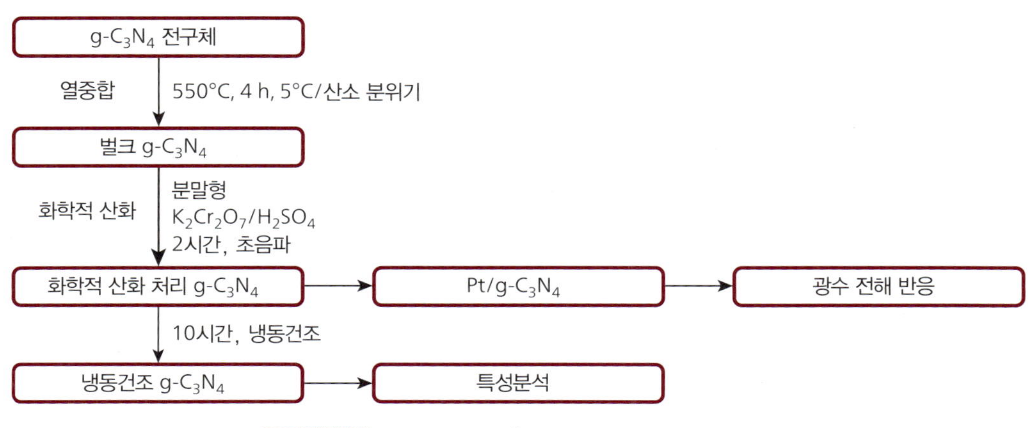

그림 A.12 $g\text{-}C_3N_4$ 광촉매 제조 과정 및 특성검사.

통해 g-C_3N_4의 표면 특성을 개선한 사례를 소개하겠다. 이 처리 과정은 g-C_3N_4 표면에 C와 N의 빈자리(vacancy)로 인한 결함을 만들어 준다. 동시에, C-OH, O=C−OH 등의 산소 기능기를 도입하는 효과를 가져온다. 이러한 표면 물성 변화는 g-C_3N_4 광촉매의 전자-정공 재결합을 지연시키고, 그 결과로 광분해 반응 속도를 높여준다. 이처럼 표면 처리된 g-C_3N_4 광촉매는 주로 액상에서 분산된 형태로 광수전해 반응에 사용된다. 한편, g-C_3N_4 광촉매의 특성을 촉매가 액상에 분산된 상태로 분석하는 것은 힘들기 때문에 이를 고상화하는 것이 필요한데, 이 과정에서 촉매의 물성 변화나 손실을 최소화하기 위하여 촉매 시료를 냉동 건조(freeze-drying)시키는 방법을 사용한다.

g-C_3N_4의 광반응성을 향상시키는 방법으로 Pt를 조촉매로 활용하는 Pt/g-C_3N_4 광촉매가 제안되었다. Pt를 g-C_3N_4에 담지하는 방법은 크게 두 가지이다. 첫째는 초기함침법으로 Pt 전구체를 g-C_3N_4에 담지한 다음에 수소, 하이드라진(N_2H_2) 등의 환원제를 사용하여 Pt를 환원시키는 것이고, 둘째는 g-C_3N_4가 분산된 수용액에 Pt 전구체를 넣은 후 빛을 조사하여 g-C_3N_4 표면에 침적된 Pt를 환원시키는 광침적법(photodeposition)이다. 광침적법에 의한 Pt 담지 과정은 광수전해 반응 장치에서 진행되기 때문에, 광촉매 제조 후 광수전해 반응을 바로 수행할 수 있는 이점이 있다. 한편, Pt/g-C_3N_4 광촉매의 광반응성은 g-C_3N_4의 전자-정공 재결합 속도뿐만 아니라 담지된 Pt의 산화 상태에도 영향받는 것으로 알려져 있다.

[참고 문헌]

- T.T. Pham, E.W. Shin, Langmuir 34 (2018) 134144–13154.
- T.K.A. Nguyen, T.T. Pham, H. Nguyen-Phu, E.W. Shin, Appl. Surf. Sci. 537 (2021) 148027.

A.3 촉매 관련식 유도

물리흡착(BET 식)

BET 식은 흡착하는 분자와 흡착제 사이에 선택성이 없는 물리흡착을 해석하는 데 사용된다. 이 식을 이용하면 흡착등온선에서 단분자층 흡착량을 얻을 수 있어서, 이를 토대로 표면적을 구할 수 있다. BET 식은 고체의 표면에 물리흡착하는 분자들이 아래의 현상을 보인다고 가정하여 유도한 식이다. 즉, 물리흡착에서 작용하는 힘은 van der Waals의 힘과 비슷하기 때문에 단분자층에 한정되지 않고 다분자층을 이루며 흡착한다. 그림 A.13은 이와 같은 물리흡착의 개념도를 보이는데, 여기서 θ_0, $\theta_1 \sim \theta_n$은 각각 0, 1 ~ n층의 기체로 덮인 표면적을 나타낸다. 즉, θ_0인 표면은 기체가 흡착하지 않은 경우이고, $\theta_i(i \geq 1)$인 표면은 기체가 1층 이상으로 덮인 경우이다. 평형상태에서는 흡착과 탈착속도가 같으므로, 흡착된 기체가 없는 빈 표면(bare surface)에 기체가 흡착하는 속도($k_1P\theta_0$)와 단분자층(1st layer)으로부터 기체가 탈착하는 속도($k_{-1}\theta_1$)는 같아야 한다[k_1: 빈 표면(i = 0)에 기체가 흡착하는 속도상수, k_{-1}: 단분자층(i = 1)으로부터 기체가 탈착하는 속도상수].

따라서 $k_{-1}\theta_1 = k_1P\theta_0$가 성립하고, 이를 단분자층 이상인 경우로($i \geq 2$) 계속 확장하면

$$k_{-i}\theta_i = k_iP\theta_{i-1} \tag{A.1}$$

이 된다. 즉,

$$\theta_2 = \frac{k_2}{k_{-2}}P\theta_1, \quad \theta_3 = \frac{k_3}{k_{-3}}P\theta_2, \quad \ldots$$

여기서 우리는 흡착표면과 흡착기체 간의 상호작용에 관하여 한 가지 유의할 점이 있다. 즉, 표면 단분자층(i = 1)의 경우에는 흡착이 일어나는 고체 표면과 여기에 흡착하는 기체 분자 간의 특정한 상호인력이 중요하지만, 2분자층 이상인 경우에는($i \geq 2$) 고체 표면에 이미 기체 분자가 흡착해 있기 때문에 표면-흡착 기체 간의 상호작용은 단순히 흡착 기체 간의 상호작용(즉, 분자간의 van der Waals 힘)이라고 가정할 수가 있다는 점이다. 따라서 $i \geq 2$인 경우의 물리흡착에서는 흡착한 분자에 기체 분자가 흡착하거나 흡착한 분자가 탈착하는 현상은 흡착층에

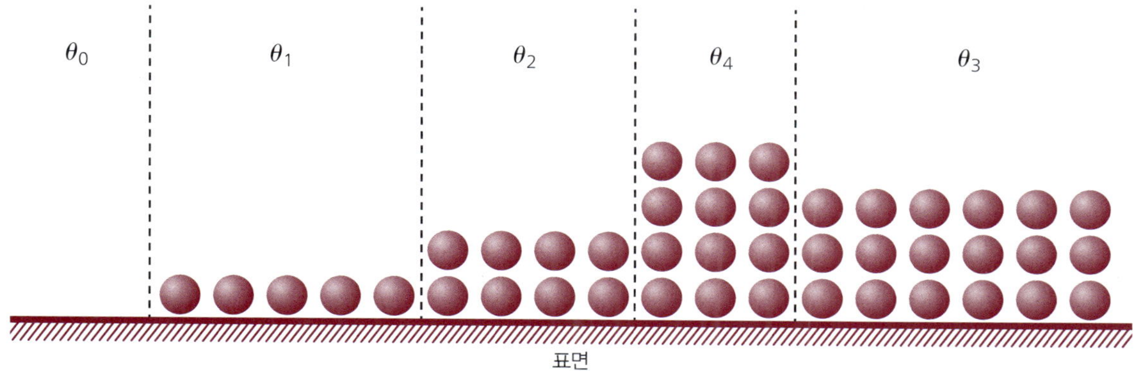

그림 A.13 물리흡착 과정 개념도

관계없이 모두 같다고 가정할 수 있고, 이를 수식으로 표현하면,

$$\frac{k_2}{k_{-2}} = \frac{k_3}{k_{-3}} = \ldots = g\,(\text{상수})$$

라고 할 수 있다. 여기서 g는 흡착 분자 간의 van der Waals 힘에 따라 정해지는 고유의 상수이다. 즉,

$$\theta_2 = \frac{k_2}{k_{-2}} P\theta_1 = gP\theta_1 \tag{A.2}$$

으로 표시할 수 있고, gP를 x로 정의하면 ($gP = x$),

$$\theta_i = x\theta_{i-1} = x^2\theta_{i-2} = x^{i-1}\theta_1 \tag{A.3}$$

로 나타낼 수 있다. 여기서 한 가지 유의할 사항은 위의 식 (A.3)이 시료의 표면에 적어도 1층 이상의 기체가 덮여 있을 때만 적용된다는 점이다. 만일 표면이 기체가 흡착하지 않은 빈 표면(bare surface)일 경우에는 이와 상호작용하는 기체의 흡착 및 탈착 속도 상수의 비(즉, $\frac{k_1}{k_{-1}}$)는 기체가 덮여 있는 경우의 흡 · 탈착

속도 상수(즉, $\frac{k_i}{k_{i-1}}$, 여기서 $i \geq 2$)와 다른 값을 갖게 된다. 따라서 빈 표면(bare surface)에 기체가 흡착하거나 단분자층(1st layer)에서 기체가 탈착하는 경우의 관계식[$\theta_1 = \frac{k_1}{k_{-1}} P\theta_0$, 식 (A.1)]에서 $\frac{k_1}{k_{-1}}P$를 식 (A.2)와 비슷한 방법으로 나타내면,

$$\theta_1 = y\theta_0 \tag{A.4}$$

가 된다. 식 (A.3)과 식 (A.4)를 결합하고, $\frac{y}{x}$를 C로 정의하면,

$$\theta_i = x^{i-1}\theta_1 = x^{i-1}y\theta_0 = Cx^i\theta_0 \qquad \left(C = \frac{y}{x}\right) \tag{A.5}$$

이 된다.

한편, 전체 표면적(A)은 $A = \sum_{i=0}^{\infty}\theta_i$이고, 흡착된 기체 전체의 부피($V_{ads}$)는 $V_{ads} = V_0\sum_{i=0}^{\infty} i\theta_i$ (단, V_0은 표면이 기체 단분자층으로 덮여져 있을 때 단위면적당 흡착한 기체의 부피임)으로 나타낼 수 있으므로, 흡착량(V_{ads})을 단분자층 흡착량(V_0)으로 나누면 표면점유율(surface coverage, Θ)을 다음과 같이 구할 수 있다(V_m은 전체 표면적이 단분자층으로 덮였을 때의 기체 부피임).

$$\Theta = \frac{V_{ads}}{AV_0} = \frac{V_{ads}}{V_m} = \frac{\sum_{i=0}^{\infty} i\theta_i}{\sum_{i=0}^{\infty}\theta_i} \tag{A.6}$$

식 (A.6)에 식 (A.5)를 대입하면

$$\frac{V_{ads}}{V_m} = \frac{\sum_{i=0}^{\infty} i\theta_i}{\sum_{i=0}^{\infty}\theta_i} = \frac{C\theta_0\sum_{i=1}^{\infty} ix^i}{(\theta_0 + \theta_1 + \theta_2 + \ldots)} = \frac{C\theta_0\sum_{i=1}^{\infty} ix^i}{\theta_0\left(1 + C\sum_{i=1}^{\infty} x^i\right)} = \frac{C\sum_{i=1}^{\infty} ix^i}{1 + C\sum_{i=1}^{\infty} x^i} \tag{A.7}$$

이 된다. 이때 식 (A.7)의 무한급수항을 아래의 식 (A.8)을 이용하여 변환하면,

$$\begin{aligned}\sum_{i=1}^{\infty} x^i &= \frac{x}{1-x} \\ \sum_{i=0}^{\infty} ix^i &= x^1 + 2x^2 + 3x^3 + \ldots \\ &= x(1 + 2x + 3x^2 + \ldots) \\ &= x\frac{d}{dx}\left(\frac{x}{1-x}\right) = \frac{x}{(1-x)^2}\end{aligned} \tag{A.8}$$

$$\begin{aligned}\frac{V_{ads}}{V_m} &= \frac{Cx}{(1-x)^2} \times \frac{1}{\left(1 + \frac{Cx}{1-x}\right)} = \frac{Cx}{(1-x)^2 \times \frac{(1-x+Cx)}{(1-x)}} \\ &= \frac{Cx}{(1-x)(1-x+Cx)}\end{aligned} \tag{A.9}$$

가 된다. 포화증기압 P_0에서 흡착량(V_{ads})은 무한대가 되기 때문에 식 (A.9)에서 x가 1일 때 $V_{ads} = \infty$가 성립한다. 따라서 x의 정의($gP = x$)로부터 $g = 1/P_0$로 둘 수 있고, x 대신 P/P_0를 식 (A.9)에 대입하여 식 (A.10)을 얻는다(그림 A.14). 식 (A.10)을 BET 식이라 하며, 실험적으로 측정이 용이하도록 식 (A.11)로 변형하여 사용하기도 한다.

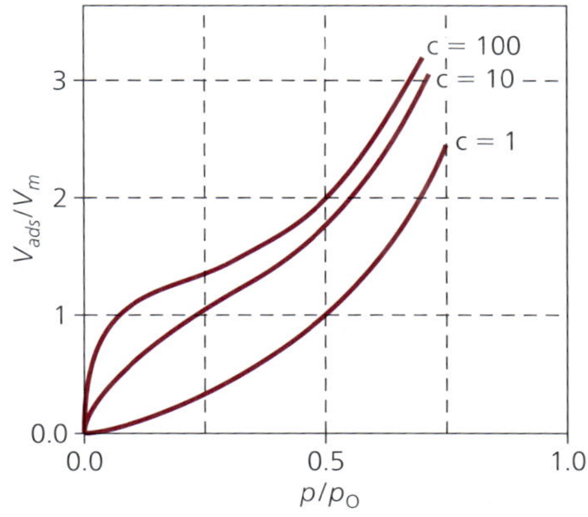

그림 A.14 BET 등온 흡착곡선(C에 따라 곡선의 모양이 변함).

$$\frac{V_{ads}}{V_m} = \frac{C\dfrac{P}{P_0}}{\left(1 + \dfrac{P}{P_0}\right)\left(1 - \dfrac{P}{P_0} + C\dfrac{P}{P_0}\right)} \tag{A.10}$$

$$\frac{P}{V_{ads}(P_0 - P)} = \frac{1}{CV_m} + \frac{(C - 1)}{CV_m}\left(\frac{P}{P_0}\right) \tag{A.11}$$

[참고 문헌]

- S. Brunauer, P.H. Emmett, and E. Teller, J. Am. Chem. Soc. 60 (1938) 309–319.

화학흡착(Langmuir 식)

Langmuir 흡착등온식은 다음의 가정을 기반으로 유도하였다.

a. 기체 분자는 흡착점마다 하나씩 흡착하며 고정되어 있다.
b. 모든 흡착점의 흡착 에너지는 균일하며 흡착한 분자 간에 상호인력이 없다.
c. 흡착은 비어 있는 흡착점과 기체 분자 간의 충돌에 의해서 이루어진다.
d. 탈착은 흡착한 기체량에 비례한다.

흡착속도(r_{ads})는 흡착하는 기체의 압력(P)과 표면에 비어 있는 흡착점의 넓이 $(1 - \theta)$에 비례하므로 다음과 같이 표시할 수 있다.

$$r_{ads} = kP(1 - \theta) \tag{A.12}$$

r_{ads}: 흡착속도
k: 흡착속도상수
P: 흡착평형압력
θ: 흡착 분자의 표면 덮힘 정도
($\theta = V_{ads}/V_m$, 여기서 V_{ads}는 흡착량, V_m은 단층 흡착량)

또한, 탈착속도(r_{des})는 아래의 식으로 주어진다.

$$r_{des} = k'\theta \tag{A.13}$$

r_{des}: 탈착속도
k': 탈착속도상수

평형상태에서는 흡착속도와 탈착속도가 같으므로($r_{ads} = r_{des}$)

$$kP(1 - \theta) = k'\theta \quad \text{(A.14)}$$

$$\theta(= V_{ads}/V_m) = \frac{kP}{k' + kP} = \frac{kP/k'}{1 + kP/k'} = \frac{bP}{1 + bP}$$

$$b = k/k': \text{흡착평형상수} \quad \text{(A.15)}$$

식 (A.15)에 의하면, 흡착량(V_{ads} 또는 θ)은 낮은 압력일 때는 압력(P)에 비례하여 증가하고, 높은 압력일 때는 V_m 값(또는 $\theta = 1$)에 접근한다(그림 A.15 참조). 따라서 실험에서 P를 바꾸어가며 측정한 V_{ads} 값을 이 식에 의하여 해석하면 단층 흡착량(V_m)과 흡착평형상수(k/k')를 구할 수 있다.

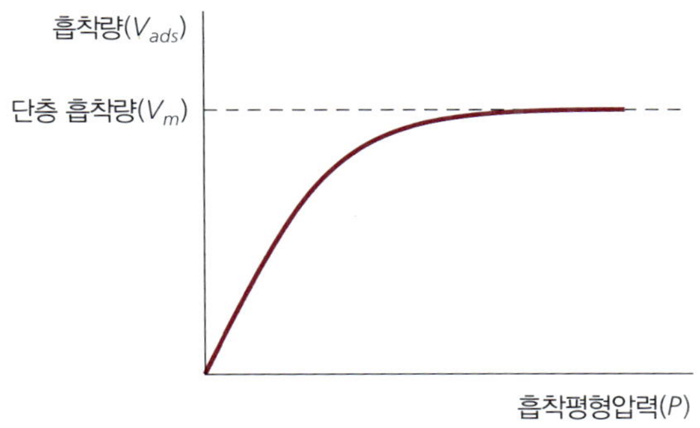

그림 A.15 Langmur 흡착등온선.

참고 문헌

Reference

[1] S.A. Topham, in J.R. Anderson, M. Boudart (Eds.), Catalysis: Science and Technology, vol 7, Springer-Verlag, New York, 1985, pp. 1–50.

[2] C.G. Moseley, J. of Chem. Edu. 61(8) (1984) 655–656.

[3] R.A. Sheldon, ChemTech. March (1994) 38–48.

[4] J.W. Ward, J. Catal. 11 (1968) 238–250.

[5] J. Turkevich, Y. Ono, Adv. Catal. 20 (1969) 135–152.

[6] M.E. Davis, C. Saldarriaga, C. Montes, J. Garces, C. Crowder, Zeolite 8 (1988) 362–366.

[7] C.T. Kresge, M.E. Leonowicz, W.J. Roth, J.C. Vartuli and J.S. Beck, Nature 359 (1992) 710–712.

[8] W.K. Lam, L. Lloyd, Oil Gas J. 27 (1972) 66–70.

[9] G.C. Bond, Catalysis by Metals, Academic Press, New York, 1962, pp. 281–309.

[10] J.H. Kang, E.W. Shin, W.J. Kim, J.D. Park, S.H. Moon, J. Catal. 208 (2002) 310–320.

[11] G.C. Bond, Heterogeneous Catalysis: Principles and Applications, 2nd ed., Oxford University Press, New York, 1987, p. 29.

[12] J.A. Amelse, L.H. Schwartz, J.B. Butt, J. Catal. 72 (1981) 95–110.

[13] F. Studt, F. Abild-Pedersen, T. Bligaard, R.Z. Sørensen, C.H. Christensen, J.K. Nørskov, Science 320 (2008) 1320–1322.

[14] W.J.M. Rootsaert, W.M.H. Sachtler, Z. Phys. Chem. 26 (1960) 16–26.

[15] T.J. Sinfelt, Adv. Catal. 23 (1973) 91–119.

[16] O. Beeck, Rev. Modern Physics 17 (1945) 61–71.

[17] S.J. Tauster, S.C. Fung, J. Catal. 55 (1978) 29–35.

[18] E.W. Shin, J.H. Kang, W.J. Kim, J.D. Park, S.H. Moon, Appl. Catal. A-Gen. 223 (2002) 161–172.

[19] E.W. Shin, C.H. Choi, K.S. Chang, Y.H. Na, S.H. Moon, Catal. Today 44 (1998) 137–143.

[20] W.-J. Kim, E.W. Shin, J.H. Kang, S.H. Moon, Appl. Catal. A-Gen. 251 (2003) 305–313.

[21] J.H. Lee, S.K. Kim, I.Y. Ahn, W.-J. Kim, S.H. Moon, Catal. Commun. 12 (2011) 1251–1254.

[22] S.K. Kim, J.H. Lee, I.Y. Ahn, W.-J. Kim, S.H. Moon, Appl. Catal. A-Gen. 401 (2011) 12–19.

[23] I. Matsuura, 6th Int. Cong. Catal., London, 1976, preprint, B-21.

[24] T.A. Hanna, Coordination Chem. Rev. 248 (2004) 429–440.

[25] P. Mars, D.W. van Krevelen, Chem. Eng. Sci. Suppl. 3 (1954) 41–59.

[26] J.S. Chung, R. Miranda, C.O. Bennett, J. Chem. Soc. Faraday Trans. 81 (1985) 19–36.

[27] G.W. Keulks, J. Catal. 19 (1970) 232–235.

[28] R.D. Wragg, P.G. Ashomore, J.A. Hockey, J. Catal. 22 (1971) 49–53.

[29] P.B. Weisz, E.W. Swegler, Science 126 (1957) 31–32.

[30] N.D. Spencer, R.C. Schoonmaker, G.A. Somorjai, J. Catal. 74 (1982) 129–135.

[31] J.J. Lee, H. Kim, J.H. Koh, A. Jo, S.H. Moon, Appl. Catal. B-Environ. 61 (2005) 274–280.

[32] C. Kwak, J.J. Lee, J.S. Bae, K. Choi, S.H. Moon, Appl. Catal. A-Gen. 200 (2000) 233–242.

[33] 김두성, 이진구, 김태원, 공업화학 전망 6 (2003) 1–10.

[34] X. Zhou, L. Yang, J. Zhang, Adv. Ener. Mater. 4 (2014) 1301523.

[35] W. Kohn, L.J. Sham "Self-Consistent Equations Including Exchange and Correlation Effects", Physical Review.140 (4A): (1965) A1133–A1138.

[36] F. Studt, F. Abild-Pedersen, T. Bligaard, R.Z. Sørensen, C.H. Christensen, J.K. Nørskov, "Identification of Non-Precious Metal Alloy Catalysts for Selective Hydrogenation of Acetylene", Science 320 (2008) 1320

[37] A. Fujishima, K. Honda, Nature 238 (1972) 37–38.

[38] 후지시마 아키라, 하시모토 가즈히로, 와타나베 도시야 지음, 김영도 옮김, 광촉매의 실체, 대영사 (2004)

[39] 김정현, Clean Technology 19(3) (2013) 191–200.

[40] N. Shehzad, M. Tahir, K. Johari, T. Murugesan, M. Hussain, J. CO_2 Util. 26 (2018) 98–122.

[41] 황윤정, 민병권, 정광덕, 공업화학 전망 16 (2013) 1–17.

[42] V.P. Indrakanti, J.D. Kubicki, H.H. Schobert, Energy Environ. Sci. 2(7) (2009) 745–758.

[43] C.H. Bartholomew, Chem. Eng. 91(23) (1984) 96–112.

[44] E.B. Maxted, Adv. Catal. 3 (1951) 129–178.

[45] J.T. Richardson, J. Catal. 21(1971) 122–129.

[46] J.A. Moulijn, A.E. van Diepen, F. Kapteijn, Appl. Catal. A-Gen. 212 (2001) 3–16.

[47] C.H. Bartholomew, Catal. Rev-Sci. Eng. 24 (1982) 67–112.

[48] S. Masamune, J.M. Smith, AIChE J. 12 (1975) 93–102.

[49] C.H. Bartholomew, W.L. Sorensen, J. Catal. 81(1) (1983) 131–141.

[50] J.P. Franck, G. Martino, Deactivation and Regeneration of Catalytic Reforming Catalysts, in *Progress in Catalytic Deactivation*, ed. J.L. Figuerido, NATO Advanced Study Institute Series E., No. 54. Nijhoff, Boston, 1982, pp. 355-398.

[51] W.-J. Kim, S.H. Moon, Catal. Today 185(1) (2012) 2–16.

[52] 이현주, 신채호, 최원춘, 이철위, 박용기, 화학공학 46(2) (2008) 291–300.

[53] E.W. Shin, S.-I. Cho, J.H. Kang, W.-J. Kim, J.D. Park, S.H. Moon, Kor. J. Chem. Eng. 17(4) (2000) 468–472.

[54] B.K. Vu, E.W. Shin, J.-M. Ha, S.K. Kim, D.J. Suh, W.-I. Kim, H.-L. Koh, Y.G. Choi, S.-B. Lee, Appl. Catal. A-Gen. 443–444 (2012) 59–66.

[55] B.K. Vu, E.W. Shin, Catal. Lett. 141 (2011) 699–704.

[56] G. Fagherazzi, A. Benedetti, A. Martoranan, S. Giuliano, D. Duca, G. Deganello, Catal. Lett. 6 (1990) 263–269.

[57] E.W. Shin, J.S. Han, M. Jang, S.-H. Min, J.K. Park, R.M. Rowell, Environ. Sci. Technol. 38 (2004) 912–917.

[58] E.P. Barret, L.G. Joyner, P.P. Halenda, J. Am. Chem. Soc. 73 (1951) 373–380.

촉매공학입문 _*Introduction to* ***Catalyst Engineering***

찾아보기

Index

ㅅ

ㅇ

ㅈ

지은이 소개

문상흡

- 서울대학교 화학생물공학부 교수, (현) 명예교수
- 미국 일리노이대학교(UIUC), 공학박사
- 제37대 한국화학공학회 회장
- 제14차 국제촉매학술대회(ICC) 조직위원장
- 제2대 아시아-태평양 촉매학회협의회(APACS) 회장
- (현) 한국과학기술한림원 종신회원, 한국공학한림원 명예회원

신은우

- (현) 울산대학교 화학공학부 교수
- 서울대학교 화학생물공학부, 공학박사
- 미국 럿거스(Rutgers)대학교 방문교수

김우재

- (현) 이화여자대학교 화공신소재공학과 교수
- 서울대학교 화학생물공학부, 공학박사
- 미국 콜롬비아(Columbia)대학교 방문교수

조한익

- (현) 건국대학교 화학공학부 교수
- 서울대학교 화학생물공학부, 공학박사
- 한국과학기술연구원(KIST) 선임연구원

김석기

- (현) 아주대학교 화학공학과 교수
- 서울대학교 화학생물공학부, 공학박사
- 한국화학연구원(KRICT) 선임연구원

촉매공학입문

▌2025년 2월 25일 1판 1쇄 발행

▌지은이 문상흡 · 신은우 · 김우재 · 조한익 · 김석기

▌발행인 박 종 성

▌발행처 사이플러스 Science plus

▌우 07202 / 서울특별시 영등포구 양평로 30길 14
세종앤까뮤스퀘어 1106호

▌전화 02-332-6171 / 팩스 02-332-6185

▌등록 2005.10.20. 제2022-000100호

▌ISBN 979-11-88731-76-3 93570 값 29,000원